病虫防控与生物安全

◎ 陈万权 主编

中国农业科学技术出版社

图书在版编目（CIP）数据

病虫防控与生物安全 / 陈万权主编 . --北京：中国农业科学技术出版社，2021. 11

ISBN 978-7-5116-5580-6

Ⅰ. ①病…　Ⅱ. ①陈…　Ⅲ. ①植物保护-中国-学术会议-文集　Ⅳ. ①S4-53

中国版本图书馆 CIP 数据核字（2021）第 243473 号

责任编辑　姚　欢
责任校对　贾海霞
责任印制　姜义伟　王思文

出 版 者　中国农业科学技术出版社
　　　　北京市中关村南大街 12 号　邮编：100081
电　　话　(010)82106631(编辑室)　(010)82109702(发行部)
　　　　(010)82109709(读者服务部)
传　　真　(010) 82106631
网　　址　http://www.castp.cn
经 销 者　各地新华书店
印 刷 者　北京建宏印刷有限公司
开　　本　185 mm×260 mm　1/16
印　　张　14. 75
字　　数　330 千字
版　　次　2021 年 11 月第 1 版　2021 年 11 月第 1 次印刷
定　　价　60. 00 元

《病虫防控与生物安全》

编 委 会

主　编：陈万权

副主编：郑传临　冯凌云　胡静明

本书得到植物病虫害生物学
国家重点实验室资助出版

前 言

农作物病虫害防治事关农业生产安全、农产品质量安全和农田生态环境安全。《农作物病虫害防治条例》已于2020年5月1日起施行，将农作物病虫害防治工作纳入依法治国的重要内容，充分体现了党和国家对农作物病虫害防控的高度重视，是我国植物保护发展史上的重要里程碑，符合国家治理体系和治理能力现代化的具体要求以及现代社会依法有序的发展规律。

2021年中央1号文件《中共中央 国务院关于全面推进乡村振兴加快农业农村现代化的意见》明确指出，要加快推进农业现代化，强化农作物病虫害防治体系建设，提升防控能力。强调推进农业绿色发展，持续推进化肥农药减量增效，推广农作物病虫害绿色防控产品和技术。

生物安全涉及国家经济社会发展的方方面面，是国家治理体系和治理能力的综合体现。2021年4月15日，《中华人民共和国生物安全法》正式颁布实施，为国家生物安全体系建设提供了法律保障。习近平总书记强调，生物安全关乎人民生命健康，关乎国家长治久安，关乎中华民族永续发展，是国家总体安全的重要组成部分，也是影响乃至重塑世界格局的重要力量。要深刻认识新形势下加强生物安全建设的重要性和紧迫性，贯彻总体国家安全观，贯彻落实生物安全法，统筹发展和安全，按照以人为本、风险预防、分类管理、协同配合的原则，加强国家生物安全风险防控和治理体系建设，提高国家生物安全治理能力，切实筑牢国家生物安全屏障。

当前，生物安全重要性和紧迫性显著上升，全民贯彻《中华人民共和国生物安全法》，全面贯彻落实习近平总书记在中共中央政治局第三十三次集体学习时的重要讲话精神，对于筑牢国家生物安全防线具有重要意义。农作物重大病虫害防控、农业外来有害生物入侵管理等均系农业领域生物安全工作的重要组成部分。加强《中华人民共和国生物安全法》的宣贯，增强生物安全意识，防范化解各类农业生物安全风险，对提高我国农业生物安全治理能力具有重要意义。

中国植物保护学会坚持以习近平新时代中国特色社会主义思想为指导，全面贯彻党的十九大和十九届二中、三中、四中、五中全会精神，以及习近平总书记在中国科学院第二十次院士大会、中国工程院第十五次院士大会、中国科协第十次全国代表大会上的重要讲话精神和庆祝中国共产党成立100周年大会上的重要讲话精神，面向世界科技前沿、面向经济主战场、面向国家重大需求、面向人民生命健康，坚持为科技工作者服务、为创新驱动发展服务、为提高全民科学素质服务、为党和政府科学决策服务的职责定位，充分发挥科技自立自强战略支撑作用，汇聚广大植物保护科技工作者以及全国农业科研院所、高等院校、技术推广以及相关企业等部门、单位科技创新的磅礴力量，不断向科学技术广度和深度进军，在农作物病虫害防控、农业外来有害生物入侵管理等农业生物安全方面开展了一系列富有成效的工作，取得了一批标志性的科技成果，并在农业安全生产中得到广泛应用，为推动农业科技事业高质量发展，保障我国农业生产安全、农产品质量安全和生态环境安全发挥了重要作用。

《病虫防控与生物安全》得到中国植物保护学会各分支机构和各省、自治区、直辖市植物保护学会的大力支持和积极参与，广大会员和植物保护科技工作者积极踊跃投稿。编委会本着文责自负的原则，对来稿未做修改。错误之处在所难免，敬请读者批评指正。因受时间限制，部分投稿未能录用，敬请谅解。

目 录

植物病害

农业害虫

生物防治

有害生物综合防治

植物病害

基于毒性相关基因序列的江西稻瘟病菌群体遗传多样性分析*

兰　波**　杨迎青　李湘民***

（江西省农业科学院植物保护研究所，南昌　330200）

摘　要：选用16对毒性相关基因特异性引物对江西5个水稻主产县（市）分离到的189个稻瘟病菌单孢菌株进行PCR扩增，并采用最长距离法进行聚类分析。结果显示，供试的16对引物其中有15对能扩增出其目的条带，多态位点百分率（*P*）高达93.75%，扩增频率差异较大；189个菌株可归类为108个不同的单元型，其中单元型JXH16为优势单元型；在0.80遗传相似水平上，189个菌株可划分为21个遗传宗谱，包括1个优势宗谱，2个亚优势宗谱，12个次要宗谱，6个小宗谱，层次丰富；在群体平均水平上，病菌群体具有丰富的遗传多样性（$H=0.2890$，$I=0.4398$），且群体间差异较大；5个种群在遗传距离为0.02水平上可分为3个类群，但种群遗传谱系与地理区域分布并无一定相关性。同时，江西稻瘟病菌的群体存在一定的遗传分化（$HT=0.2842$），群体内多样性大于群体间多样性（$Hs=0.2210$，$Dst=0.0632$），总遗传变异的77.75%存在于群体内（$Gst=2225$），群体间基因流动性较小（$Nm=1.7473$）。本研究揭示了江西5个主要稻区稻瘟病菌群体遗传结构、遗传多样性及其与地理分布之间的关系，该结果可为江西稻瘟病抗病育种和品种布局提供科学依据。

关键词：稻瘟病菌；致病基因；无毒基因；DNA指纹；遗传多样性

---

* 基金项目：江西省现代农业协同创新重点项目（JXXTCX201901）；江西省水稻产业技术体系病虫害岗位项目（JXARS-02-04）

** 第一作者：兰波，副研究员，主要从事水稻真菌病害防治研究；E-mail：lanbo611@163.com

*** 通信作者：李湘民，研究员；E-mail：xmli1025@aliyun.com

南繁区稻瘟病菌株 *Avr-Pik* 等位基因型以及对 *Pik* 抗性基因的毒性测定*

危艺可[1,2]** 吴伟怀[1]*** 王 倩[1,2] 贺春萍[1] 梁艳琼[1] 陆 英[1] 易克贤[1]***

（1. 中国热带农业科学院环境与植物保护研究所，农业农村部热带作物有害生物综合治理重点实验室，海口 571101；2. 海南大学植物保护学院，海口 570228）

摘　要：从海南南繁区采集穗茎瘟病样并单孢分离获得 50 个稻瘟病菌株。利用 *AvrPik* 基因特异性引物对病原菌 DNA 进行扩增，通过 PCR 产物直接克隆，获得序列与参考序列进行比对分析。结果从中鉴定出 *Avr-Pik*_A、*Avr-Pik*_B、*Avr-Pik*_D、*Avr-Pik*_E 以及 H10 等 5 种主要核苷酸类型。其中 *Avr-Pik*_D 类型为最多，出现频率为 28.8%，其次为 *H*10 类型，出现频率为 23.07%；第三为 *Avr-Pik_B* 类型，出现频率为 21.15%。同时，利用单基因鉴别品种 KRBLKP-K60（*Pik-p*）、KRBLK KA（*Pik*）、IRBLKM-TS（*Pik-m*）、KRBLKH-K3（*Pik-h*）、IRBLKS-S（*Pik-s*）对 50 个单孢菌株致病性分析。结果表明，在供试的 50 个菌株中，对稻瘟病抗性基因 *Pik-p*、*Pik*、*Pik-m*、*Pik-h* 以及 *Pik-s* 的毒性频率分别为 58%、64%、38%、32% 以及 42%。由此表明，来自海南南繁区稻瘟病菌株中 *Avr-Pik* 基因型以及毒性方面存在明显差异。

关键词：稻瘟病；*Avr-Pik*；*Pik*

---

* 基金项目：海南省重大科技计划（zdkj201901）资助

** 第一作者：危艺可，硕士研究生；研究方向：病原菌群体遗传学；E-mail：wk97219@163.com

*** 通信作者：吴伟怀，副研究员；E-mail：weihuaiwu2002@163.com

易克贤，研究员；E-mail：yikexian@126.com

不同生态区田间空气中小麦白粉菌分生孢子的动态监测*

王奥霖[1**]　徐　飞[2]　王　贵[1]　聂　晓[1]　范洁茹[1***]
刘　伟[1***]　周益林[1]　宋玉立[2]

（1. 中国农业科学院植物保护研究所，植物病虫害生物学国家重点实验室，北京　100193；2. 河南省农业科学院植物保护研究所，农业农村部华北南部作物有害生物综合治理重点实验室，郑州　450002）

摘　要：本研究于2019年和2020年利用Bukard病菌孢子捕捉器，监测了河北廊坊和河南原阳不同品种田间空气中小麦白粉菌分生孢子浓度的季节变化动态，建立了分别基于病菌分生孢子不同定量技术（显微镜病菌孢子计数技术和Real-time PCR病菌孢子定量技术）用于白粉病田间病情的估计模型，并对所建模型进行了比较分析。结果表明，两年度两个不同生态区代表试验点（河北廊坊和河南原阳）不同品种田间空气中白粉菌分生孢子的季节动态大多表现为其病菌分生孢子浓度均随病情的发展先逐渐增多并会出现几次明显的峰值，最后在灌浆后期逐渐减小。但廊坊2019年京双16和原阳2020年百农207病菌孢子浓度最大值出现在灌浆初期；廊坊2020年京双16和石4185出现在抽穗期，而保丰104出现在扬花期。田间空气中病菌分生孢子浓度、田间病情、气象因子等相关性分析结果显示，两年度两个试验点不同品种田间空气中病菌孢子浓度与相对湿度大多正相关，与风速和太阳辐射大多负相关，且2020年廊坊试验点3个品种的田间空气中病菌孢子浓度与相对湿度、风速和太阳辐射的相关性达到显著或极显著水平；两年度两个试验点不同品种田间病情均与温度显著或极显著正相关；两年度两个试验点不同品种调查日期前和调查日期一周前累计病菌孢子浓度与田间病情存在显著或极显著的线性和对数关系。在分析两个生态区代表点河北廊坊和河南原阳不同品种田间空气中小麦白粉菌分生孢子浓度、气象因子与田间病情关系的基础上，建立了两年度两个生态区不同品种基于气象参数，或基于累计孢子浓度，或基于气象参数和累计孢子浓度的田间白粉病估计模型，对组建模型的比较发现，基于累计孢子浓度参数的估计模型准确性较高，但其在不同年度、不同生态区和不同品种上存在一定的差异。此外本研究还建立了基于Real-time PCR病菌孢子定量技术与病菌孢子捕捉器相结合监测田间空气中孢子浓度的方法，并组建了相应的田间白粉病估计模型，此研究结果为病菌孢子捕捉技术在小麦白粉病监测和预测中的应用奠定了基础。

关键词：小麦白粉菌；病原菌监测；病菌孢子捕捉器；病害时空动态；病害估计模型

---

* 基金项目：国家自然科学基金（32072359）

** 第一作者：王奥霖，硕士，主要从事麦类病害流行学研究；E-mail：m18428394151@163.com

*** 通信作者：刘伟，主要从事麦类病害流行学研究；E-mail：wliusdau@163.com；
范洁茹，助理研究员，主要从事麦类病害研究；E-mail：jrfan@ippcaas.cn

小麦农家品种抗赤霉病扩展性鉴定初报*

薛敏峰**　刘美玲　史文琦　袁　斌　龚双军　喻大昭　杨立军***

（农业农村部华中作物有害生物综合治理重点实验室，农作物重大病虫草害可持续控制湖北省重点实验室，湖北省农业科学院植保土肥研究所，武汉　430064）

摘　要：赤霉病是禾谷类作物小麦上十分严重的病害，能导致小麦产量降低和品质严重下降。抗赤霉品种的选育和种植是综合防治赤霉病的基础，但已发现的小麦赤霉病抗原遗传背景较单一，抗原的缺乏滞缓了抗性品种的培育。赤霉病菌于扬花期侵染小穗建立侵染点，再逐步向穗部两端扩展显现症状，小麦的抗扩展性是赤霉抗性的重要组成部分。本研究选用235个农家品种为材料，于2021年在武汉市洪山区小麦病害鉴定圃，采用扬花初期单花滴注接种方法，对该自然群体进行赤霉病抗扩展性鉴定。结果显示，有19个农家品种的小穗发病率低于20%，有35个农家品种小穗发病率在20%~50%。为了挖掘其抗性基因，采用55 K SNP芯片对自然群体进行基因型，通过全基因组关联分析初步定位了位于染色体1B、2D的2个赤霉病抗扩展性位点。

关键词：小麦；赤霉病；农家品种

---

* 资助项目：小麦产业体系项目（CARS-3-1-2）

** 第一作者：薛敏峰，助理研究员，研究方向为小麦病害防控；E-mail：xueminfeng@ 126. com

*** 通信作者：杨立军；E-mail：yanglijun1993@ 163. com

小麦农家品种赤霉病抗性鉴定与抗侵染位点初步定位*

刘美玲** 薛敏峰 史文琦 袁 斌 向礼波 喻大昭 杨立军***

（农业农村部华中作物有害生物综合治理重点实验室，农作物重大病虫草害可持续控制湖北省重点实验室，湖北省农业科学院植保土肥研究所，武汉 430064）

摘 要：小麦赤霉病是为害小麦生产的重要病害，在长江中下游麦区为害严重，种植抗性品种是防治赤霉病的有效方法。目前赤霉病抗原材料较为匮乏，需要新抗源来加速抗病品种的培育。本研究选用 265 个农家小麦品种为材料，于 2017—2019 年连续 3 年采用喷赤霉菌孢子悬浮液接种鉴定方法，对农家品种自然群体进行了赤霉病抗性鉴定，发现 25 个农家品种连续 3 年病指在 15%以下。另外，利用 55K SNP 芯片进行基因型分析，获得 3.8 万个高质量的 SNP 位点，使用全基因组关联方法分析，初步定位了位于染色体 3A、4A、5A、7B 的 4 个遗传位点。本研究为小麦赤霉病抗性研究提供了新材料，也为定位新抗性位点打下了基础。

关键词：小麦；赤霉病；农家品种

---

* 资助项目：小麦产业体系项目（CARS-3-1-2）

** 第一作者：刘美玲，研究实习员，研究方向为小麦病害防控；E-mail：LML1593298753@ 163. com

*** 通信作者：杨立军；E-mail：yanglijun1993@ 163. com

云南省小麦条锈菌地理亚群体遗传结构分析*

江冰冰[1**]　张克瑜[1]　吕　璇[1]　王翠翠[2]　马占鸿[1]

（1. 中国农业大学植物病理系，北京　100193；2. 潍坊科技学院，潍坊　261000）

摘　要：小麦条锈病由条形柄锈菌小麦专化型 *Puccinia striiformis* f. sp. *tritici*（*Pst*）引起，在我国已发生多次大流行，严重威胁我国的粮食生产安全。云南省位于我国西南边陲，是我国小麦条锈菌重要的冬季繁殖区。然而该省地势与地形构成复杂，不同区域小麦品种和种植收获期存在较大差异，且小麦条锈菌能在该省部分地区完成周年循环，加大了小麦条锈病的控制难度。病原的群体遗传学分析有助于了解云南省不同地理亚群体的小麦条锈菌的群体遗传结构，从而推断地区间菌源交流程度，为制定小麦条锈病的区域综合防控策略提供一定的理论依据。本研究通过 3 种不同地理亚群体划分方式对云南 *Pst* 群体进行划分，即以县划分地理亚群体（Grouping by County，Group C），共 18 个亚群体；以区域划分地理亚群体（Grouping by region，Group R），为 4 个亚群体：即滇东北（YNE）、滇中（YC）、滇东南（YSE）、滇西（YW）；以海拔划分地理亚群体（Grouping by elevation，Group E），为 5 个亚群体：海拔 1 200~1 400km、1 400~1 600km、1 600~1 800km、1 800~2 000km、2 000~2 500km。利用 12 对 SSR 引物对云南省 537 个小麦条锈菌单孢系进行遗传标记，比较了不同地理亚群体的 *Pst* 基因多样性、基因型多样性、遗传分化水平，并进行了有性生殖检测。结果表明，Group C 中个旧市群体有效等位基因数（*Ne*）最高，为 1.576；宣威市群体 Shannon 信息指数（*I*）最高，为 0.484；师宗县群体期望杂合度（*He*）最高，为 0.284；宣威市群体基因型多样性指数：Wiener 指数（*H*）和 Stoddart and Taylor 指数（*G*）最高，分别是 3.840 和 35.340；师宗县与鲁甸县群体的遗传分化值 *Fst* 最大，为 0.440（$P = 0.001$）；在主坐标（PCoA）分析中，结果与 *Fst* 类似，师宗县与鲁甸县的群体相距较远，滇东北的宣威市和滇中的寻甸县及双柏县的群体均匀分布，滇西北的漾濞县及隆阳区的群体较为集中。Group R 中 YNE 群体的 *Ne*、*I*、*He*、*H*、*G* 最高，分别是 2.083、0.488、0.279、3.949、26.733；YNE 与 YSE 群体的 *Fst* 最大，为 0.037（$P = 0.001$）；PCoA 分析中，4 个地理亚群体均匀分布。Group E 中 1 600~1 800km群体的 *Ne*、*I*、*He* 最高，分别是 1.592、0.512、0.287；1 400~1 600km群体的 *H* 和 *G* 最高，分别是 4.209 和 45.012；1 600~1 800km与2 000~2 500km群体的 *Fst* 最大，为 0.018（$P = 0.001$）；PCoA 分析中，5 个地理亚群体均匀分布。所有地理亚群体中仅在广南县的群体中检测到有性生殖信号。以上结果表明滇中、滇东北地区以及海拔 1 400~1 800m的 *Pst* 群体具有更高的遗传多样性，与地理环境呈现一定的相关性，全省范围内的 *Pst* 群体分化程度较小，菌源之间存在广泛交流。

关键词：小麦条锈病；SSR 标记；地理亚群体；海拔；遗传分化

---

* 基金项目：国家重点研发计划（2017YFD0200400，2016YFD0300702）

** 第一作者：江冰冰，在读博士研究生，主要从事小麦条锈病分子流行学研究；E-mail：judyjiang520@163.com

玉米南方锈菌致病型鉴别寄主体系初步构建和鉴定*

黄莉群** 张克瑜 孙秋玉 李磊福 董佳玉 高建孟 吕 璇 马占鸿***
（中国农业大学植物病理学系，北京 100193）

摘 要：玉米南方锈病是由玉米多堆柄锈菌（*Puccinia polysora* Underw. PpU）侵染引起的气传性真菌流行性病害，该病害每年从东南亚及我国台湾地区传入海南后，一路北上，不断往北蔓延，造成严重危害，严重地块不防治的话可导致30%以上的减产。台湾曾有过病菌生理小种的研究报道，但在我国大陆地区还未见生理小种或致病型的报道。为了构建玉米南方锈菌致病型或生理小种鉴别寄主体系，明确我国玉米南方锈菌的致病型种类、生理小种和分布情况。本实验对玉米南方锈菌的致病型鉴别寄主体系和致病型进行了研究，首先对海南三亚、广东河源、广西桂林、广西河池、云南玉溪和湖南邵阳6个不同来源地的菌源在28个玉米品种上进行了致病性鉴定分析，结果发现裕丰303、登海605、登海685、美玉11和登海3737共5个品种接种不同菌株，其致病性表现出高抗和高感显著差异，这5个品种可作为鉴定致病性差异的鉴别品种。今后可进一步筛选，若能达到10个左右的品种，即可构成玉米多堆柄锈菌致病型乃至生理小种鉴别寄主体系。2020年，笔者使用上述品种中的裕丰303、登海605、登海685、美玉11对来自全国182 PpU单孢系进行了鉴定，共鉴定出13种致病型，其中占比达20%以上的有3个致病型，在所有取样地点都可观察到，占比第一和第二的分别占比34.62%和24.73%，存在地理性差异，占比第三的致病型占比23.08%，在我国分布较广，已失去地理性差异。进一步验证试验仍在进行中，若结果稳定，即可命名为玉米多堆柄锈菌新的生理小种。

关键词：玉米南方锈病；致病型鉴别；寄主体系；地理性差异

* 基金项目：国家自然科学基金（31972211，31772101）
** 第一作者：黄莉群，在读研究生；E-mail：15736266575@163.com
*** 通信作者：马占鸿，教授，主要从事植物病害流行与宏观植物病理学教学科研工作；E-mail：mazh@cau.edu.cn

谷子种子带白发病菌检测*

白　辉[1**]　邹晓悦[1,2]　马继芳[1]　王永芳[1]　全建章[1]　李志勇[1***]　董志平[1***]

（1. 河北省农林科学院谷子研究所，国家谷子改良中心，河北省杂粮重点实验室，石家庄　050035；2. 河北师范大学生命科学学院，石家庄　050024）

摘　要：为检测不同地区谷子种子携带白发病菌的情况，2020 年采集我国谷子主产区不同区域内的 169 份谷子种子提取基因组 DNA，利用谷子白发病病菌特异性引物 Sg-28S-403-F/Sg-28S-1221-R 对基因组 DNA 进行 PCR 扩增，利用 1.2%琼脂糖凝胶进行电泳检测，检测到 819 bp 的特异性扩增片段则种子带谷子白发病菌。结果显示，46 份谷子种子样本不带谷子白发病菌；40 份样本 1 批次检测出白发病菌扩增条带，带病率 33%；41 份样本 2 批次检测出白发病菌扩增条带，带病率 67%；42 份样本 3 批次均检测出白发病菌扩增条带，带病率 100%。种子带病原白发病菌的比例达 73%，较 2018 年阳性检出率增加；并且阳性样本不仅来自春谷区，还来自夏谷区（河南除外）。本研究表明，种子携带谷子白发病菌现象已经非常普遍，提示笔者通过谷子清洁化生产、筛选高效低毒农药防治谷子白发病迫在眉睫。

关键词：谷子；白发病菌；种子带菌；聚合酶链式反应

---

* 基金项目：河北省农林科学院现代农业科技创新工程（2019-4-2-3）；国家现代农业产业技术体系（CARS-06-13.5-A25）；河北省重点研发（21326338D）

** 第一作者：白辉；E-mail：baihui_mbb@126.com

*** 通信作者：李志勇；E-mail：lizhiyongds@126.com

董志平；E-mail：dzping001@163.com

白发病对谷子茎内生细菌组成影响的初步分析*

邹晓悦[1,2]　马继芳[1]　王永芳[1]　董志平[1]　刘　磊[1]　李志勇[1**]　白　辉[1**]
（1. 河北省农林科学院谷子研究所，国家谷子改良中心，河北省杂粮重点实验室，石家庄　050035；2. 河北师范大学生命科学学院，石家庄　050024）

摘　要：为探究不同抗白发病以及感白发病谷子品种内生细菌的群落组成并且分析其差异性，本研究利用 Illumina Miseq 高通量测序技术，对白发病菌侵染的抗病和感病谷子品种的第一节茎与最高节茎内生细菌的群落组成进行了分析。结果表明，在各分类水平下抗病谷子内生细菌种类均较感病谷子丰富。抗病谷子样品从第一节茎到最高节茎内生细菌种类在各分类水平下均表现为上升趋势或者几乎不变，而感病谷子样品从第一节茎到最高节茎内生细菌种类在各分类水平下均表现为明显的下降趋势。抗病谷子较感病谷子相对丰度大的优势类群有 2 种：放线菌门（Actinobacteria）和拟杆菌门（Bacteroidetes）。抗病谷子较感病谷子特有内生细菌门共 16 种。抗感病谷子共同优势细菌门有 4 种：放线菌门（Actinobacteria）、厚壁菌门（Firmicutes）、拟杆菌门（Bacteroidetes）、变形菌门（Proteobacteria），其中变形菌门（Proteobacteria）相对丰度最大。表明不同谷子品种以及不同部位内生细菌群落有差异，抗病谷子材料较感病谷子材料内生细菌物种丰富。其中抗白发病较感白发病谷子材料特有的内生细菌以及抗病材料中较感病材料相对丰度大的优势细菌门可能对防治谷子白发病有作用，值得进一步研究。

关键词：谷子；白发病；内生细菌；Miseq 高通量测序

---

* 基金项目：河北省农林科学院基本业务费（2018030202）；河北省农林科学院现代农业科技创新工程（2019-4-2-3）；国家现代农业产业技术体系（CARS-06-13.5-A25）

** 通信作者：李志勇；E-mail：lizhiyongds@126.com
白辉；E-mail：baihui_mbb@126.com

锈病对谷子叶片内生细菌群落影响的初探*

邹晓悦[1,2] 张羽佳[1,2] 李志勇[1] 张梦雅[1] 全建章[1] 白 辉[1**] 董志平[1**]
(1. 河北省农林科学院谷子研究所，国家谷子改良中心，河北省杂粮重点实验室，石家庄 050035；2. 河北师范大学生命科学学院，石家庄 050024)

摘 要：为探究谷锈菌对不同抗锈病以及感锈病谷子叶片内生细菌群落的影响，本研究应用高通量测序技术对谷锈菌侵染下的抗锈病谷子和感锈病谷子内生细菌进行了群落组成鉴定和多样性分析，在门、纲、属、种4种分类学水平下分析锈病对谷子内生细菌的影响以及鉴定出优势菌。结果表明，感锈病谷子内生细菌OTU数量以及内生细菌多样性均大于抗锈病谷子。抗感病谷子所占比例最大的内生细菌门为Proteobacteria（变形菌门），所占比例最大的内生细菌纲为Alphaproteobacteria（α-变形菌纲），抗病谷子所占比例最大内生菌属为*Sphingomonas*（鞘脂单胞菌属），它在感病谷子内比重有所下降，然而*Hymenobacter*（薄层菌属）和*Pantoea*（泛菌属）在感病谷子内的占比明显增加，在种水平上，抗病谷子中鞘脂单胞菌属中的一个未分类菌种所占比例大于感病谷子，在感病样品中明显观察到*Pantoea_ananatis*所占比例上升。表明在谷锈菌侵染的情况下，抗感锈病谷子内生细菌群落在多样性以及内生细菌种类及数量上均具有差异，这些在抗病谷子中特有以及较感病谷子相对丰度占优势的内生细菌可能对防治谷子锈病具有重要作用，可以进一步展开深入研究。

关键词：谷子；谷锈病；内生细菌

---

* 基金项目：国家自然科学基金项目（31872880）；河北省农林科学院基本业务费（2018030202）；河北省农林科学院现代农业科技创新工程（2019-4-2-3）；国家现代农业产业技术体系（CARS-06-13.5-A25）

** 通信作者：白辉；E-mail：baihui_mbb@126.com
董志平；E-mail：dzping001@163.com

番茄褪绿病毒病侵染山东省西葫芦的首次报道及潜在危害*

代惠洁[1**] 燕 颖[1] 赵 静[2] 竺晓平[3] 孙小桉[1***]

(1. 潍坊科技学院，山东省高校设施园艺重点实验室，寿光 262700；2. 潍坊学院生物与农业工程学院，山东省生物化学与分子生物学高校重点实验室，潍坊 261061；3. 山东农业大学植物保护学院，山东省蔬菜病虫生物学重点实验室，泰安 271018)

摘 要：番茄褪绿病毒［Tomato chlorosis virus（ToCV）］是我国蔬菜生产的重要新发病毒，随着媒介昆虫——烟粉虱［*Bemisia tabaci*（Gennadius）］在设施蔬菜栽培中的发生和流行，其寄主范围逐年扩大。2020 年 10 月项目组在山东寿光西葫芦温室调查时发现部分叶片呈现黄化、脉间褪绿，类似于 ToCV 侵染症状，并伴有烟粉虱发生。利用特异性引物检测发现，样品中扩增到 463bp 的目的片段与 GenBank 中登录的侵染番茄的 ToCV 基因序列（登录号：KC887998. 1）同源性高达 99. 58%，充分说明西葫芦植株已被 ToCV 侵染。通过对寿光西葫芦大棚病毒病发生规律和烟粉虱虫口数量调查发现，西葫芦定植后 1 个月表现侵染症状的植株为 2. 0%，定植后 2 个月达到 4. 2%，定植后 4 个月后高达 68. 2%，病毒发生呈指数增长，而烟粉虱虫口数量却维持较低密度。此外，我们从山东省西葫芦主产区济南长清和德州德城采集的疑似病叶和烟粉虱中也检出 ToCV 病毒，说明该病毒可能已经在山东省设施西葫芦主要种植区普遍发生，并经烟粉虱广泛传播。这是首次在西葫芦植株上检测到 ToCV，需引起高度重视。

关键词：西葫芦；番茄褪绿病毒；烟粉虱；虫口数量

---

* 基金项目：山东省重点研发计划（2019GSF109118）；潍坊市科技发展计划（2019GX074）；潍坊科技学院学科建设专项课题（2021XKJS30）

** 第一作者：代惠洁，副教授，主要从事蔬菜害虫综合治理研究；E-mail：climsion@ 126. com

*** 通信作者：孙小桉，教授，主要从事设施蔬菜病虫害防治研究；E-mail：seannyx@ outlook. com

广东番茄上首次检测到泰国番茄黄化曲叶病毒*

张　丽** 李正刚 佘小漫 于　琳 蓝国兵 汤亚飞*** 何自福***

（广东省农业科学院植物保护研究所，广东省植物保护新技术重点实验室，广州　510640）

摘　要：泰国番茄黄化曲叶病毒（*Tomato yellow leaf curl Thailand virus*，TYLCTHV）属于双生病毒科（*Geminiviridae*）菜豆金色黄花叶病毒属（*Begomovirus*），由烟粉虱传播，不能通过机械摩擦和种子带毒传播。该病毒首次发现于泰国，目前在我国台湾、云南有分布。2020 年 5 月，调查广东省汕头市蔬菜病害过程中发现有番茄黄化曲叶病的发生，并采集典型症状番茄病样 9 份，利用菜豆金色花叶病毒属的通用简并引物 AV494/CoPR 对病样进行 PCR 检测，从 9 份病样总 DNA 中均能扩增出大小为 570bp 的目的条带，进一步对阳性病样进行滚环扩增、酶切和克隆，获得侵染广东汕头番茄的病毒分离物的 DNA-A 全基因组，大小 2 744nt，编码 6 个 ORFs；利用 PCR 扩增、克隆获得病毒分离物的 DNA-B 全基因组，大小 2 742nt，编码 2 个 ORFs。序列相似性比较结果表明，侵染广东汕头番茄的病毒分离物 DNA-A 全长核苷酸序列与 TYLCTHV 台湾分离物的相似性在 96%以上，与泰国分离物的相似性在 96%以下；DNA-B 组分全长核苷酸序列同样与 TYLCTHV 台湾分离物 B 组分的相似性高（>98%）。系统进化分析表明，侵染广东汕头番茄的病毒分离物与来自台湾的 TYLCTHV 分离物聚集在同一个分支，亲缘关系近。本研究首次在广东地区检测到泰国番茄黄化曲叶病毒，初步推测，可能通过从台湾地区调运的番茄种苗或烟粉虱带毒进入广东。TYLCTHV 主要靠烟粉虱带毒、带毒种苗调运等途径进行传播扩散，因此对未发生区域，应严格把好种苗关，确保种植无毒种苗，从源头控制该病毒的为害。

关键词：泰国番茄黄化曲叶病毒；广东；番茄

---

* 基金项目：国家自然科学基金（32072392）；广东省自然科学基金（2019A1515012150）；广东省现代农业产业技术体系创新团队项目（2020KJ110、2020KJ134）；科技创新战略专项资金（高水平农科院建设）（R2019PY-JX005）；广东省农业科学院“十四五”学科团队建设项目（202105TD）

** 第一作者：张丽，硕士研究生，研究方向为植物病毒；E-mail：1587650114@ qq. com

*** 通信作者：汤亚飞，研究员；E-mail：yf. tang1314@ 163. m

何自福，研究员；E-mail：hezf@ gdppri. com

不同黄瓜品种对枯萎病抗性及其根际细菌群落特征解析*

张宇璐** 郭晓静 张紫星 郭荣君*** 李世东
（中国农业科学院植物保护研究所，北京 100193）

摘 要：根际微生物组是植物的第二基因组，在植物健康生长中具有重要的作用。本研究以不同黄瓜品种为研究对象，分析了不同品种对枯萎病的抗性及其根际细菌群落对接种枯萎病菌的响应，以期解析抗性品种的根际细菌群落特征。本研究以津优 409 和中农 6 号作为研究对象，通过胚根接种孢子悬浮液法、育苗基质拌菌法确认其对黄瓜枯萎病的抗性，并分别采集出苗 2 周后接种和不接种枯萎病菌的黄瓜根际样品，通过 Illumina MiSeq 高通量测序技术分析其根际细菌的群落构成。结果表明：津优 409 对枯萎病抗性较好，中农 6 号为感病品种。PCoA 分析表明两品种根际微生物区系构成明显不同（$P<0.05$），病原菌接种处理导致根际细菌群落结构发生改变。两品种根际细菌对枯萎病菌接种处理的响应不同，枯萎病菌接种处理导致津优 409 根际的优势菌——草酸杆菌科（Oxalobacteraceae）丰度上升，而该菌丰度在中农 6 号的根际则明显下降；此外，津优 409 根际富集了更多的假单胞菌科（Pseudomonadaceae）、肠杆菌科（Enterobacteriaceae）细菌，可能与其抗性有关，为深入研究这些菌群的抗病功能提供了信息。

关键词：黄瓜品种；抗性；枯萎病；根际细菌；群落构成

---

* 基金项目：国家重点研发计划（2019YFD1002000）；现代农业产业技术体系（CARS-25-D-03）；宁夏回族自治区重点研发计划重大项目（2019BFF02006）

** 第一作者：张宇璐，硕士研究生，从事植物病害生物防治研究；E-mail：1418405831@ qq. com

*** 通信作者：郭荣君；E-mail：guorj20150620@ 126. com

广东省黄瓜黑孢霉叶斑病病原鉴定*

吕　闯[1,2**]　何自福[1,2]　于　琳[1,2***]　佘小漫[1]　蓝国兵[1]　汤亚飞[1]　李正刚[1]

(1. 广东省农业科学院植物保护研究所，广州　510640；
2. 广东省植物保护新技术重点实验室，广州　510640)

摘　要：黄瓜（*Cucumis sativus* Linn.），又名青瓜，属葫芦科黄瓜属黄瓜种。黄瓜是世界上普遍栽培的一种瓜类作物，我国黄瓜栽培面积及产量均位于全球前列。广东省高温高湿的气候条件导致黄瓜病害发生严重。2020 年在广州市白云区采集黄瓜叶斑病病样，采用组织分离法分离病原真菌，获得菌株 BYcum7-3。在 25℃、PDA 上培养，该菌的菌落呈白色，圆形，气生菌丝旺盛，培养基中产生大量橘红色色素；培养后期菌落正面呈灰色，反面呈暗红色，产生大量分生孢子；分生孢子呈黑色，近圆球形，单细胞，大小为（9.64~15.25）μm×（11.69~17.51）μm。上述形态学特征与 Wang 等（2017）报道的黑孢霉属真菌 *Nigrospora aurantiaca* 的形态学特征一致。使用特异性引物进行 PCR，扩增该菌株的核糖体内转录区（ITS）、翻译延伸因子 1-α（TEF1-α）、β-微管蛋白（TUB2）基因的部分序列并测序，经 NCBI 数据库 BLASTn 分析发现，该病原菌的 ITS、TEF1-α、TUB2 基因序列与 *N. aurantiaca* 模式菌株 CGMCC3.18130 对应基因序列一致性分别为 99.80%、99.76%、99.48%。使用上述 3 个基因进行多基因系统发育分析，结果表明该菌株与 *N. aurantiaca* 模式菌株 CGMCC3.18130 聚为一支，自展支持率为 100%。将该菌的菌丝块接种到黄瓜（品种：粤秀三号）植株叶片上，在 25℃下保湿培养，观察发病情况，以接种 PDA 为对照。8 天后，对照植株叶片无明显病斑、植株正常生长，接种菌株 BYcum7-3 的黄瓜叶片在菌丝块周围出现明显褪绿黄色病斑，菌丝块周围叶片腐烂，后期穿孔。重新分离病健交界处的病原真菌，新获得的菌株与原菌株形态一致。前人报道指出 *N. aurantiaca* 可以引起板栗叶斑病（Luo *et al.*，2020）和烟草叶斑病（Huang *et al.*，2020）。本研究通过生物学和多基因分子系统学方法，鉴定 *N. aurantiaca* 是引起黄瓜叶斑病的新病原。由于引起黄瓜叶斑病的病原菌种类较多，因此命名该新病害为黄瓜黑孢霉叶斑病。据作者所知，这是国内外首次报道 *N. aurantiaca* 引起黄瓜叶斑病。

关键词：黄瓜；叶斑病；病原鉴定；*Nigrospora aurantiaca*

---

* 基金项目：科技创新战略专项资金（高水平农科院建设）（R2018QD-057）；广东省农业科学院院长基金（201822）；广东省农业科学院“十四五”学科团队建设项目（202105TD）

** 第一作者：吕闯，在读硕士研究生，主要从事葫芦科蔬菜真菌病害研究

*** 通信作者：于琳，副研究员，主要从事蔬菜病原真菌基础理论及蔬菜病害绿色防控技术研究；E-mail：yulin@gdaas.cn

黄瓜枯萎病菌定量检测及预警体系的建立*

董丽红** 郭庆港 王培培 梁 芸 徐青玲 马 平***
（河北省农林科学院植物保护研究所/河北省农业有害生物综合防治工程技术研究中心/
农业农村部华北北部作物有害生物综合治理重点实验室，保定 071000）

摘 要：黄瓜枯萎病是由尖孢镰刀菌黄瓜专化型（*Fusarium oxysporum* f. sp. *cucumerinum*）引起的黄瓜系统性土传病害，在黄瓜生产上造成严重的经济损失。定量检测土壤中病原菌数量，建立病原菌数量与病害发生严重程度的关系是对黄瓜枯萎病预测预报及有效防治的重要基础。首先，笔者设计了尖孢镰刀菌黄瓜专化型的特异性引物和探针，在NCBI中对特异性序列进行BLAST比对发现该序列只能比对到尖孢镰刀菌黄瓜专化型的菌株，说明有较高的特异性。其次，通过构建含有特异性序列的重组质粒，以不同浓度梯度的重组质粒DNA为模板，采用TaqMan荧光探针的方法进行实时荧光定量qPCR反应。建立了质粒拷贝数与Ct值的标准曲线，结果表明，标准曲线为$y=-3.43x+39.06$，$R^2=1.00$。在温室条件下，将尖孢镰刀菌黄瓜专化型孢子悬浮液均匀的拌入灭菌并晾干的土壤基质中，制成带菌量为10^6 CFU/g、10^5 CFU/g、10^4 CFU/g、10^3 CFU/g、10^2 CFU/g土壤，分析病原菌数量与棉花枯萎病病害发生严重程度的拟合关系。结果表明，黄瓜枯萎病病情指数随土壤中孢子含量的增加而上升。在土壤中孢子含量高于10^3 CFU/g时，黄瓜开始发病，所以根据实验结果，土壤中孢子浓度为10^3 CFU/g为病害发生的临界值，为黄瓜枯萎病的发生提供预测预报的依据。

关键词：黄瓜枯萎病；尖孢镰刀菌黄瓜专化型；定量检测；qPCR；预测预报

* 基金项目：河北省财政专项（C21R1001）；省自然科学基金（C2021301056）
** 第一作者：董丽红，博士，主要从事植物病害生物防治研究；E-mail：xingzhe56@126.com
*** 通信作者：马平，研究员，主要从事植物病害生物防治研究；E-mail：pingma88@126.com

荧光假单胞菌2P24防控瓜类果斑病机制初探

汪心玉[1*]　芦　钰[2]　李健强[1]　张力群[1]　罗来鑫[1**]　徐秀兰[2**]

（1. 中国农业大学植物保护学院，种子病害检验与防控北京市重点实验室，北京 100193；2. 北京市农林科学院蔬菜研究中心，农业农村部华北地区园艺作物生物学与种质创制重点实验室，农业农村部都市农业（北方）重点实验室，北京　100097）

摘　要：实验室前期研究发现利用荧光假单胞菌株2P24进行西瓜、甜瓜种子生物引发处理对瓜类细菌性果斑病具有良好的防控效果。为初步解析2P24对果斑病的防控机制，测试了其次生代谢物2,4-二乙酰基间苯三酚（2,4-diacetylphoroglucinol，2,4-DAPG）、莫匹罗星（mupirocin，MPC）对病原菌*Acidovorax citrulli*（Ac）生长的影响，并且测试比较2P24及其突变株2P24△phlD（丧失2,4-DAPG合成能力）和2P24ΔgacS（丧失2,4-DAPG、HCN、蛋白酶合成能力）对病原菌和寄主作物生理生化水平的影响。结果表明2,4-DAPG及MPC均能有效抑制Ac菌生长并对Ac菌的游动性及生物膜的形成具有较强破坏性；且2P24对Ac菌的生长抑制显著高于两个突变株。温室接种测试显示2P24及其突变株均可降低甜瓜苗期果斑病发病率，而其抑制率存在较大差异，相较2P24野生型菌株82.3%的病害抑制率，2P24ΔphlD及2P24Δgacs的病害抑制率分别下降了10.2%和34.2%。同时发现2P24对于西瓜、甜瓜幼苗有明显的促生作用，幼苗鲜重、株高、根长均有显著提高。过氧化氢酶（CAT）、超氧化物歧化酶（SOD）等抗逆相关酶活性测试结果表明，接种Ac菌西瓜幼苗灌根喷施2P24后CAT酶、SOD酶活性相比2P24或Ac处理幼苗酶活的提高1.5~3倍。以上结果表明2P24次生代谢产物2,4-DAPG，MPC直接对Ac菌产生拮抗作用，同时2P24提高了受果斑病侵染西瓜的抗病相关酶活性，诱导西瓜产生抗病性。本研究为进一步研究2P24的生防机制提供理论依据。

关键词：2P24；*Acidovorax citrulli*；瓜类细菌性果斑病；生防菌；种传病害

* 第一作者：汪心玉，硕士研究生；E-mail：wxyu980903@ 126. com

** 通信作者：罗来鑫，副教授；E-mail：08030@ cau. edu. cn

徐秀兰：副研究员；E-mail：xuxiulan@ nercv. org

生姜腐皮镰刀菌的分离鉴定及PCR快速检测方法构建*

周　洁**　张玲玲　朱永兴　刘奕清***

（长江大学园艺园林学院/香辛作物研究院，荆州　434025）

摘　要：生姜（*Zingiber officinale* Roscoe）是重要的药食同源蔬菜，富含姜辣素等多种活性物质，具有杀菌、消炎、抗肿瘤等功效。但生姜生产过程中易受多种病原菌的侵染，其中由腐皮镰刀菌（*Fusarium solani*）、尖孢镰刀菌（*F. oxysporum*）以及少数假单胞杆菌（*Pseudomonas* sp.）引起的生姜枯萎病是一种最常见的真菌土传病害，一旦发病将导致整个田块严重减产。研究发现，带菌种姜和连作土壤是枯萎病发生的主要初侵染源，因此建立一种快速高效的PCR检测方法，检测种姜和田间土壤是否带菌，阻断带菌种姜入田并及时对病土进行消毒，对于该病害的防治至关重要。

本试验通过致病力测定、形态学观测以及系统进化树分析等方法对湖北生姜产区分离的菌株进行鉴定，获得了生姜枯萎病菌之一腐皮镰刀菌（*F. solani*）。基于已报道的镰刀菌属通用引物TEF-1αF/TEF-1αR序列，以腐皮镰刀菌基因组DNA为模板进行扩增测序，根据获得的序列信息，设计筛选出一对腐皮镰刀菌特异性引物，构建了基于普通PCR的快速高效分子检测方法，并对接种过病菌的生姜植株和土壤进行检测验证。

结果显示：通过病原菌的菌落形态、孢子显微结构观察、真菌通用引物ITS1/ITS4鉴定和致病性测定，确定引起生姜枯萎病的病原菌为腐皮镰刀菌（*F. solani*），使用设计出的特异性引物F8/R8进行PCR，特异扩增获得约381bp的目标条带，检测灵敏度为454 pg/μl，利用该引物对带菌生姜幼苗和土壤进行检测验证，证实可从发病生姜幼苗和带菌土壤中特异性检测到枯萎病菌（*F. solani*）。本研究明确了湖北地区引起生姜枯萎病的病原菌为腐皮镰刀菌（*F. solani*），并且建立了一种PCR快速检测方法，该检测方法具有简便、灵敏、高效的特点，能够准确、快速地鉴定该病原菌，可用于生姜枯萎病的早期诊断与预防。

关键词：生姜；枯萎病；腐皮镰刀菌；PCR检测

---

* 基金项目：湖北省重点研发项目（2020BBA037）；中央引导地方专项项目（2020ZYYD020）；重庆调味品产业体系重大专项项目（2021-07）；重庆英才计划创新创业团队（CQYC201903201）

** 第一作者：周洁，硕士研究生，研究方向为园艺植物资源与利用；E-mail：1770432322@qq.com

*** 通信作者：刘奕清，教授，博士生导师，主要从事生姜育种栽培与生物技术研究；E-mail：liung906@163.com

生姜青枯病病原菌的鉴定与PCR检测方法的建立*

张玲玲** 周 洁 朱永兴 刘奕清***

（长江大学园艺园林学院，荆州 434000）

摘　要：青枯病是一种严重为害生姜种植的毁灭性土传细菌病害，湖北省作为生姜的重要种植地区之一，近年来青枯病频发，但关于湖北生姜青枯病病原菌的研究仍鲜有报道。明确引起湖北生姜青枯病的病原菌并对其进行快速检测，对生姜青枯病早期诊断与有效防控具有重要意义。

本试验采用组织分离法，对湖北省生姜病样上的病菌进行了分离纯化，通过形态学特征、致病性测定、分子生物学特性、生理生化反应和生物型划分对其进行鉴定；筛选并验证了生姜青枯病菌的特异性引物，优化生姜青枯病病原菌的PCR检测方法，并对该方法进行特异性和灵敏度验证，运用该方法对生姜植株和土壤的病原菌进行检测。

结果表明，分离纯化得到了10株培养性状一致的菌株，从形态学特征、致病性测定、分子生物学特性、生理生化反应和生物型划分，将代表菌株ES202023鉴定为青枯雷尔氏菌（*Ralstonia solanacearum*），属于4号生理小种，生物型Ⅲ；引物21F/21R（21F：5′-CGACGCTGACGAAGGGACTC-3′；21R：5′-CTGACACGGCAAGCGCTCA-3′）从所获菌株中扩增出长度为125 bp的特异性目的条带；通过优化后的PCR体系（25μl：2×*Taq* Master PCR Mix 12.5μl，21F/21R 0.5μl，退火温度61.1℃，30个循环），使病原菌的检测灵敏度达到10^{-2}ng/μl，且可以在感病植株及土壤中检测到病原菌。本研究建立的特异性PCR快速检测方法，对生姜青枯病的田间早期预警、姜种带菌检测和绿色防控具有指导作用。

关键词：生姜；青枯病；分离鉴定；PCR检测方法

* 基金项目：湖北省重点研发项目（2020BBA037）；重庆调味品产业体系重大专项项目（2017-2021）-7；重庆英才计划创新创业团队（CQYC201903201）

** 第一作者：张玲玲，硕士研究生，主要从事生姜病害综合防治研究；E-mail：llzhchina@163.com

*** 通信作者：刘奕清，教授，博士研究生导师

芦笋茎枯病病菌的侵染及致病机制*

杨迎青[1**]　孙　强[2]　赵　凤[2]　陈洪凡[1]　兰　波[1]　李湘民[1***]
（1. 江西省农业科学院植物保护研究所，南昌　330200；
2. 中华人民共和国黄岛海关，青岛　266555）

摘　要：芦笋 *Asparagus officinalis* Linn，又称石刁柏，属百合科天门冬属植物，是世界十大名菜之一，在国际市场上被称为“蔬菜之王”。芦笋营养价值高，能润肺、镇咳、祛痰，且具有抑制肿瘤生长等功能，深受人们的喜爱。近年来，随着芦笋栽培面积的扩大，病害的发生也逐年加重，尤其是茎枯病的发生和为害已严重影响了芦笋的产量与质量。由天门冬拟茎点霉 *Phomopsis asparagi*（Sacc.）Bubak 引起的芦笋茎枯病，是一种区域性分布的毁灭性病害，俗称“芦笋癌症”。在中国、日本、泰国、印度尼西亚等亚洲芦笋种植国家发生比较严重，尤以中国发病最为严重。茎枯病的发生需要湿热气候条件，欧美芦笋主产区均为冷凉气候，因此在欧美国家基本不发生茎枯病，相应的研究报道也较少。我国芦笋生产省份均发生普遍，且南方重于北方。轻者生长发育不良，降低产量与品质，重者病株提前枯死，全田毁灭。

通过电子显微镜以及生物测定技术研究了芦笋茎枯病菌的侵染过程，并测定了芦笋茎枯病菌细胞壁降解酶的活性及重要致病作用。结果表明：芦笋茎枯病病菌芦笋茎枯病菌 0~24h 产生芽管，24~36h 长出菌丝，菌丝继续生长，4 天后侵入寄主组织，8 天后开始形成产孢结构，12 天后形成分生孢子器，16 天后分生孢子器释放出分生孢子（α、β 型孢子）。7 种细胞壁降解酶中，PG 的活性较高，其次是 PMG 和 Cx，其他 4 种酶活性较低。在 3 种主要细胞壁降解酶中，Cx 以 1%CMC 作为底物的诱导效果较好，PG 和 PMG 以 1%果胶作为底物的诱导效果较好。Cx 的最佳反应温度是 50℃，PG 的最佳反应温度是 50~60℃，PMG 的最佳反应温度是 60℃；Cx 的最佳反应时间是 50 min，PG 和 PMG 的最佳反应时间是 60 min；Cx 和 PG 的最佳反应 pH 值是 4.0，PMG 的最佳反应 pH 值是 8.0。细胞壁降解酶能够造成渗透性还原单糖量的增加。随着浓度增加，渗透性还原糖量逐渐增大，说明随着浓度的增大，其造成的损伤程度逐渐加大。随着细胞壁降解酶浓度的增大，相对电导率逐渐增大，说明随着浓度的增大，其对芦笋组织细胞膜造成的损伤程度逐渐加大。

关键词：芦笋茎枯病；天门冬拟茎点霉；侵染过程；致病机制；细胞壁降解酶

---

* 基金项目：国家自然科学基金（31460456）；江西省杰出青年人才资助计划（20171BCB23081）；江西省自然科学基金重点项目（20202ACBL205006）

** 第一作者：杨迎青，副研究员，研究方向：植物病原真菌学；E-mail：yyq8295@163.com

*** 通信作者：李湘民，研究员，研究方向：植物病原真菌学；E-mail：xmli1025@aliyun.com

不同致病力棉花黄萎病菌CAZymes的比较分析*

贺 浪** 简桂良***
（植物病虫害生物学国家重点实验室，中国农业科学院植物保护研究所，北京 100193）

摘 要：通过生物信息学的方法，研究棉花黄萎病菌强致病落叶型菌系Vd991和弱致病落叶型菌系Vd250中差异蛋白的碳水化合物酶类CAZymes，进一步为研究棉花黄萎病的致病机理提供理论依据。利用label-free技术，分别对两种病菌的菌丝和菌核的蛋白质进行表达量差异分析，筛选出差异蛋白，按照CAZymes数据库家族功能进行分类注释，分析和比较菌株Vd991和菌株Vd250的菌丝（菌核）CAZymes在各个家族的差异。根据CAZymes注释与分析表明，在菌丝的差异蛋白中，Vd250相比Vd991编码的果胶、纤维素、半纤维素降解酶类的数量都发生了扩增，Vd991对比Vd250只有编码淀粉降解酶的数量发生了扩增；在菌核的差异蛋白中，Vd991对比Vd250在半纤维素降解酶类的数量发生了扩增，编码果胶降解酶类的数量少于Vd250，两种菌编码纤维素降解酶类的数量都只发现了2个，Vd250和Vd991编码CAZymes的数量差异性较小。此外还发现在差异蛋白中，GH家族在各类分解酶中占着主要的地位，PL家族只发现在Vd250中。通过对两种不同致病力菌中差异蛋白的CAZymes比较分析，发现了弱致病非落叶型菌株Vd250和强致病落叶型菌株Vd991编码CAZymes的对比扩增情况，初步得知不同致病力菌的CAZymes家族与病原菌菌核萌发活力的关系，以及与病原菌侵染特性的关系。

关键词：大丽轮枝菌；菌丝；菌核；碳水化合物酶类；细胞壁降解酶类

---

* 基金项目：转基因植物重大专项子课题（2016ZX08005-004-001）
** 第一作者：贺浪，硕士研究生；E-mail：helang_88@ 163. com
*** 通信作者：简桂良，研究员；E-mail：jianguiliang@ 126. com

苹果树褐斑病菌快速检测技术研发与应用*

张丽霞** 常亚莉 王英豪 徐亮胜*** 黄丽丽***
(旱区作物逆境生物学国家重点实验室/西北农林科技大学植物保护学院，杨凌 712100)

摘 要：由 *Marssonina coronariae* 引起的苹果褐斑病是导致我国苹果树早期落叶的主要病害，该病害在日本、韩国、加拿大、印度、意大利等国均有报道。每年因该病害发生而引起叶片大量提早发黄脱落，流行年份重病园 7—9 月的落叶率高达 80%~100%，严重影响果品产量和品质。由于该病害潜伏期长、流行速度快，一旦发生，难以控制，因此有必要开发一种快速、灵敏且可靠的田间检测方法，以便在苹果叶片无症状时有效诊断苹果褐斑病。环介导等温扩增（LAMP）是一种新型检测方法，特异性强、灵敏度高、操作过程简单、检测结果可视化。由于该检测不需要昂贵的设备或专业技术，因此基于 LAMP 的诊断方法可以在田间条件下应用，以更准确、更有效地掌握苹果园的苹果褐斑病的发病情况，从而进行精准防控。因此，为了建立苹果树褐斑病菌特异性的可视化 LAMP 检测方法，本研究基于苹果树褐斑病菌的 ITS-rDNA 序列，设计了 LAMP 检测方法的 4 条特异性引物并获得阳性结果。通过控制单因素变量，测试 LAMP 反应的最优体系，确定了反应最优的 Mg^{2+} 浓度为 4mM，甜菜碱浓度为 0.2M，最佳反应温度为 62℃，反应时间为 50min。在特异性试验中，只有 27 株苹果树褐斑菌均可观察到绿色荧光的阳性结果，而 10 株对照菌和阴性对照结果均为橙色的阴性结果。在灵敏性试验中，LAMP 检测最低检测限 700fg/μl，孢子悬浮液的最低检测限为 100 个/ml。因此，本研究建立苹果树褐斑病菌特异性的可视化 LAMP 检测方法将应用于田间褐斑病的早期检测，为该病害的早期精准防控提供依据。

关键词：苹果树褐斑病；快速检测；LAMP 技术；可视化

---

* 基金项目：陕西省科技重大专项——苹果重大病害绿色防控技术及产品研发（2020zdzx03-03-01）

** 第一作者：张丽霞，硕士研究生，研究方向为植物保护；E-mail：zlx2190439487@163.com

*** 通信作者：黄丽丽；E-mail：huanglli@nwsuaf.edu.cn
徐亮胜；E-mail：liangsheng.xu@nwafu.edu.cn

向日葵青枯病病原鉴定*

佘小漫** 蓝国兵 于 琳 李正刚 汤亚飞 何自福***
（广东省农业科学院植物保护研究所，广东省植物保护
新技术重点实验室，广州 510640）

摘 要：茄科雷尔氏菌［*Ralstonia solanacearum*（Smith）Yabuuchi *et al.*］是世界上最重要的植物病原细菌之一，分布于全球热带、亚热带和温带地区。该病原菌寄主范围广，可侵染50个科200多种植物。向日葵（*Helianthus annuus* L.），又名向阳花、望日花，原产南美洲，是桔梗目菊科向日葵属植物，在我国东北、华北、新疆、云贵高原区等地均有种植。近年来，观赏向日葵逐步受到重视，新品种不断引进，生产规模逐年扩大。2020年5月，在广东省东莞的佛灵湖向日葵种植地发生青枯病，田间病株率为26%。向日葵病株叶片萎蔫、失去光泽，病株维管束变褐，最后整株枯萎。在含1% TZC的LB琼脂平板上，30℃培养48h后，可从病株茎基部组织中分离到较菌落形态较一致的细菌分离物，菌落呈近圆形或梭形，隆起，中间粉红色，周围乳白色。采用传统及分子生物学的方法对广东省发生的向日葵青枯病的病原进行了鉴定。细菌学鉴定及致病性测定结果表明，该病害是由茄科雷尔氏菌侵染引起的，且属于1号生理小种和生化变种3；分子生物学分析结果进一步显示，向日葵青枯病菌属茄科雷尔氏菌演化型Ⅰ即亚洲分支菌株存在4个序列变种。

关键词：向日葵青枯病；茄科雷尔氏菌；病原鉴定

---

* 基金项目：国家自然科学基金（31801698）；广东省自然科学基金项目（2018A030313566）；科技创新战略专项资金（高水平农科院建设）（R2018PY-JX004）

** 第一作者：佘小漫，研究员，研究方向植物病原细菌；E-mail：lizer126@126.com

*** 通信作者：何自福，研究员；E-mail：hezf@gdppri.com

甘蔗主要育种亲本宿根矮化病菌和抗褐锈病基因 *Bru*1 分子检测*

张荣跃** 李 婕 李文凤 李银煳 单红丽 王晓燕 黄应昆***
（云南省农业科学院甘蔗研究所，云南省甘蔗遗传改良重点实验室，开远 661699）

摘 要：为明确当前中国甘蔗常用育种亲本宿根矮化病发生情况及抗甘蔗褐锈病主效基因 *Bru*1 分布情况，以期为甘蔗抗 RSD 和抗褐锈病育种亲本的选择提供参考依据。本研究于 2019—2020 年，对中国国家甘蔗种质资源圃保存的 255 份甘蔗常用育种亲本分别进行了 RSD 及 *Bru*1 分子检测。RSD 检测结果表明，255 份供试亲本材料中，175 份亲本材料检测出 RSD 病菌，检出率为 68.6%，表明中国甘蔗常用育种亲本 RSD 感病严重。不同系列亲本的 RSD 检出率不同，其中 vmc 系列亲本的 RSD 检出率最低（40.0%）；桂糖系列亲本的 RSD 检出率最高（84.6%）。*Bru*1 基因检测结果显示，87 份亲本含有抗褐锈病基因 *Bru*1，频率为 34.1%，其中 ROC 系列亲本 *Bru*1 基因检出率最高 71.4%，由此可见，*Bru*1 基因是我国常用甘蔗育种亲本抗褐锈病的优势来源，对甘蔗抗褐锈病育种具有重要意义。本研究筛选到 vmc 系列亲本和 CP 系列亲本 RSD 自然抗性相对较强，ROC 系列亲本抗褐锈病基因 *Bru*1 基因频率最高，研究结果可为抗 RSD 和抗褐锈病育种亲本的选择提供重要参考依据，为有效防控 RSD 和褐锈病具有重要指导意义。

关键词：甘蔗；主要育种亲本；宿根矮化病；抗褐锈病基因 *Bru*1；分子检测

* 基金项目：财政部和农业农村部国家现代农业产业技术体系专项资金资助（CARS-170303）；云岭产业技术领军人才培养项目“甘蔗有害生物防控”（2018LJRC56）；云南省现代农业产业技术体系建设专项资金

** 第一作者：张荣跃，副研究员，主要从事甘蔗病害研究；E-mail：rongyuezhang@ hotmail. com

*** 通信作者：黄应昆，研究员，从事甘蔗病害防控研究；E-mail：huangyk64@ 163. com

甘蔗新品种（系）对黑穗病菌抗性评价*

王晓燕** 李文凤 李 婕 李银煳 张荣跃 单红丽 黄应昆***
（云南省农业科学院甘蔗研究所，云南省甘蔗遗传改良重点实验室，开远 661699）

摘 要：甘蔗黑穗病是严重影响中国甘蔗产业发展的系统性真菌病害，不同的甘蔗品种对甘蔗黑穗病的抗性不一，筛选和种植抗病品种是防治甘蔗黑穗病最经济有效的措施。为明确近年中国育成的优良品种（系）对甘蔗黑穗病的抗性，筛选抗黑穗病优良品种供生产上推广应用，本研究选择云南元江甘蔗黑穗病高发区，采用人工接种浸渍法，对中国的100个优良品种（系）进行抗性鉴定评价。结果表明，100个优良品种（系）中56个表现高抗到中抗，占56%，44个表现为中感到高感，占44%。研究结果显示目前大面积种植和主推的闽糖69-421、新台糖22号、柳城03-182、柳城03-1137、桂糖42号、粤甘26号、桂糖02-351、云蔗09-1601等品种（系）高度感病，而近年选育的福农15号、福农36号、福农1110、福农07-3206、福农11-2907、闽糖11-610、粤甘39号、粤甘43号、粤甘48号、粤甘49号、粤甘50号、粤糖00-236、赣蔗02-70、云蔗99-596、云蔗03-258、云蔗04-241、云蔗06-80、云蔗07-2800、云蔗08-2060、云蔗10-2698、云蔗13-1139、云瑞10-701、德蔗09-84、德蔗12-88、桂糖08-1589、中蔗1号共26个优良品种（系）高度抗病。建议低海拔河谷甘蔗黑穗病高发区，应加大淘汰感病主栽品种和推广应用抗病优良品种力度，以达到品种合理布局，控制甘蔗黑穗病大发生流行，为甘蔗产业高质量发展提供保障。

关键词：甘蔗；优良品种（系）；黑穗病；人工接种；抗性

---

* 基金项目：财政部和农业农村部国家现代农业产业技术体系专项资金资助（CARS-170303）；云岭产业技术领军人才培养项目“甘蔗有害生物防控”（2018LJRC56）；云南省现代农业产业技术体系建设专项资金

** 第一作者：王晓燕，副研究员，主要从事甘蔗病害研究；E-mail：xiaoyanwang402@ sina. com

*** 通信作者：黄应昆，研究员，从事甘蔗病害防控研究；E-mail：huangyk64@ 163. com

云南甘蔗中后期流行性真菌病害发生为害调查分析*

李文凤** 李 婕 王晓燕 单红丽 张荣跃 李银煳 黄应昆***
（云南省农业科学院甘蔗研究所，云南省甘蔗遗传改良重点实验室，开远 661699）

摘 要：为明确低纬高原甘蔗中后期灾害性真菌病害种类、病原类群、为害损失及灾害特性，给甘蔗病害防控提供理论依据。笔者研究团队于2015—2020年，分别对云南低纬高原蔗区甘蔗中后期灾害性真菌病害发生分布和品种抗性进行了调查鉴定，甘蔗成熟期收砍称量和测定分析甘蔗产量、糖分及损失率。调查鉴定结果表明，云南低纬高原蔗区甘蔗中后期灾害性真菌病害有梢腐病、褐条病、锈病3种，存在复合侵染；梢腐病菌为镰刀菌 *Fusarium verticillioides* 和 *Fusarium proliferatum*，优势种为 *F. verticillioides*，褐条病菌为狗尾草平脐蠕孢 *Bipolari setariae*，锈病菌为屈恩柄锈菌 *Puccina kuehnii* 和黑顶柄锈菌 *Puccina melanocephala*，优势种为 *P. melanocephala*；34个主栽品种中，对梢腐病、褐条病和锈病高抗到中抗分别有18个（占52.9%）、24个（占70.6%）、25个（占73.5%）；60个新品种中，对梢腐病、褐条病和锈病高抗到中抗分别有35个（占58.3%）、32个（占53.3%）、41个（占68.3%）。其中，桂糖11-1076、闽糖12-1404、福农09-2201、福农09-71111、桂糖06-1492、桂糖08-1180、云蔗11-1074、桂糖06-2081、桂糖08-1589、粤甘48号、柳城09-15、云蔗05-51、云蔗11-1204、福农07-3206等新品种高度抗病，建议生产上合理使用。测定结果显示，梢腐病、褐条病和锈病实测产量相对损失率平均分别为38.43%、25.6%、24.9%，最多分别为48.5%、32.8%、31.7%；甘蔗糖分平均分别降低3.54%、2.82%、3.11%，最多分别降低5.21%、3.71%、4.24%。研究结果丰富了低纬高原甘蔗病害相关理论和技术基础，为甘蔗病害有效防控提供了理论指导和科学依据。

关键词：云南蔗区；甘蔗；真菌病害；发生为害；调查分析

---

* 基金项目：财政部和农业农村部国家现代农业产业技术体系专项资金资助（CARS-170303）；云岭产业技术领军人才培养项目“甘蔗有害生物防控”（2018LJRC56）；云南省现代农业产业技术体系建设专项资金

** 第一作者：李文凤，研究员，主要从事甘蔗病害研究；E-mail：ynlwf@163.com

*** 通信作者：黄应昆，研究员，从事甘蔗病害防控研究；E-mail：huangyk64@163.com

云南弥勒蔗区甘蔗褐条病病原菌的分离鉴定*

李 婕** 张荣跃 李文凤 李银煳 单红丽 王晓燕 黄应昆***
（云南省农业科学院甘蔗研究所，云南省甘蔗遗传改良重点实验室，开远 661699）

摘 要：2019年10月，在云南弥勒甘蔗示范基地（103°33′E，23°92′N）云瑞10-187和福农11-2907甘蔗植株上看到严重的甘蔗褐条病症状，发病率为50%~80%。为明确其病原，本研究采集病样进行病原菌的分离和鉴定，以期为该病害的有效防控提供依据。形态学观察分生孢子梗褐色，有隔，稍弯曲或直，单生或丛生，宽度3.5~5.2μm，上部弯曲。分生孢子直至稍弯，纺锤形至梭形，浅棕色或棕色，4~10个横隔，直径（31.7~96.7）μm×（10.7~16.3）μm，脐不明显或稍突起，初步将其病原菌鉴定为平脐蠕孢属 *Bipolaris*。测序结果BLAST同源性比对结果显示，ITS序列（登录号：MW466590-MW466591）与狗尾草平脐蠕孢 *Bipolari setariae* 模式菌株CBS 141.31（登录号：EF452444）相似性达99.47%，与菌株CBSHN01（登录号：GU290228）相似性达100%；GPDH序列（登录号：MW473721-MW473722）与 *B. setariae* 模式菌株CBS 141.31（登录号：EF513206）相似性达99.83%，与菌株CPC28802（登录号：MF490833）相似性达100%。基于 *ITS* 和 *GPDH* 基因序列构建系统发育树，发现菌株BS1和BS2与 *B. setariae* 处于同一分支，亲缘关系最近。经形态学和分子生物学鉴定结果将该真菌鉴定为狗尾草平脐蠕孢 *B. setariae*。本研究结合形态特征、多基因分子鉴定及致病性测定，在云南首次报道了狗尾草平脐蠕孢 *B. setariae* 为甘蔗褐条病病原菌，丰富了甘蔗褐条病病原菌的信息，为后续其他蔗区褐条病的研究奠定了基础。

关键词：云南弥勒；甘蔗褐条病；病原菌；分离鉴定

---

* 基金项目：财政部和农业农村部国家现代农业产业技术体系专项资金资助（CARS-170303）；云岭产业技术领军人才培养项目“甘蔗有害生物防控”（2018LJRC56）；云南省现代农业产业技术体系建设专项资金

** 第一作者：李婕，助理研究员，主要从事甘蔗病害研究；E-mail：lijie0988@163.com

*** 通信作者：黄应昆，研究员，从事甘蔗病害防控研究；E-mail：huangyk64@163.com

甘蔗梢腐病菌检测及遗传多样性分析*

仓晓燕** 王晓燕 李文凤 李 婕 李银煳 单红丽 张荣跃 黄应昆***

（云南省农业科学院甘蔗研究所，云南省甘蔗遗传改良重点实验室，开远 661699）

摘 要：国内外现已报道的甘蔗梢腐病病原菌有7种，不同国家和蔗区的病原种群及优势种存在差异，为确定低纬高原甘蔗梢腐病病原菌种类，为甘蔗梢腐病的科学防控提供依据。2020年从云南、广西蔗区共14个主推甘蔗品种上采集甘蔗梢腐病样品，用设计的甘蔗梢腐病特异性检测引物进行PCR检测。结果表明，广西蔗区桂糖55号感病较重，感 *Fusarium verticillioides* 和 *Fusarium proliferatum*，病株率为100%。桂糖42号感 *F. verticillioides* 和 *F. proliferatum*，病株率分别为62.5%和12.5%。云南蔗区检测结果表明，感 *F. verticillioides* 甘蔗品种有3个为粤糖93-159、新台糖25号和新台糖1号，病株率为50%。感 *F. proliferatum* 甘蔗品种有9个，为川糖79-15、新台糖1号、粤糖93-159、新台糖22号、新台糖25号和 新台糖10号，病株率为100%。开远、弥勒5个甘蔗品种云瑞14-662、粤糖1301、粤甘52号、福农10-1405和粤甘52号，均感 *F. verticillioides* 和 *F. proliferatum*，病株率为71.4%。中国云南、广西蔗区甘蔗梢腐病存在 *F. verticillioides* 和 *F. proliferatum* 复合侵染，基于聚类分析的结果表明，广西和云南甘蔗梢腐病菌小种 *F. verticillioides* 和 *F. proliferatum* 在地理来源上有隔离，遗传组成有差异。

关键词：甘蔗；梢腐病；小种鉴定；遗传多样性

* 基金项目：财政部和农业农村部国家现代农业产业技术体系专项资金资助（CARS-170303）；云岭产业技术领军人才培养项目“甘蔗有害生物防控”（2018LJRC56）；云南省现代农业产业技术体系建设专项资金

** 第一作者：仓晓燕，助理研究员，主要从事甘蔗病害研究；E-mail：cangxiaoyan@126.com

*** 通信作者：黄应昆，研究员，从事甘蔗病害防控研究；E-mail：huangyk64@163.com

赣南地区柑橘黄化脉明病发生为害调查

陈慈相[1*]　胡　燕[1]　习建龙[1]　黄爱军[2,3]　谢金招[1]　李　航[1]　宋志青[1]
（1. 江西省赣州市果树技术推广站，赣州　341000；2. 赣南师范大学生命科学学院，赣州　341000；3. 国家脐橙工程技术研究中心，赣州　341000）

摘　要：柑橘黄化脉明病毒（*Citrus yellow vein clearing virus*，CYVCV）引起的柑橘黄化脉明病是我国2009年在云南瑞丽新发现的一种柑橘病毒病，目前多个柑橘产区均有发生。该病毒可造成柠檬、酸橙等柑橘种类嫩叶黄化、脉明，叶片皱缩和畸形，甚至嫩叶脱落等症状，已对我国柠檬产业造成了严重危害。为了解和掌握赣南地区柑橘黄化脉明病发生为害情况，本研究采用RT-PCR技术对随机采集自赣南13个柑橘主产区（县）的420份柑橘样品进行病毒检测，并对该病毒在赣南各柑橘品种上的为害情况进行了田间调查。检测结果表明，赣南地区田间CYVCV总检出率为54.05%，不同柑橘品种的检出率差异较大，其中，宽皮柑橘的检出率高达73.24%，杂柑的检出率为62.67%，橙类的检出率为48.02%，柚类的检出率为40.43%；在赣南纽荷尔脐橙中，CYVCV检出率随着树龄的增加呈上升趋势，11年生以上的脐橙树检出率均在90%以上。田间调查发现，不同品种对柑橘黄化脉明病的敏感性差异较大，其中，温州蜜柑感染CYVCV后会表现出叶片卷曲、脉明，春梢节间变短，果实畸形呈南瓜状等为害症状；爱媛38、东方红等杂柑品种感染后部分会表现叶片卷曲、脉明症状，但脐橙、柚子几乎不表现明显症状。通过对感病温州蜜柑进行产量调查，结果表明，感病温州蜜柑春梢平均长度较正常树减少72.38%，平均果径减少10.50%，平均株产减少47.25%。综上所述，柑橘黄化脉明病在赣南地区的发生率较高，且对温州蜜柑的树势和产量有一定影响，因此生产上亟须重视对该病的防控。

关键词：赣南地区；柑橘黄化脉明病；RT-PCR检测；发生为害

* 第一作者：陈慈相，推广研究员，从事果树病虫害防控研究；E-mail：chencxjx@ sina. com

剑麻紫色卷叶病相关植原体单管巢式PCR检测技术建立*

吴伟怀[1**]　鹿鹏鹏[1,2]　贺春萍[1]　梁艳琼[1]　习金根[1]　易克贤[1***]

（1. 中国热带农业科学院环境与植物保护研究所，农业农村部热带作物有害生物综合治理重点实验室，海口　571101；2 海南大学植物保护学院，海口　570228）

摘　要：剑麻紫色卷叶病是近年来剑麻（*Agave sisalana*）上发生的一种毁灭性病害。前期研究表明，该病与植原体高度相关。建立一种高效的分子检测技术对于植原体的深入研究及病害监测与检测均非常必要。本研究拟建立剑麻紫色卷叶病相关植原体的高效单管巢式PCR检测技术。首先对影响单管巢式PCR反应体系的内外引物退火温度进行单因素试验；确定二者退火温度后，利用正交设计的方法对单管巢式PCR反应体系的内外引物浓度、dNTPs浓度以及*Ex Taq*酶用量等关键因素进行优化。结果显示，当外引物Sis-F1/R1退火温度为64℃、内引物Sis-F2/R2退火温度为54℃，通过正交设计试验最终筛选出的最佳反应体系（25μl）为：10×*Ex Taq* Buffer 2.5μl，2.5mmol/L dNTPs 5μl，*Ex Taq* DNA Polymerase 1μl，15μmol/L的内引物Sis-F2/R2各1μl，0.02μmol/L的外引物Sis-F1/R1各1μl，模板DNA 1μl，dd H_2O 11.5μl。上述反应体系只能从带病紫色卷叶病植株DNA模板中检测出条带，具有高度特异性；检测体系的最低检测限为植原体浓度≥1 fg/μl。本研究所建立的剑麻紫色卷叶病相关植原体单管巢式PCR检测体系为后续病害监测、相关性调查、致病性以及功能验证等方面的研究提供技术支持。

关键词：剑麻；植原体；单管巢式PCR；正交试验

---

* 基金项目：2019年海南省基础与应用基础研究计划（自然科学领域）高层次人才项目（2019RC282）；财政部和农业农村部国家麻类产业技术体系剑麻生理与栽培岗位（CARS-16-E16）

** 第一作者：吴伟怀，副研究员；研究方向为植物病理学；E-mail：weihuaiwu2002@163.com

*** 通信作者：易克贤，研究员；E-mail：yikexian@126.com

剑麻种质资源抗斑马纹病鉴定研究*

陈河龙[1]** 高建明[2] 张世清[2] 谭施北[1] 黄 兴[1] 习金根[1] 易克贤[1]***

（1. 中国热带农业科学院环境与植物保护研究所，海口 571101；
2. 中国热带农业科学院热带生物技术研究所，海口 571101）

摘 要：通过分离培养斑马纹病病原菌，人工接种鉴定不同剑麻种质的抗斑马纹病的特性。试验结果表明，番麻、东368、墨引6、墨引12、墨引7、墨引5、东109、金边弧叶龙舌兰等11份种质为高抗种质，病斑扩展速度和病情严重度可作为剑麻抗病性快速鉴定技术手段。

关键词：剑麻；种质资源；抗性；斑马纹病

* 基金项目：国家麻类产业技术体系建设项目（No. CARS-16）；滇桂黔石漠化地区特色作物产业发展关键技术集成示范项目（No. SMH2019-2021）；国家自然科学基金项目（No. 31771849）

** 第一作者：陈河龙，博士，副研究员，研究方向作物资源与栽培

*** 通信作者：易克贤；E-mail：yikexian@ 126. com

农杆菌介导法转化 *Hevein* 基因提高剑麻斑马纹抗性的研究*

陈河龙[1**]　高建明[2]　张世清[2]　谭施北[1]　黄　兴[1]　刁金根[1]　易克贤[1***]

（1. 中国热带农业科学院环境与植物保护研究所，海口　571101；
2. 中国热带农业科学院热带生物技术研究所，海口　571101）

摘　要：剑麻是我国乃至世界热带地区最重要的麻类经济作物，用途广泛，综合利用价值高。而斑马纹病是剑麻生产上最为严重的病害之一，严重制约着剑麻产业的持续稳定发展。本研究通过农杆菌介导将抗病的 *Hevein* 基因导入，获得 37 株剑麻抗性植株，阳性率约为 24.7%。经 PCR 检测，证明外源基因 *Hevein* 已成功整合到该剑麻植株的基因组中。并通过体外抑菌和抗病性检测，说明转基因剑麻植株中表达出一定的活性，而且还提高了对剑麻斑马纹病的抗性。研究结果为培育抗病高产转基因剑麻新品种奠定了坚实基础。

关键词：剑麻；斑马纹病；转基因；*Hevein*；抗病

---

* 基金项目：国家麻类产业技术体系建设项目（No. CARS-16）；滇桂黔石漠化地区特色作物产业发展关键技术集成示范项目（No. SMH2019-2021）；国家自然科学基金项目（No. 31771849）

** 第一作者：陈河龙，副研究员，研究方向为作物资源与栽培

*** 通信作者：易克贤；E-mail：yikexian@ 126. com

云南勐腊县民营胶园橡胶树根病发生情况调查*

贺春萍[1**]　李增平[2**]　尹建行[3]　梁艳琼[1]　李　锐[1]　吴伟怀[1]　张　宇[2]
(1. 中国热带农业科学院环境与植物保护研究所/农业农村部热带作物有害生物综合治理重点实验室/海南省热带农业有害生物监测与控制重点实验室/海南省热带作物病虫害生物防治工程技术研究中心，海口　571101；2. 海南大学植物保护学院，海口　570228；3. 贵州大学农学院，贵阳　550025)

摘　要：根病是橡胶生产中三大毁灭性病害之一，对橡胶产业的健康发展造成较大影响。云南版纳地区由于属热带雨林气候，橡胶树根病发生较为严重，为了保障云南省勐腊县新型民营胶园“一县一业”天然橡胶科技引领示范区高产胶园的建立，对待建示范区的橡胶更新胶园根病发生情况进行了全面调查。共调查山地种植橡胶树 345 亩（1 亩≈667m^2，全书同），涉及根病种类主要为臭根病与褐根病，调查共发现褐根病病区 24 个，共 318 株；臭根病病区 36 个，共 422 株。按 345 亩，30 株/亩计，褐根病发病率 3.07%，臭根病发病率 4.08%。个别示范户橡胶树根病发病率高达 20%以上。该片民营胶园前作物主要为咖啡，雨季湿度大，加上胶水产量较高，长流胶滴落胶树树头多，胶农钩取胶泥损伤胶树根普遍，导致橡胶树根病发病严重；调查中还发现胶园中白蚁发生较普遍，每农户胶园内匀有 3 个以上的白蚁丘，造成胶树整株枯死。

针对云南勐腊县民营胶园橡胶树根病发生情况调查结果，建议彻底清除林段杂树桩，消灭根病菌的侵染来源；禁止病苗上山定植或林地中的病根回穴；加强抚育管理，增施有机肥；定期对根病发生区域进行检查和及时处理，防止根病进一步传播蔓延；对发生根病的区域或病株及时挖沟隔离，并对根病树进行淋灌药剂防治。

关键词：云南省勐腊县；橡胶树根病；病害调查；防治

---

* 基金项目：国家天然橡胶产业技术体系建设专项资金资助项目（No. CARS-33-BC1）

** 第一作者：贺春萍，硕士，研究员，研究方向为植物病理学；E-mail：hechunppp@163.com
李增平，学士，教授，研究方向为植物病理学；E-mail：lzping301155@126.com

海南槟榔坏死环斑病毒病发生情况调查报告*

林兆威** 唐庆华 牛晓庆 宋薇薇 孟秀利 余凤玉 覃伟权***

（中国热带农业科学院椰子研究所/院士团队创新中心/海南省槟榔产业工程研究中心，文昌 571339）

摘 要：槟榔（*Areca cathecu* L.）是棕榈科槟榔属多年生热带乔木，我国的四大南药（槟榔、砂仁、益智、巴戟天）之首，海南省第一大热带经济作物。近年来，国内槟榔消费市场迅速扩张，经济效益日益增长，种植面积逐年扩大，但植保问题也日趋严重。由槟榔坏死环斑病毒（*Areca palm necrotic ringspot virus*，ANRSV）引起的槟榔坏死环斑病毒病（*Areca palm necrotic ringspot disease*，ANRSD）是近年来新发现的槟榔病害，该病主要为害槟榔中下层叶片，在发病初期形成不规则环斑，随后环斑逐渐坏死，形成褐色坏死环斑，坏死环斑周围黄化，严重时导致整张叶片黄化、下垂，并提前脱落，对植株长势和产量造成一定影响。本研究团队2020年对海南省槟榔黄化现象进行调查发现，槟榔坏死环斑病毒病在海南屯昌、定安、琼海、琼中、白沙、保亭、万宁、陵水、儋州及临高等海南槟榔主栽区和非主栽区发生流行。因此，槟榔坏死环斑病毒病需相关部门提高重视，加强该病的流行监测。

关键词：槟榔；槟榔坏死环斑病毒病；病害调查

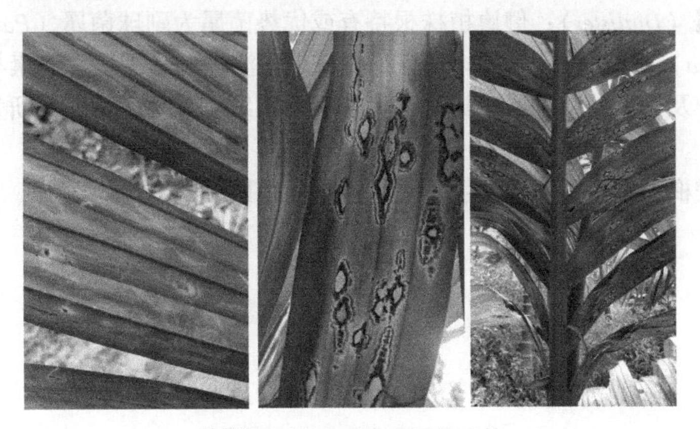

槟榔坏死环斑病毒病田间症状

* 基金项目：海南省重大科技计划项目（No. zdkj2018017）；槟榔产业技术创新团队（1630152017015）

** 第一作者：林兆威，研究实习员，研究方向为热带经济作物主要病害综合防治；E-mail：412868103@qq.com

*** 通信作者：覃伟权，研究员；E-mail：QWQ268@163.com

健康与黄化槟榔内生细菌菌群差异分析*

刘双龙[1,2**]　杨德洁[1]　牛晓庆[1]　宋薇薇[1]　唐庆华[1]　杨福孙[2***]　覃伟权[1***]

（1. 中国热带农业科学院椰子研究所，海南省槟榔产业工程研究中心，文昌　571339；2. 海南大学热带作物学院，海口　570228）

摘　要：槟榔作为海南重要的特色经济作物，是海南农民主要经济来源之一。近年槟榔黄化病等病害频发，严重阻碍槟榔产业的健康稳定发展。为了探明槟榔园健康与黄化植株内生细菌菌群差异，本研究利用16S r DNA扩增子测序技术，分析健康与黄化槟榔叶肉、叶脉和根细菌群落组成情况。结果显示健康植株细菌共分为27门403属，黄化植株细菌可归类为27门398属。健康与黄化槟榔的不同部位细菌菌群丰富度和多样性存在不同程度差异，其中多样性健康植株叶肉略高于黄化植株，叶脉和根中基本一致；丰富度健康植株叶脉和根高于黄化植株，叶肉基本一致。健康与黄化植株细菌菌群结构在属水平差异较大，其中健康植株叶肉特有或优势菌属为不动杆菌属（*Acinetobacte*）、短波单胞菌属（*Brevundimonas*）、假单胞菌属（*Pseudomonas*）、赤杆菌属（*Erythrobacter*）、明串珠菌（*Leuconostoc*）和密螺旋体菌属（*Treponema*）；健康植株叶脉特有或优势菌属为不动杆菌属、假单胞菌属、厌氧菌（*Anaeroarcus*）、醋酸杆菌（*Acetobacter*）、暗黑菌（*Atribacteria*）、阿利斯特杆菌属（*Dialister*）；健康植株根特有或优势菌属为副球菌属（*Paracoccus*）、陶厄氏菌属（*Thauera*）、明串珠菌属。本研究通过扩增子测序技术阐明了健康与黄化槟榔的内生细菌菌群差异及健康槟榔的特有或优势菌群，为后续抗病促生菌肥的研发提供了依据与方向。

关键词：槟榔；细菌菌群差异；扩增子测序；菌肥

---

* 基金项目：海南省重大科技计划项目（zdkj201817）；槟榔产业技术创新团队-槟榔黄化病及其他病虫害综合防控技术研究及示范（1630152017015）

** 第一作者：刘双龙，在读硕士研究生，主要从事槟榔病害生物防治的研究；E-mail：2422575840@qq.com

*** 通信作者：杨福孙，教授，主要从事作物栽培生理生态研究；E-mail：fsyang1590@163.com
覃伟权，研究员，主要从事植物保护研究；E-mail：qwq268@163.com

刍议槟榔黄化病、槟榔黄化现象和槟榔黄化灾害*

唐庆华** 宋薇薇 孟秀利 林兆威 于少帅 余凤玉 覃伟权***
（中国热带农业科学院椰子研究所，院士团队创新中心–槟榔黄化病综合防控，
海南省槟榔产业工程研究中心，文昌 571339）

摘　要：槟榔黄化病是一种致死性病害，现已给槟榔产业带来了严重威胁。迄今，国内学者已证实中国槟榔黄化病病原为植原体。由于植原体检测难度较大，近六七年学界对病原一直存在分歧和争议。本文对由槟榔黄化病病原争议以及由此衍生出的“槟榔黄化现象”“槟榔黄化灾害”概念进行了简单梳理，目的是厘清病原与所致病害，解析槟榔黄化相关病害的本质。

关键词：槟榔；黄化病；黄化现象；黄化灾害；隐症病毒病

槟榔黄化病是一种由植原体引起的严重影响槟榔生长和产量的致死性病害，现已给印度和中国槟榔产业造成了严重危害[1,2]。在中国，该病于1981年首次在屯昌县发现，当时发病面积仅约6.67 hm^2。随后，该病逐渐扩散至陵水、三亚等市县[3]。

1　槟榔黄化病病原鉴定

从20世纪90年代中期至21世纪初，国内学者通过电镜观察、大田流行规律、四环素注射以及PCR检测试验，确定中国槟榔黄化病病原为植原体[4]。然而，植原体在槟榔植株内含量低、分布不均、难以人工培养的特点严重制约了该病原的研究。至2010年，海南仅中国热带农业科学院环境与植物保护研究所[5]（以下简称环植所）和中国医学科学院药用植物研究所海南分所[6]（以下简称南药所）2家单位成功掌握槟榔黄化植原体巢式PCR检测技术。中国热带农业科学院热带生物技术研究所科研人员此前也参与了YLD攻关，由于未能检测到槟榔黄化植原体后续未再开展槟榔黄化病相关研究；笔者从2008年开始参与，直到2019年才通过采样部位、基因组DNA提取、重新设计引物等摸索、优化最终获得病原检测上的突破，成功掌握了槟榔黄化植原体巢式PCR检测技术。

2　“槟榔黄化现象”概念的提出

槟榔黄化植原体检测困难。同时，检出率低的事实也影响了植原体与YLD发生相关性的说服力。例如，南药所科研人员对28株黄化病株的叶片样品进行了检测[6]，仅9份样品检测呈阳性。再如，环植所科研人员在采集的49个黄化槟榔叶片样品中仅15个检测

* 基金项目：2018年海南省槟榔病虫害重大科技项目（ZDKJ201817）；槟榔产业技术创新团队（1630152017015）

** 第一作者：唐庆华，副研究员，研究方向为植原体病害综合防治及病原细菌–植物互作功能基因组学；E-mail：tchuna129@163.com

*** 通信作者：覃伟权，研究员；E-mail：QWQ268@163.com

到了植原体[7]。这引起了学界关于病原的分歧与争议。因此，有学者认为仅有1/3的黄化槟榔是由植原体侵染引起，更多的质疑者则认为“植原体病原说”并没有提供令人信服的与致病性相关的试验证据。尽管有环植所与南药所2家单位检测结果互相印证，但近六七年来有槟榔团队多次尝试后因未能检测到植原体，故对YLD的病原依然持质疑态度。此外，调查发现其他一些病虫害、除草剂、生理性缺素、气候（尤其是干旱、寒害）等非侵染性因素[8]确实均可引起槟榔叶片变黄，槟榔黄化病的诊断带来较大困难。鉴于多种因子均可以引起槟榔叶片变黄的事实以及植原体检出率不足、病原争议的存在，学界暂时采用了“槟榔黄化现象”的概况性说法。“槟榔黄化现象”可以理解为槟榔在生长过程中所表现出的叶片变黄的表征或症状，采用该概念的目的是先搁置争议，留待后续研究进行详细调查研究，进而解析槟榔黄化病的本质。

3 “槟榔黄化灾害”概念的提出及使用

2010—2016年，笔者调查发现YLD和椰心叶甲联合为害日趋严重，造成陵水、万宁、琼海等市县槟榔大面积黄化、减产，严重制约了槟榔产业的健康发展，然而以槟榔黄化病和椰心叶甲为主的科研专项项目极少。鉴于此，笔者于2017年邀请业内专家分别在儋州和海口进行了槟榔可持续发展研讨，根据专家建议以及笔者的产业调研结果撰写了《海南槟榔产业可持续发展建议书》并提交省委省政府，获得时任沈晓明省长的高度重视。2018年初海南省科学技术厅下发项目指南，准备设立槟榔病虫害重大专项进行科研攻关。在项目申报过程中，笔者面对了槟榔黄化病病原的强烈质疑。为了团结主要科研单位以便对YLD、椰心叶甲、生理性缺素（即病、虫、生理3个方面）等致黄因子深入开展研究，经讨论笔者采用了“槟榔黄化灾害”的概念。笔者承认“槟榔黄化灾害”提法也存在不足，概念外延同样过大。与1845—1846年由马铃薯晚疫病引起的爱尔兰大饥荒、新冠肺炎疫情、非洲猪瘟、蝗灾、地震等相比，“灾害”的说法有些名不副实。

4 槟榔黄化病或槟榔黄化相关病害回归核心地位恰逢其时

近3年来，经过项目团队的努力，现在笔者已经明确引起海南槟榔黄化的病原有槟榔黄化植原体和槟榔隐症病毒1（areca palm velarivirus 1）[9]，共2种。后者是2020年新报道的一种槟榔黄化相关病原，由其引起的病害现被命名为槟榔隐症病毒病（areca palm velarivirus disease，APVD）。研究发现2种病害是引起槟榔大面积黄化的主因；其他病害（如坏死环斑病毒病、炭疽病）、害虫（如椰心叶甲）、除草剂或生理性缺素、干旱等引起的黄化可通过施用药剂或水肥管理等措施得到缓解、治愈或调理到健康状态，而YLD和APVD尚无有效药剂，防控难度非常大。为了有效应对YLD和APVD，笔者项目团队于2020年撰写并发布了《槟榔黄化病防控明白纸》，为其科学防控提供了理论基础和实践指南。

总之，经过近3年的科研攻关，笔者现已明确各槟榔黄化因子的症状特征，关于槟榔黄化病病原的争议也该画上句号，建议今后不再使用“槟榔黄化现象”以及“槟榔黄化灾害”的提法。笔者认为现在是时候回归槟榔黄化病或槟榔黄化相关病害核心地位，槟榔黄化病该防还是该治[10]也该有个明确的统一认识，这样才能抓住重点，有效开展YLD和APVD的防控工作。

参考文献

[1] NAIR S，MANIMEKALAI R，RAJ P G，*et al*. Loop mediated isothermal amplification（LAMP）assay for detection of coconut root wilt disease and arecanut yellow leaf disease phytoplasma [J]. Journal of Microbiology & Biotechnology，2016，32（7）：1-7.

[2] 覃伟权，唐庆华．槟榔黄化病 [M]．北京：中国农业出版社，2015.

[3] 罗大全．重视海南槟榔黄化病的发生及防控 [J]．中国热带农业，2009（3）：11-13.

[4] 车海彦，曹学仁，罗大全．槟榔黄化病病原及检测方法研究进展 [J]．热带农业科学，2017，37（2）：67-72.

[5] 车海彦，吴翠婷，符瑞益，等．海南槟榔黄化病病原物的分子鉴定 [J]．热带作物学报，2010，31（1）：83-87.

[6] 周亚奎，甘炳春，张争，等．利用巢式 PCR 对海南槟榔（*Areca catechu* L.）黄化病的初步检测 [J]．中国农学通报，2010，26（22）：381-384.

[7] 曹学仁，车海彦，罗大全．海南槟榔黄化病发生情况初步调查及蔓延原因分析 [J]．中国热带农业，2016（5）：40-41，54.

[8] 唐庆华，宋薇薇，于少帅，等．槟榔黄化病综合防控：问题及展望 [C] //中国热带作物学会南药专业委员会 2019 年学术年会暨南药、黎药产业发展研讨会论文集．海南：海口．2019：195-201.

[9] WANG H，ZHAO R，ZHANG H，*et al*. Prevalence of yellow leaf disease（YLD）and its associated areca palm velarivirus 1（APV1）in betel palm（*Areca catechu*）plantations in Hainan，China [J]. Plant Disease，2020，104（10）：2556-2562.

[10] 车海彦，曹学仁，禤哲，等．槟榔黄化病"该防"还是"该治" [J]．中国热带农业，2018（7）：46-48.

海南槟榔黄化相关病害发生与流行现状*

唐庆华** 孟秀利 宋薇薇 林兆威 于少帅 余凤玉 覃伟权***

（中国热带农业科学院椰子研究所，院士团队创新中心-槟榔黄化病综合防控，海南省槟榔产业工程研究中心，文昌 571339）

摘　要：槟榔是海南省最具地方特色的“三棵树”之一，现已成为全省200多万农民的主要经济来源之一。近年来，槟榔黄化类病逐年加重，严重制约着槟榔产业的健康可持续发展。目前，研究发现引起槟榔黄化的病原有2种，即槟榔黄化植原体和槟榔隐症病毒病1，分别引起槟榔黄化病和槟榔隐症病毒病。前者于1981年首次在屯昌县发现，该病在印度和斯里兰卡均有发生；后者是2020年报道的一种新病害，迄今仅中国有发生的记录。调查发现，2种病害在海南省已普遍发生，引起的为害与经济损失日趋严重。目前，为害比较严重的区域主要集中在中东部，包括三亚、陵水、万宁、琼海、乐东、保亭、屯昌等市县。由于近年来槟榔价格逐年升高，经济价值稳步提升，农户大量从中东部市县引进种果、种苗进行种植，东方、白沙、儋州、临高4个市县现已有零星或局部发病。整体而言，槟榔黄化病和槟榔隐症病毒病依然呈现加速蔓延趋势，病害防控形势严峻，建议各市县尽快加强调查、监测，参照《槟榔黄化病防控明白纸》的措施实施防控工作。

关键词：槟榔；黄化相关病害；黄化病；隐症病毒病；防控

---

* 基金项目：2018年海南省槟榔病虫害重大科技项目（ZDKJ201817）；槟榔产业技术创新团队（1630152017015）

** 第一作者：唐庆华，副研究员，研究方向为植原体病害综合防治及病原细菌-植物互作功能基因组学；E-mail：tchuna129@ 163. com

*** 通信作者：覃伟权，研究员；E-mail：QWQ268@ 163. com

印度、中国和斯里兰卡槟榔黄化病病原及分子检测技术概况*

唐庆华** 宋薇薇 孟秀利 林兆威 于少帅 余凤玉 覃伟权***
（中国热带农业科学院椰子研究所，院士团队创新中心-槟榔黄化病综合防控，
海南省槟榔产业工程研究中心，文昌 571339）

摘 要：槟榔是一种极具热带特色的经济作物，在印度和中国海南占据重要的经济地位。槟榔黄化病是一种由植原体引起的致死性病害，其发生已给槟榔产业带来了严重威胁。目前，槟榔黄化病分别于1914年、1981年、2015年在印度、中国和斯里兰卡报道或发生。印度槟榔黄化植原体现有3个组或亚组，分别为16Sr Ⅺ-B亚组、16SrⅠ-B亚组和16Sr ⅩⅣ组，表明印度槟榔黄化植原体具有组或亚组水平上的多样性。目前，印度学者采用或研发的分子检测技术有巢式PCR、Real-time PCR和LAMP。中国槟榔黄化植原体仅存在1个组，现发现有2个亚组，分别为16SrⅠ-B亚组和16SrⅠ-G亚组。在常规巢式PCR基础上，现已研发出Real-time PCR、LAMP和ddPCR检测技术。斯里兰卡槟榔黄化植原体被鉴定为16Sr ⅩⅣ组，采用了巢式PCR检测技术。

印度和中国槟榔种植面积约为45万 hm^2（GOI，2015）和10.99万 hm^2（海南省统计年鉴，2018年），具有“小槟榔，大产业”的作用。斯里兰卡槟榔面积为1.20万 hm^2，多作为庭院绿化植物、间种作物，仅有小规模商业化种植。目前，槟榔黄化病的发生和为害均得到了广泛关注。

关键词：槟榔黄化病；植原体；检测技术；经济重要性

---

* 基金项目：2018年海南省槟榔病虫害重大科技项目（ZDKJ201817）；槟榔产业技术创新团队（1630152017015）

** 第一作者：唐庆华，副研究员，研究方向为植原体病害综合防治及病原细菌-植物互作功能基因组学；E-mail：tchuna129@163.com

*** 通信作者：覃伟权，研究员；E-mail：QWQ268@163.com

Lasiodiplodia theobromae 与 *Lasiodiplodia pseudotheobromae* 对槟榔的致病性研究*

杨德洁** 余凤玉 牛晓庆 宋薇薇 唐庆华 覃伟权***

（中国热带农业科学院椰子研究所，海南省槟榔产业工程研究中心，文昌 571339）

摘 要：槟榔是我国四大南药之首，具有杀虫、消积、下气、行水、截疟等功效，其果皮、花、花苞和根均可入药，在我国海南、台湾、云南、福建、广东和广西等地均有种植。笔者于 2019—2020 年在海南省进行了槟榔根部病害调查与样品采集。采用组织分离法对采集到的样品进行分离纯化，按照柯赫氏法则对分离菌株的致病性进行测定，并利用形态学鉴定方法和基于 rDNA-ITS 序列分析的分子鉴定方法对分离物进行鉴定。结果表明：分离自槟榔根部的可可毛色二孢菌（*Lasiodiplodia theobromae*）对槟榔具有致病性，可引起槟榔根腐病。而同样分离自槟榔根部的假可可毛色二孢菌（*Lasiodiplodia pseudotheobromae*），致病性验证实验中并没有引起槟榔植株发病。这两株菌分别来自海南的不同市县，在 PDA 培养基上菌落形态几乎一样，仅通过肉眼无法进行区分。有相关研究表明假可可毛色二孢菌可以引起蓝莓、龙眼、橡胶树、桂花、莲雾等多种作物的溃疡、枝枯及果腐等症状，后续可在两种菌的区分方法研究以及生物学特性分析上再进行相关深入研究。

关键词：槟榔；可可毛色二孢菌；假可可毛色二孢菌；致病性

---

* 基金项目：海南省重大科技计划项目（zdkj201817）；槟榔产业技术创新团队-槟榔黄化病及其他病虫害综合防控技术研究及示范（1630152017015）

** 第一作者：杨德洁，主要从事热带棕榈作物植物病理学研究；E-mail：yangdjie@ foxmail. com

*** 通信作者：覃伟权，研究员，主要从事植物保护研究；E-mail：qwq268@ 163. com

海南省槟榔黄化病流行规律及其与气象条件的关系*

余凤玉** 唐庆华 杨德洁 王慧卿 孟秀利 于少帅
林兆威 宋薇薇 牛晓庆 覃伟权***
（中国热带农业科学院椰子研究所，院士团队创新中心，文昌 571339）

摘 要：对海南省槟榔黄化病的发病规律和影响因素进行分析，为海南省槟榔黄化病预报预警、综合防治提供科学依据。基于海南省2019—2020年槟榔黄化病调查资料和温度、降水等气象要素资料，采用相关分析法，分析槟榔黄化病发生流行监测指标与气象因子的关系，筛选关键时段和气象因子；采用直线回归、逐步回归分析方法，研究海南省槟榔黄化病发生流行规律，建立槟榔黄化病发生流行监测指标与气象因子的养分模型。结果表明：海南省槟榔黄化病的病情指数基本上在1—5月呈上升趋势，6—8月逐渐降低，到9月后又逐渐上升，病情指数具有逐年上升的趋势。槟榔黄化病的病情指数和气温、降水量相关性不强，但与30日内降雨天数线性相关相关性极显著。

关键词：海南省；槟榔黄化病；流行规律

槟榔（*Areca catechu* L.）是重要的中药材，居四大南药之首，是海南人民的主要经济来源之一，产量约占全国产量的95%以上[1-2]。槟榔黄化病是由植原体侵染所致[3]，引起槟榔黄化、产量降低、果品下降，直至死亡的致死性病害，对海南省槟榔产业造成了极为严重的影响[4-7]。本研究通过对不同年份、不同槟榔园黄化病的多点系统观测，以掌握海南省槟榔黄化病的周年流行动态，结合气象条件，明确槟榔黄化病预测预报的关键因子，确定黄化病的预防、防治关键时期，为槟榔黄化病的有效防控提供依据。

1 材料与方法

1.1 监测点的布设

根据海南省槟榔主产区分布情况，分别在文昌市重兴镇，琼海市嘉积镇、阳江镇，万宁市礼纪镇、龙滚镇、定安县龙河镇、屯昌县屯城镇、枫木镇、坡心镇选取10块槟榔园作监测点。

1.2 调查时间

于2019—2020年每个月调查1次。

1.3 调查方法

对上述10个槟榔园五点取样，每点标记20株槟榔树，共100株。按以下分级标准对槟榔树进行调查，统计黄化率和黄化病情指数，分级标准如下：

---

* 基金项目：海南省重大科技计划项目（ZDKJ201817）

** 第一作者：余凤玉，副研究员，从事棕榈植物病害研究；E-mail：yufengyu17@163.com

*** 通信作者：覃伟权，研究员，主要从事棕榈植物病虫害研究；E-mail：QWQ268@163.com

0 级：植株正常，叶片绿色、舒展；

1 级：叶片舒展，冠层 1~2 片叶片黄化；

2 级：叶片变小，冠层 3~5 片叶黄化；

3 级：整株叶片黄化，冠幅减小不足 1/2，结果能力显著下降；

4 级：全株黄化甚至枯死，冠幅减少超过 1/2，失去经济价值。

$$发病率（黄化率）= 发病株数/调查总株数 \times 100\%$$

$$病情指数 = \sum（各级病株数 \times 该病级值）/（调查总株数 \times 最高级值）\times 100$$

1.4 气象资料获取

从中央气象网获得。

1.5 资料分析

相关性分析用 SAS 软件。

2 结果与分析

2.1 槟榔黄化病周年流行动态

据 2019—2020 年 10 个监测点黄化病发生情况调查结果（图 1 至图 4）。2 年黄化病的发生趋势基本一致，10 个监测点的病情指数与黄化率的发展趋势基本保持一致，1—5 月呈上升趋势，6—8 月逐渐降低，到 9 月后又逐渐上升。出现这种情况，可能与降雨有一定的关系，5 月开始海南雨季来临，这很大程度地缓解了由于高温干旱引起的黄化症状，使得槟榔园整体呈现返绿现象，9 月病情指数上升，其主要原因一个可能是降雨逐渐减少，另一个原因可能是除草剂影响，为了方便采果，农户一般在 7—8 月采果之前喷施除草剂，除草剂使得槟榔叶片的叶绿素降低。具体原因还得进一步分析。黄化率越高，病情指数越大，基本呈逐月上升趋势，这说明病情指数虽然有所反复，但黄化还是呈蔓延趋势。

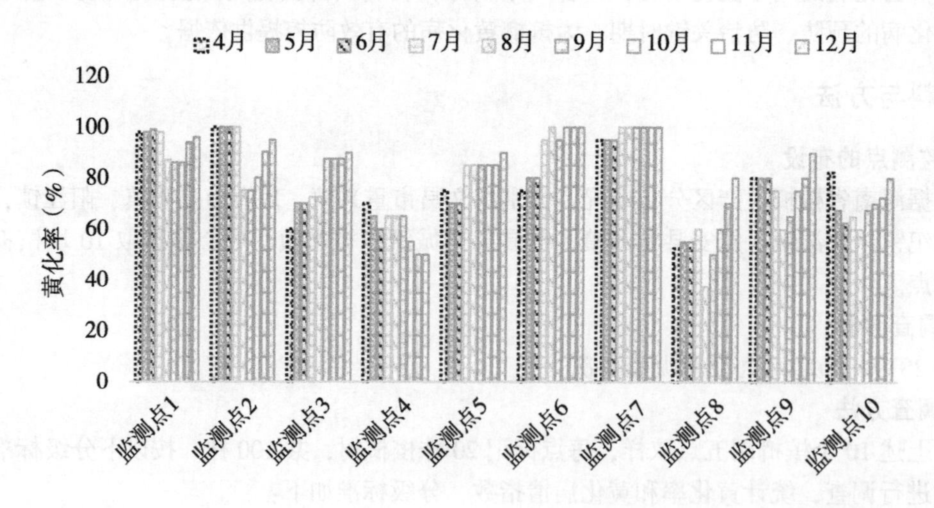

图 1 2019 年监测点槟榔黄化率变化

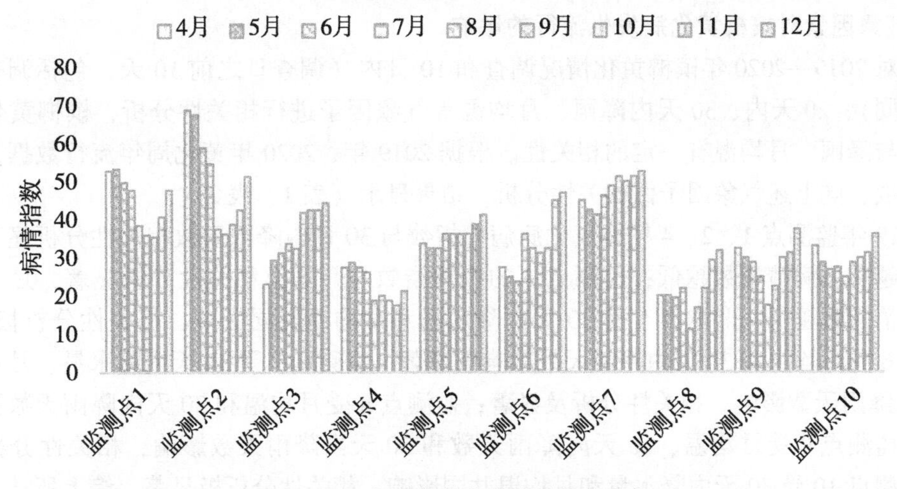

图 2　2019 年槟榔黄化病病情指数变化

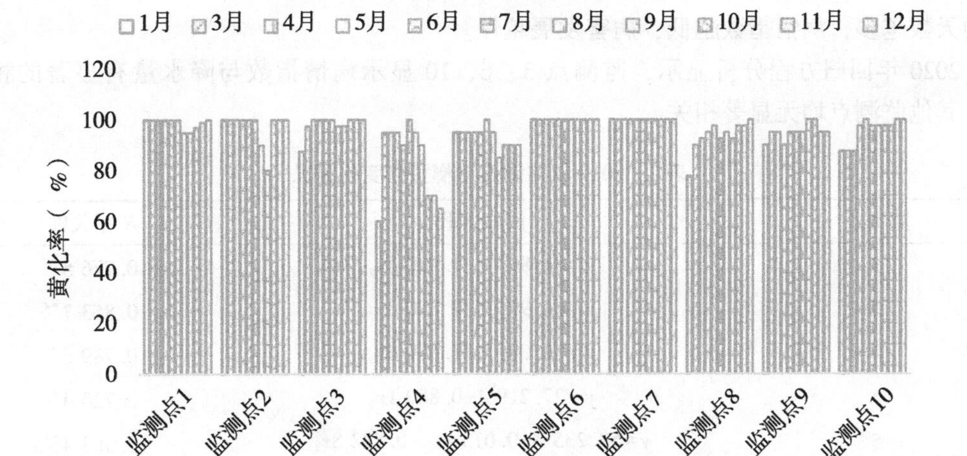

图 3　2020 年槟榔黄化病黄化率变化

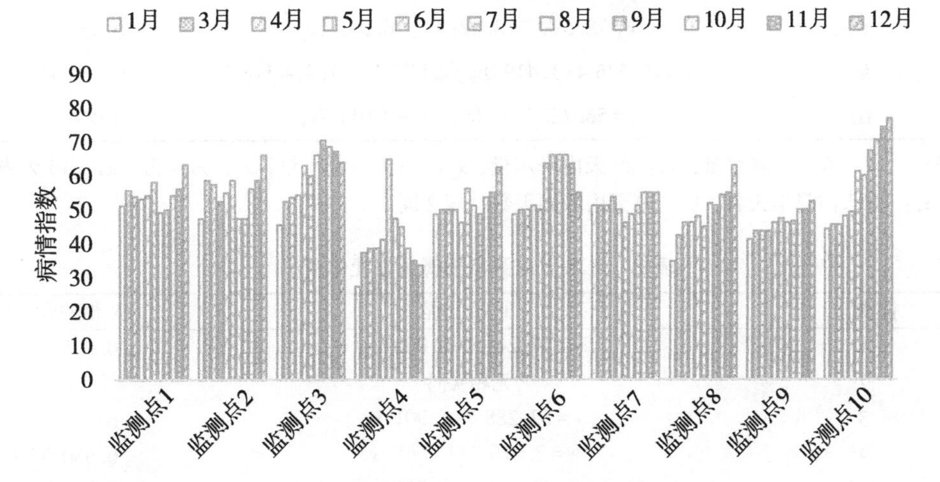

图 4　2020 年槟榔黄化病病情指数变化

2.2 气象因素对槟榔黄化病发生流行的影响

经对2019—2020年槟榔黄化情况调查和10日内（调查日之前10天，包括调查日当天，下同）、20天内、30天内降雨、月均温等气象因子进行相关性分析，槟榔黄化病病情指数与降雨、月均温有一定的相关性。根据2019年、2020年黄化周年流行数据，计算病情指数，同上述气象因子做相关性分析，结果显示（表1、表2）：

2019年监测点1、2、4槟榔黄化病病情指数与30日内降雨天数相关性分析显著，降雨天数越多，病情指数越低；监测点3的病情指数与月均温相关性分析显著，月均温越高，病情指数越低；监测点5受20天内降水量和月均温共同影响，相关性分析极显著；监测点6受月均温和30天内降雨天数影响极显著；监测点7受30天内降水量、月均温及10天内降雨天数影响，相关性分析及显著；监测点8受月均温和30天内降雨天数影响极显著；监测点9受月均温、10天内降雨天数和30天内降雨天数影响，相关性分析极显著；监测点10受30天内降水量和月均温共同影响，相关性分析极显著。综上所述，2019年槟榔黄化病的扩展蔓延和降雨及月均温关系密切，其中与30天内的降雨天数最为密切，降雨天数越多，病情指数越低，病害发展越慢。

2020年回归方程分析显示，监测点3、6、10显示病情指数与降水量有显著的相关性，其他监测点均无显著相关。

表1　2019年监测点槟榔黄化变化情况

监测点	回归方程	R相关性
1	$y=51.8434-1.4353x_7$	0.776 5*
2	$y=64.9957-2.8703x_7$	0.863 7**
3	$y=78.0868-1.5896x_4$	0.789 6*
4	$y=27.2194-0.8801x_7$	0.720 4*
5	$y=58.2353+0.0138x_2-0.8828x_4$	0.963 4**
6	$y=74.8218-1.7306x_4+1.1106x_7$	0.943 4**
7	$y=82.7900+0.0096x_3-1.3674x_4-0.7083x_5$	0.947 7**
8	$y=78.3993-2.0210x_4-0.5910x_7$	0.924 3**
9	$y=70.5264-1.4190x_4+2.0842x_5-1.4741x_7$	0.963 4**
10	$y=56.2287-0.0079x_3-0.9117x_4$	0.926 1**

备注：x_1：10天内降水量；x_2：20天内降水量；x_3：30天内降水量；x_4：月均温；x_5：10天内降雨天数；x_6：20天内降雨天数；x_7：30天内降雨天数。表2同。

表2　2020年监测点槟榔黄化变化情况

监测点	回归方程	R相关性
1	$y=57.2411-0.0081x_1$	0.555 2
2	无相关性	
3	$y=52.2887+1.9011x_1$	0.762 0*
4	$y=5.6760+1.3797x_4$	0.580 0
5	$y=68.3057-0.6388x_4$	0.569 7
6	$y=51.4593+0.0142x_3$	0.745 8*

（续表）

监测点	回归方程	R 相关性
7	无相关性	
8	$y=40.4880+0.8255x_6$	0.596 7
9	无显著相关性	
10	$y=50.8860+0.0234x_2$	0.632 1*

3 结论

槟榔黄化病在海南省的周年发生为害表现为先升后降再上升的趋势，1—5 月呈上升趋势，6—8 月逐渐降低，到 9 月后又逐渐上升。黄化病发生早中期，降雨对槟榔黄化缓解作用明显，后期影响较小。久旱后降雨对缓解黄化最为明显，2019 年 1—5 月没有降雨，高温干燥，6 月开始有降雨，8 月降雨达到最大，黄化病情指数从 6 月开始下降，到 8 月降到最低，后降雨逐渐减少，病情指数开始回升。2020 年降雨偏多，监测点 6 和监测点 10 槟榔园有积水现象，相关性分析显示降雨越多病情指数反而有所上升，可能与槟榔园积水有关[8]。降雨会引起发病槟榔气孔调节机制受到破坏，而气孔关闭异常是植原体引起植物黄化病的一个显著特征，这可能是雨季对黄化程度有影响的原因[9]。

参考文献

[1] 张中润，高燕，黄伟坚，等．海南槟榔病虫害种类及其防控［J］. 热带农业科学，2019，39（7）：62-67.

[2] 李专．槟榔病虫害的研究进展［J］. 热带作物学报，2011，32（10）：1982-1988.

[3] 海南省统计局，国家统计局海南调查总队．海南统计年鉴［M］. 北京：中国统计出版社，2020：254.

[4] 车海彦，吴翠婷，符瑞益，等．海南槟榔黄化病病原物的分子鉴定［J］. 热带作物学报，2010，31（1）：83-87.

[5] 余凤玉，朱辉，覃伟权，等．槟榔主要病害及其防控［J］. 中国南方果树，2008，37（3）：54-56.

[6] 杨春雨，周亚奎，张玉秀．槟榔黄化病扩展情况调查：以定安县翰林镇槟榔林为例［J］. 现代农业科技，2020（22）：74-75.

[7] 马瑞，芮凯，罗激光，等．6 种植物诱抗剂对槟榔黄化病的防控效果［J］. 中国热带农业（3）：41-43，7.

[8] SARASWATHY N，RAVI BHAT. Yellow leaf disease of areca palms［J］. Indian Journal of Arecanut，Syices and Medicinal Plants，2001，3（2）：51-55.

[9] NAMPOOTHIRI K U K，PONNAMMA K N，CHOWDAPPA P. Arecanut yellow leaf disease［M］. Central Plantation Crops Research Institute，Kerala，India，2000.

咖啡拟盘多毛孢叶斑病病原鉴定*

王　倩[1,2**]　朱孟烽[1]　吴伟怀[1***]　贺春萍[1]　梁艳琼[1]　李　锐[1]　易克贤[1***]

(1. 中国热带农业科学院环境与植物保护研究所，农业农村部热带作物有害生物综合治理重点实验室，海口　571101；2. 海南大学植物保护学院，海口　570228)

摘　要：针对云南普洱咖啡种植园出现的一种疑似拟盘多毛孢引起的叶斑病，本研究通过组织分离获得 HPE3 与 HPE4 菌株。2 个菌株在 PDA 上菌落均呈圆形，菌丝体白色，边缘整齐，背面呈淡黄色。培养后期在菌丝体上可产生黑色的分生孢子器。分生孢子 5 个细胞，直或稍弯曲，向基渐尖，大小为（18.07~31.25）μm×（4.81~9.55）μm。分生孢子中间 4 个隔膜，3 个橄褐色细胞，大小为 13.4~25.8μm；顶胞无色透明，短圆锥形，顶生或顶侧生，1~3 根附属丝，以 2 根居多，长 6.13~26.93μm，弯曲。基胞圆锥形，具附属丝毛 1 根，长为 3.51~11.85μm。上述菌株接种小粒种咖啡出现感病症状，再分离后分生孢子形态特征与初始病原菌的特征一致。利用 ITS、β-tubulin、TEF 等基因序列分析表明，2 个菌株与 *Pestalotiopsis trachicarpicola* 聚类在一起。最终将该叶斑病菌鉴定为 *Pestalotiopsis trachicarpicola*。

关键词：咖啡；拟盘多毛孢；分子鉴定

---

* 基金项目：中国热带农业科学院基本科研业务费专项资金（1630042017021）；FAO/IAEA 合作研究项目（No. 20380）

** 第一作者：王倩，硕士研究生；研究方向：植物病理学；E-mail：wangqianyn@163.com

*** 通信作者：吴伟怀，副研究员；E-mail：weihuaiwu2002@163.com

易克贤，研究员；E-mail：yikexian@126.com

我国植原体病害研究状况、分布及多样性*

王晓燕** 张荣跃 李 婕 李银煳 李文凤 单红丽 黄应昆***
（云南省农业科学院甘蔗研究所，云南省甘蔗遗传改良重点实验室，开远 661699）

摘 要：植原体（phytoplasma）原称类菌原体（mycoplasma-like organism，MLO），是引起众多植物病害的一类重要原核致病菌，隶属于柔膜菌纲，植原体暂定属。植原体在植物和昆虫中广泛分布，能引起许多重要粮食作物、蔬菜、果树、观赏植物和林木严重病害，造成巨大损失。中国是发现植原体较多的国家，至今已报道了100多种植原体病害，遍布全国各地。严重为害的有枣疯病、泡桐丛枝病、小麦蓝矮病、香蕉束顶病、甘蔗白叶病和桑树萎缩病等，且不断有许多新的植原体病害及其株系被发现，表明植原体比以前认为的更加多样化。植原体主要由韧皮部取食的叶蝉、飞虱和木虱类刺吸式介体昆虫传播；也可通过嫁接或菟丝子传播。植原体和植原体、病毒、细菌及螺原体的复合侵染已成为一些作物的严重问题，并造成了更多的协同损失。随着技术不断发展和完善进步，分子生物学技术已成为检测鉴定植原体的主要手段。目前中国对植原体病害的研究主要集中在病原鉴定分类、介体昆虫和寄主多样性等方面，在致病性、比较基因组以及效应因子等方面研究较少；受关注较多的有小麦蓝矮植原体、泡桐丛枝植原体、枣疯植原体、甘蔗白叶病植原体等；其他植原体病害有见报道，但并没有深入的研究。本文综述了中国植原体研究的历史、现状和植原体病害的状况、分布及多样性，并对植原体今后可能的研究方向做一些展望。

关键词：中国；植原体病害；状况；分布；多样性

---

* 基金项目：财政部和农业农村部国家现代农业产业技术体系专项资金资助（CARS-170303）；云岭产业技术领军人才培养项目“甘蔗有害生物防控”（2018LJRC56）；云南省现代农业产业技术体系建设专项资金

** 第一作者：王晓燕，副研究员，主要从事甘蔗病害研究；E-mail：xiaoyanwang402@sina.com

*** 通信作者：黄应昆，研究员，从事甘蔗病害防控研究；E-mail：huangyk64@163.com

农业害虫

一种草地贪夜蛾幼虫分龄饲养方法及效益分析*

袁　曦**　邓伟丽　郭　义　李敦松***

（广东省农业科学院植物保护研究所，广东省植物保护新技术重点实验室，广州　510640）

摘　要：为了简易快速地培育出健壮充足的草地贪夜蛾 *Spodoptera frugiperda*（J. E. Smith）室内种群，本试验采用饲喂幼虫人工饲料、人工饲料转玉米粒、玉米粒等不同方法，比较不同方法下草地贪夜蛾的幼虫、蛹、成虫发育历期和存活情况、蛹长蛹重以及成虫寿命、产卵前期和产卵量。结果显示人工饲料转玉米粒处理的幼虫期、蛹期和幼虫-蛹期显著较短，而成虫寿命 10.21±0.65 天显著长于人工饲料处理和玉米处理。人工饲料转玉米粒处理的化蛹率 84.47%±1.00%显著高于玉米处理 43.61%±2.17%，人工饲料转玉米粒处理的蛹长蛹重显著大于其他处理，雌蛾寿命（9.86±0.82）天显著长于玉米处理（6.47±0.61）天，产卵前期（7.07±0.80）天显著短于人工饲料处理 10.50±1.73 天。本研究表明 1~3 龄饲喂人工饲料，4~6 龄饲喂甜玉米粒的人工饲料转玉米粒方法，能保证较高的化蛹率和羽化率的同时，不仅缩短了幼虫发育历期和幼虫-蛹期，更快地培育出成虫个体，而且培育出更大更重的个体。人工饲料转玉米粒简易化饲养方法不仅可以节省 4 龄后配制人工饲料的经济成本和时间成本，也使 4 龄后幼虫饲养操作更简易。

关键词：草地贪夜蛾；饲养方法；生长发育；效益分析

草地贪夜蛾是 2018 年 12 月 11 日入侵我国的重大迁飞性害虫（吴孔明，2020），入侵我国后迅速蔓延到西南、华南、华北等多个地区的 26 省（区、市）（姜玉英等，2019），入侵后很快进入严重发生阶段并完成定殖过程，具有比 20 世纪 90 年代棉铃虫发生程度更严重、涉及区域更广和为害作物种类更多的灾变风险，对我国玉米生产和粮食安全构成严重威胁（吴孔明，2020）。

自草地贪夜蛾入侵以来，我国多家科研机构迅速开始草地贪夜蛾的相关研究。为了便于科学研究，需简易快速培育出一定量的室内草地贪夜蛾种群用于试验，因此筛选高效的室内饲养草地贪夜蛾方法，是其科学研究的基础。草地贪夜蛾的天然寄主植物有 300 余种（Montezano *et al.*，2018；Sparks，1979；Banerjee and Ray，1995），入侵我国各地的种群经分子鉴定已证实为玉米型（张磊等，2019），偏好取食玉米植株。玉米的不同品种和不同组织对草地贪夜蛾的生长发育和繁殖也有影响，据报道甜质型玉米比糯质型玉米（戴钎萱等，2020）、雌穗及心叶比玉米功能叶更适合草地贪夜蛾生长发育及营养积累（唐庆峰等，2020）。因此天然植物甜质玉米粒和心叶较适合用于室内饲养草地贪夜蛾种群。草地贪夜蛾低龄和高龄幼虫取食习性不同，1~3 龄幼虫常为害玉米心叶、玉米生长点、新

* 基金项目：国家重点研发计划（2019YFD0300104）；广东省重点领域研发计划项目（2020B020224002）

** 第一作者：袁曦，从事害虫生物防治研究；E-mail：13427690102@163.com

*** 通信作者：李敦松；E-mail：dsli@gdppri.cn

叶和果穗端部。4~6龄幼虫常为害叶片和果穗。在玉米乳熟期，1~3龄幼虫和4~6龄幼虫都主要集中在玉米果穗内为害，在玉米叶片上未发现有草地贪夜蛾幼虫，并且4~6龄幼虫数量多于1~3龄幼虫（李贤嘉等，2020；张知晓等，2019）。玉米心叶用于饲养草地贪夜蛾幼虫时，存在易干枯等问题，且玉米心叶难以通过购买的方式获得，不适宜用于大量饲养草地贪夜蛾。而甜玉米粒不易干枯发霉，也能通过购买的方式便捷获得，因此甜玉米粒较适宜用于草地贪夜蛾4~6龄幼虫大量饲养。

除了利用天然植物饲养草地贪夜蛾外，科学工作者已研制出人工饲料用于饲养草地贪夜蛾室内种群（Garcia and Sifontes，1990；王世英等，2019；李子园等，2019；李传瑛等，2019；苏湘宁等，2019），其中苏湘宁（2019）的配方4在前人的基础上改进和优化了人工饲料配方和组分比例，是目前较新报道的配方和方法。本试验拟比较优良天然食物甜质玉米粒，和目前较新配方人工饲料，及人工饲料和甜玉米粒组合饲喂草地贪夜蛾幼虫，对其生长发育及繁殖的影响，并分析3种饲养方法的效益，目的在于筛选出饲养草地贪夜蛾更加简易高效低成本的方法，为草地贪夜蛾室内科学研究奠定基础。

1 材料与方法

1.1 供试虫源及材料

草地贪夜蛾采自广东省广州市白云区钟落潭镇广东省农业科学院白云基地“粤甜28”甜玉米 *Zea mays* L. 植株上，在试验室人工气候培养箱（温度（27±1）℃，RH85%±10%，光照L：D=14：10，光照强度8 000lx）内用人工饲料（苏湘宁等，2019）饲养至化蛹，待其羽化产卵后建立实验种群用于试验。

人工饲料：采用苏湘宁等（2019）的配方4，按照此配方和方法配制人工饲料，配制后将人工饲料装入一次性塑料盒放入冰箱冷藏室，冷藏时间不超过1周。饲喂前取出适量人工饲料，放置至室温后再进行饲喂。

玉米粒：新鲜的甜玉米，绿鲜知品牌，非转基因，产地云南玉溪。购买于京东购物商城绿鲜知自营旗舰店，商品编号6856481。饲喂时从玉米雌穗上取下完整玉米粒饲喂草地贪夜蛾幼虫。

1.2 实验器材

直径6mm塑料培养皿，不锈钢镊子，毛笔。

1.3 试验方法

试验设置3个处理，处理1从初孵幼虫到化蛹饲喂人工饲料，除了人工饲料外不饲喂其他物质；处理2从初孵幼虫到3龄末期饲喂人工饲料，从3龄蜕皮成4龄开始饲喂玉米粒直至化蛹；处理3从初孵幼虫至化蛹饲喂玉米，除甜玉米粒外不饲喂其他物质。3个处理饲喂草地贪夜蛾幼虫物质不同，其他饲养方法、容器、设备、环境均相同。

收集同一天产出的草地贪夜蛾卵，待幼虫孵化时，挑出2h内同时孵化的幼虫用于试验。根据王道通等（2020）报道草地贪夜蛾同一龄期的幼虫自相残杀行为具有明显的龄期依赖性，自相残杀行为主要发生在高龄幼虫间。没有直接观察到3龄以前的幼虫发生自相残杀行为，幼虫自4龄开始生长发育明显加快，自相残杀习性开始显现，因此本试验幼虫1~3龄在150ml塑料盒内集中饲养，4龄后装入塑料培养皿单头单皿饲养。培养皿直径

6mm，加盖防止幼虫爬出。逐日检查虫体情况，记录每个培养皿内草地贪夜蛾的化蛹时间、羽化时间和死亡时间。化蛹当天用游标卡尺和千分之一天平分别测量蛹长和蛹重。羽化后雌雄1∶1配对，饲喂10%蜂蜜水，并记录每只雌蛾的产卵时间和产卵数量。每个处理3个重复，每个重复100头幼虫。

试验在人工气候箱内进行，温度（27±1）℃，RH85%±10%，光照L∶D=14∶10，光照强度8 000lx。

1.4 数据分析

以上数据用Excel 2007进行统计和处理，采用软件IBM SPSS Statistics 22在计算机上进行统计检验，两组数据间的比较采用t测验，$P<0.05$的为显著。

2 结果与分析

2.1 对发育历期的影响

表1显示，不同饲料饲喂草地贪夜蛾幼虫，其幼虫、蛹、成虫发育历期和幼虫-蛹期有显著差异。其中幼虫期人工饲料转玉米粒处理组仅（14.38±0.12）天，显著短于其他两个处理（$df=246$，$F=168.86$，$P=0.000$），蛹期人工饲料转玉米粒处理8.98±0.22天，显著短于人工饲料处理（$df=170$，$F=6.056$，$P=0.003$），幼虫-蛹期人工饲料转玉米粒处理（22.72±0.17）天，显著短于其他两个处理（$df=170$，$F=77.49$，$P=0.000$），成虫期人工饲料转玉米粒处理组仅（10.21±0.65）天，显著长于其他两个处理（$df=153$，$F=3.642$，$P=0.029$）。整体上看，人工饲料转玉米粒处理的幼虫和蛹期较短，能在较短时间内饲养出草地贪夜蛾成熟个体，人工饲料转玉米粒饲养出的成虫寿命更长。

表1 草地贪夜蛾在不同饲料物质下的发育历期 单位：天

发育历期	人工饲料	人工饲料转玉米粒	玉米粒
幼虫期	17.51±0.13 c	14.38±0.12 a	16.85±0.15 b
蛹期	8.98±0.22 b	8.38±0.09 a	8.35±0.12 a
幼虫-蛹期	26.62±0.33 c	22.72±0.17 a	25.13±0.18 b
成虫期	9.61±0.50 a	10.21±0.65 b	8.00±0.58 a

表中数据为平均值±标准误。同行不同小写字母表示经Duncan氏新复极差法检验在$P<0.05$水平差异显著。下表同。

2.2 对存活的影响

从表2看，化蛹率玉米粒处理仅43.61%±2.17%，显著低于人工饲料转玉米粒处理和人工饲料处理（$df=8$，$F=119.601$，$P=0.000$）。

人工饲料转玉米粒处理的蛹长16.92±0.10mm，显著长于其他两个处理（$df=240$，$F=34.604$，$P=0.000$），人工饲料转玉米粒处理的蛹重（23.40±0.26）mm，也显著重于其他两个处理（$df=240$，$F=52.855$，$P=0.000$）。人工饲料转玉米粒饲养出的草地贪夜蛾比人工饲料和玉米粒处理的个体更大更重。

表 2 草地贪夜蛾在不同饲料物质下的存活率

项目	人工饲料	人工饲料转玉米粒	玉米粒
化蛹率（%）	85. 80±2. 95b	84. 47±1. 00b	43. 61±2. 17a
羽化率（%）	82. 20±3. 41	83. 21±8. 71	80. 21±6. 16
蛹长（mm）	15. 77±0. 10a	16. 92±0. 10b	16. 03±0. 12a
蛹重（g）	196. 55±0. 27a	23. 40±0. 26b	202. 48±0. 32a

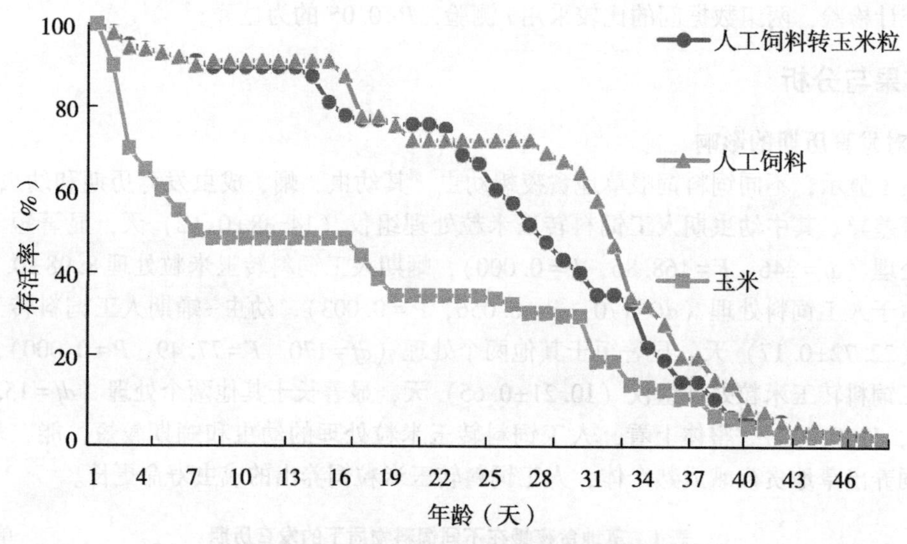

图 1 草地贪夜蛾取食不同饲料物质的存活率

2. 3 对繁殖的影响

从表 3 可看出，产卵前期人工饲料处理显著长于其他两个处理，人工饲料转玉米粒处理显著长于玉米处理。包括卵期、幼虫期、蛹期和产卵前期的总产卵前期，人工饲料处理（39. 13±1. 68）天显著长于其他 2 个处理。雌蛾寿命纯玉米处理（6. 47±0. 61）天，显著短于其他两个处理，雄蛾寿命和平均单雌产卵量 3 个处理差异不显著。

表 3 草地贪夜蛾在不同饲料物质下的繁殖力

项目	人工饲料	人工饲料转玉米粒	玉米粒
产卵前期（天）	10. 50±1. 73c	7. 07±0. 80b	3. 78±0. 49a
总产卵前期（天）	39. 13±1. 68b	31. 13±0. 81a	30. 00±0. 60a
雌蛾寿命（天）	9. 69±0. 66b	9. 86±0. 82b	6. 47±0. 61a
雄蛾寿命（天）	9. 43±0. 72	10. 72±1. 06	9. 04±0. 83
平均单雌产卵量	346. 25±66. 65	412. 87±116. 26	518. 78±185. 91

2. 4 效益分析

主要从饲养草地贪夜蛾种群的经济成本、时间成本和易操作性等角度分析。

从经济成本看，人工饲料成本 8 元/kg（李传瑛等，2019），玉米市场价格 3～5 元/kg，草地贪夜蛾在 4 龄后进入暴食阶段，需要提供大量的饲养物质供其取食，人工饲料转玉米粒的方法在能保证较高的成活率同时，节约了 4 龄后的饲养经济成本。

从时间成本看，首先人工饲料转玉米粒处理的幼虫和蛹期较短，幼虫-蛹期人工饲料转玉米粒处理（22.72±0.17）天，显著短于玉米粒处理（25.13±0.18）天和人工饲料处理（26.62±0.33）天，可缩减 3 天左右饲养出草地贪夜蛾成虫。其次配制人工饲料前需占用一定精力购买 18 种原材料（苏湘宁等，2019），配制人工饲料的过程也需要耗费一定的时间。人工饲料转玉米粒方法节省了 4 龄后的配制人工饲料的时间成本。

从操作性看，首先配制人工饲料过程对操作人员有一定技术要求，其次饲喂人工饲料过程需相对无菌，操作需谨慎小心，比较而言玉米粒只需从雌穗上掰下后添加入饲养容器内，操作简易。人工饲料转玉米粒的方法使 4 龄后的饲养操作简易化。

3 讨论

幼虫期取食的食物种类对植食性昆虫的生长发育有重要影响（朱俊洪等，2005），幼虫食物的营养将影响幼虫取食后是生长发育及成虫期的繁殖（张屾等，2019）。草地贪夜蛾寄主有 300 多种植物，目前入侵我国的草地贪夜蛾是玉米型，偏好取食玉米植株（张磊等，2019；李定银等，2019；黄芊等，2019），玉米品种对草地贪夜蛾的生长发育及繁殖有明显影响，其中取食甜质型玉米的草地贪夜蛾的幼虫存活率、蛹重、雌成虫产卵量均显著高于取食糯质型玉米（戴钎萱等，2020）；玉米植株中雌穗及心叶比玉米功能叶更适合草地贪夜蛾生长发育及营养积累（唐庆峰等，2020），心叶比玉米功能叶用于饲养草地贪夜蛾幼虫时，存在易干枯的问题，且玉米叶难以通过购买的方式获得，需要种植才能用于饲养草地贪夜蛾，耗费较多时间和精力。而雌穗的成熟玉米粒不易干枯发霉，也能通过购买的方式便捷获得，因此本试验采用甜玉米雌穗的成熟玉米粒为研究材料。结果显示 1～3 龄幼虫阶段饲喂玉米粒，幼虫存活率下降严重，到 4 龄存活率低至 50%以下。而 1～3 龄幼虫阶段饲喂人工饲料的其他两个处理，到 4 龄存活率高达 90%左右，因此对于初孵的低龄幼虫，人工饲料比玉米粒更能保证幼虫的存活。

幼虫期不同食物除了对存活率有明显影响外，也影响幼虫、蛹的生长发育及个体大小（李定银等，2020；戴钎萱等，2020；吕亮等，2020；孙悦等，2020；唐庆峰等，2020）。本试验中幼虫期和幼虫-蛹期人工饲料转玉米粒处理幼虫期显著短于其他两个处理，玉米处理显著短于人工饲料处理；蛹期玉米处理和人工饲料转玉米粒处理显著短于人工饲料处理，说明饲喂人工饲料转玉米粒，草地贪夜蛾的幼虫生长发育最快，能更快地培育出草地贪夜蛾成虫个体。从蛹长蛹重看，人工饲料转玉米粒处理的蛹长蛹重均显著高于其他两个处理，说明该处理培育出的草地贪夜蛾个体更大。因此本研究的人工饲料转玉米粒的饲养方法，不仅使草地贪夜蛾生长发育速度更快，而且个体更大更重。

综上所述，与整个幼虫阶段仅饲喂纯人工饲料或纯甜玉米粒相比，1～3 龄饲喂人工饲料，4 龄至化蛹饲喂甜玉米粒的人工饲料转玉米粒简易化饲养方法，不仅能缩短幼虫发育历期和幼虫-蛹期，更快地培育出草地贪夜蛾成虫个体，而且能保证较高的化蛹率和羽化率，且培育出的草地贪夜蛾个体更大更重。人工饲料转玉米粒饲养方法不仅可以节省 4 龄后配制人工饲料的经济成本和时间成本，而且使 4 龄后幼虫饲养操作简易化。本试验没有对3个处理的子代生长发育及性比等多代研究，下一步计划进行持续研究。

致谢：王振营、苏湘宁和李传瑛等同志在本试验方法设计和本文撰写方面提供了帮助，谨此致谢。

参考文献

[1] BANERJEE TC，RAY D. Bioenergetics and growth of the fall armyworm，*Spodoptera litura*（F.）larvae reared on four host plants [J]. International Journal of Tropical Insect Science，1995，16（3/4）：317-324.

[2] 戴钎萱，李子园，田耀加，等．不同品种玉米对草地贪夜蛾生长发育及繁殖的影响 [J]. 应用生态学报，2020，31（10）：3273-3281.

[3] GARCIA JLA，SIFONTES JLA. Methodology for the continuous rearing of *Spodoptera frugiperda*（J. E. Smith）on artificial diet [J]. Centro Agricola，1990：78-85.

[4] 黄芊，凌炎，蒋婷，等．草地贪夜蛾对三种寄主植物的取食选择性及其适应性研究 [J]. 环境昆虫学报，2019，41（6）：1141-1146.

[5] 李传瑛，章玉苹，黄少华，等．草地贪夜蛾室内人工饲养技术的研究 [J]. 环境昆虫学报，2019，41（5）：986-991.

[6] 李定银，郅军锐，张涛，等．不同寄主对草地贪夜蛾生长发育和繁殖的影响 [J]. 环境昆虫学报，2020，42（2）：311-317.

[7] 李贤嘉，吴吉英子，戴修纯，等．草地贪夜蛾对广东省不同玉米品种果穗的为害研究 [J/OL]. 华南农业大学学报：1-12 [2020-12-23]. http：//kns. cnki. net/kcms/detail/44. 1110. S. 20200721. 1006. 002. html.

[8] 李子园，戴钎萱，邝昭琅，等．3种人工饲料对草地贪夜蛾生长发育及繁殖力的影响 [J]. 环境昆虫学报，2019，41（6）：1147-1154.

[9] 吕亮，李雨晴，陈从良，等．草地贪夜蛾幼虫在玉米和小麦上的取食和生长发育特性比较 [J]. 昆虫学报，2020，63（5）：597-603.

[10] 姜玉英，刘杰，谢茂昌，等．2019年我国草地贪夜蛾扩散为害规律观测 [J]. 植物保护，2019，45（6）：10-19.

[11] MONTEZANO D G，SPECHT A，SOSA-G M ZAR *et al.* Host plants of *Spodoptera frugiperda*（Lepidoptera：Noctuidae）in the Americas [J]. African Entomology，2018，26（2）：286-300.

[12] SPARKS A N. A review of the biology of the fall armyworm [J]. The Florida Entomologist，1979，62（2）：82-87.

[13] 苏湘宁，李传瑛，黄少华，等．草地贪夜蛾人工饲料及饲养条件的优化 [J]. 环境昆虫学报，2019，41（5）：992-998.

[14] 孙悦，刘晓光，吕国强，等．草地贪夜蛾在小麦和不同玉米品种上的种群适合度比较 [J]. 植物保护，2020，46（4）：126-131.

[15] 唐庆峰，房敏，姚领，等．取食玉米不同组织对草地贪夜蛾生长发育及营养指标的影响 [J]. 植物保护，2020，46（1）：24-27，33.

[16] 王道通，张蕾，程云霞，等．草地贪夜蛾幼虫龄期对自相残杀行为的影响 [J]. 植物保护，2020，46（3）：94-98，103.

[17] 王世英，朱启绽，谭煜婷，等．草地贪夜蛾室内人工饲料群体饲养技术 [J]. 环境昆虫学报，2019，41（4）：742-747.

[18] 吴孔明．中国草地贪夜蛾的防控策略 [J]. 植物保护，2020，46（2）：1-5.

[19] 张磊，靳明辉，张丹丹，等．入侵云南草地贪夜蛾的分子鉴定［J］．植物保护，2019，45（2）：19-24，56.

[20] 张岫，吴明峰，谷少华，等．棉铃虫雌成虫对 16 种植物的产卵偏好性及幼虫取食后的生存表现［J］．植物保护，2019，45（2）：108-113.

[21] 张知晓，户连荣，刘凌，等．草地贪夜蛾的生物学特性及综合防治［J］．热带农业科学，2019，39（9）：1-18.

[22] 朱俊洪，朱稳，张方平．不同食料植物对棉古毒蛾生长发育和繁殖的影响［J］．华东昆虫学报，2005（1）：9-13.

河北廊坊地区小麦蚜虫优势种群的空间生态位*

黄宗北[1,2] 张 瑜[1,2] 李祥瑞[1] 朱 勋[1] 张爱环[2] 张云慧[1**]

（1. 中国农业科学院植物保护研究所，植物病虫害生物学国家重点实验室，北京 100193；2. 北京农学院生物与资源环境学院，农业农村部华北都市农业重点实验室，北京 102206）

摘 要：本研究明确了华北麦区小麦蚜虫主要优势种群的空间分布与种间竞争关系，为制定小麦蚜虫区域性防控技术和科学用药提供技术支持。本研究于2021年在河北廊坊采用五点取样法对小麦穗期蚜虫主要优势种群的空间分布进行了系统调查，记录荻草谷网蚜（又称麦长管蚜）*Macrosiphum miscanthi*（Takahashi）、禾谷缢管蚜 *Rhopalosiphum padi*（Linnaeus）、麦二叉蚜 *Schizaphis graminum*（Rondani）和麦无网长管蚜 *Metopolophium dirhodum*（Walker）4种蚜虫在小麦不同组织部位（穗、茎秆、叶片等部位）的数量，并对4种蚜虫的种群数量分布与生态位指数进行了分析。结果表明：河北廊坊麦区在小麦穗期，4种蚜虫呈混合发生，不同种群消长趋势基本一致，高峰期百株蚜量达到10 061头，其中麦无网长管蚜种群数量最多，约占总蚜量的48.9%，其次是荻草谷网蚜与禾谷缢管蚜，分别占总蚜量的39.1%和12.0%，麦二叉蚜种群数量最少，不足1.0%，主要分布在第3叶片以下，由于数量太少未统计生态位分布。麦无网长管蚜穗部未有分布，主要分布于中上部叶片，在第1叶数量最多占其种群数量的45.8%。荻草谷网蚜和禾谷缢管蚜主要分布于小麦穗部和中上部叶片，其中荻草谷网蚜在穗部的数量最多，占其种群数量的41.1%，禾谷缢管蚜在小麦不同组织部位分布则较为平均，禾谷缢管蚜的生态位宽度最大为0.627 9，竞争能力最强，荻草谷网蚜（0.279 9）和麦无网长管蚜（0.207 7）生态位宽度较窄。不同蚜虫均存在生态位重叠，荻草谷网蚜与禾谷缢管蚜之间重叠值最高为0.775 2，麦无网长管蚜与荻草谷网蚜和麦无网长管蚜与禾谷缢管蚜之间的重叠值也均大于0.5，相互之间存在一定的竞争关系。

综上所述，廊坊地区小麦生长中后期，4种蚜虫在麦田混合发生。麦无网长管蚜种群数量最多，其次分别为荻草谷网蚜和禾谷缢管蚜，3种蚜虫为河北廊坊麦田的主要优势种群，麦二叉蚜种群数量较少，主要分布在下部叶片。麦无网长管蚜主要分布于中上部叶片，在第1叶数量最多，荻草谷网蚜和禾谷缢管蚜主要为害麦穗和中上部叶片，禾谷缢管蚜对空间资源的利用程度略大于荻草谷网蚜与麦无网长管蚜，且与其他两种都存在种间竞争。

关键词：小麦；麦蚜；垂直分布；空间生态位

---

* 基金项目：国家现代农业产业技术体系资助（CARS-03）

** 通信作者：张云慧；E-mail：yhzhang@ippcaas.cn

2021年禾谷缢管蚜抗药性监测*

李秋池[1,2]**　李新安[1]　朱赛格[1]　田旭军[1]　王　超[1]
张云慧[1]　李祥瑞[1]　程登发[1]　史彩华[2]　朱　勋[1]***
（1. 中国农业科学院植物保护研究所，植物病虫害生物学国家重点实验室，
北京　100193；2. 长江大学农学院，荆州　434025）

摘　要：为了解田间禾谷缢管蚜对常用药剂的敏感性现状，制定禾谷缢管蚜有效防治的科学用药策略，于2021年采用浸叶法监测了青海贵德 、陕西杨凌、山西临汾、贵州贵阳、河北廊坊、云南昆明、新疆伊犁、河南新乡、安徽合肥、湖北襄阳这10个地区禾谷缢管蚜田间种群对吡虫啉、氟啶虫胺腈、高效氯氰菊酯、阿维菌素和毒死蜱这5种杀虫剂的敏感性。2021年，吡虫啉对各麦蚜种群的LC_{50}在1.56~27.48mg/L，最高为安徽合肥种群；氟啶虫胺腈对各麦蚜种群的LC_{50}在6.08~292.72mg/L，最高为河南新乡种群；高效氯氰菊酯对各麦蚜种群的LC_{50}在3.22~113.35mg/L，最高为贵州贵阳种群；阿维菌素对各麦蚜种群的LC_{50}在0.95~23.15mg/L，最高为湖北襄阳种群；毒死蜱对各麦蚜种群的LC_{50}在0.39~1.44mg/L，最高为河北廊坊种群；河北廊坊禾谷缢管蚜种群对所监测药剂抗性水平均较低，表现为敏感、敏感性下降或低抗性。较2019年相比，新增了河南新乡、新疆伊犁种群，对比结果表明湖北襄阳禾谷缢管蚜种群对吡虫啉抗性明显下降，LC_{50}由17.99mg/L减少至1.5623mg/L；湖北襄阳禾谷缢管蚜种群对氟啶虫胺腈抗性明显上升，LC_{50}由9.48mg/L增加至84.74mg/L；陕西杨凌禾谷缢管蚜种群对高效氯氰菊酯抗性显著下降，LC_{50}由531.37 mg/L减少至4.48mg/L；各地区禾谷缢管蚜前后两年对阿维菌素抗性无明显变化；湖北襄阳禾谷缢管蚜种群对毒死蜱抗性明显上升，LC_{50}由0.08 mg/L增加至0.45mg/L。

分析认为高效氯氰菊酯不适合贵州贵阳禾谷缢管蚜的防治；氟啶虫胺腈不适合用于河南新乡、湖北襄阳、青海贵德地区禾谷缢管蚜的防治；吡虫啉在安徽合肥禾谷缢管蚜的防治中具有潜在的抗性风险。阿维菌素和吡虫啉等其他几种杀虫剂可以在禾谷缢管蚜的防治中轮换使用。

关键词：禾谷缢管蚜；杀虫剂；浸叶法；抗药性监测

* 基金项目：现代农业产业技术体系（CARS-3）

** 第一作者：李秋池，硕士研究生，研究方向为昆虫学

*** 通信作者：朱勋；E-mail：zhuxun@caas.cn

禾谷缢管蚜高抗高效氯氰菊酯的生物学特性及抗性机制*

李新安[1,2]** 李秋池[1] 王 超[1] 朱赛格[1] 田旭军[1]

张云慧[1] 李祥瑞[1] 程登发[1] 朱 勋[1]***

（1. 中国农业科学院植物保护研究所，植物病虫害生物学国家重点实验室，北京 100193；2. 河南科技学院资源与环境学院，新乡 453000）

摘 要：为明确禾谷缢管蚜高抗高效氯氰菊酯的生物学特性及抗性机制，分析了田间种群近等基因敏感（SS）和抗性（RS）品系的相对适合度，及抗性品系经药剂汰选产生极高抗性品系（ERS，抗性倍数4588.48倍）的交互抗性及生理生化机制。结果表明，与敏感品系相比，抗性品系（RS）总发育历期延长，单雌产蚜量减少，生殖力、存活率降低，以净生殖率（R_0）来评价抗性品系的相对适合度为0.85，表现出生殖发育上的劣势，且该田间种群在未使用杀虫剂下饲养24代后，对高效氯氰菊酯的抗性水平明显降低；极高抗品系（ERS）对高效氯氟氰菊酯和联苯菊酯产生了高水平交互抗性，分别为750.1倍和340.4倍；抑制细胞色素P450单加氧酶（P450）和谷胱甘肽s-转移酶（GST）活性后，毒力测定表明分别增效6.6倍和3.89倍，且两种酶活性显著高于敏感品系；极高抗品系（ERS）钠离子通道α亚基IIS4-S6区域检测到单个超级击倒抗性M918L纯合突变，且该基因片段上调表达10.6倍。这些结果表明，持续的高效氯氰菊酯选择压导致极高抗性的产生，并对同类其他药剂产生高水平的交互抗性；对高效氯氰菊酯的极高抗性与P450s和GST酶活性升高、单个超级击倒抗性M918L纯合突变及含有该突变的基因片段转录水平的上调表达有关。研究结果对麦蚜的抗药性治理具有重要指导和实践意义。

关键词：高效氯氰菊酯；禾谷缢管蚜；相对适合度；代谢解毒酶；钠离子通道

---

* 基金项目：现代农业产业技术体系（CARS-3）

** 第一作者：李新安，博士研究生，研究方向为昆虫毒理学

*** 通信作者：朱勋；E-mail：zhuxun@caas.cn

麦无网长管蚜对 5 种杀虫剂的抗药性监测*

田旭军[1,2]**　吴　奇[1]　李新安[1]　李秋池[1]　朱赛格[1]　王　超[1]
张云慧[1]　李祥瑞[1]　李荣玉[2]　朱　勋[1]***
（1. 中国农业科学院植物保护研究所，植物病虫害生物学国家重点实验室，
北京　100193；2. 贵州大学作物保护研究所，贵阳　550025）

摘　要：小麦作为我国乃至世界上的主要粮食作物之一，由于我国人口的快速增长，对小麦的需求也越来越大。而麦无网长管蚜在我国绝大部分地区危害严重，对我国小麦的产量与质量造成了严重的影响。为明确 2021 年田间麦无网长管蚜对 5 种不同作用机制的杀虫剂的抗药性水平，为麦无网长管蚜的有效防治提供理论参考。采用浸虫法测定了山西临汾、陕西杨凌、贵州贵阳、新疆伊犁和河南新乡等地区的麦无网长管蚜对吡虫啉、高效氯氰菊酯和氟啶虫胺腈、阿维菌素以及毒死蜱等 5 种杀虫剂的抗药性。研究结果表明：2021 年各麦无网长管蚜对吡虫啉的 LC_{50} 在 2. 49～51. 16 mg/L，其中抗药性最高的麦无网长管蚜种群为山西临汾种群；各麦无网长管蚜种群对氟啶虫胺腈的 LC_{50} 在 2. 45～231. 59 mg/L，其中抗药性最高的麦无网长管蚜种群为新疆伊犁种群，次之为河南新乡种群，其 LC_{50} 为 207. 14 mg/L；各麦无网长管蚜种群对高效氯氰菊酯的 LC_{50} 在 1. 24～9. 74 mg/L，均对高效氯氰菊酯较敏感；各麦无网长管蚜种群对阿维菌素的 LC_{50} 在 10. 03～47. 16 mg/L，其中以贵州贵阳种群最敏感；各麦无网长管蚜种群对毒死蜱的 LC_{50} 在 1. 14～3. 98 mg/L，均对毒死蜱较敏感。建议在新疆伊犁和河南新乡地区不宜使用氟啶虫胺腈防治麦无网长管蚜；而在山西临汾地区应少用吡虫啉防治麦无网长管蚜；高效氯氰菊酯、阿维菌素以及毒死蜱等几种杀虫剂在防治麦无网长管蚜过程中进行轮换使用，避免麦无网长管蚜在单一药剂的长期使用致使其抗药性的急剧上升。

关键词：麦无网长管蚜；杀虫剂；浸虫法；抗药性监测

* 基金项目：现代农业产业技术体系（CARS-3）

** 第一作者：田旭军，硕士研究生，研究方向为农产品质量与安全；E-mail：tianxujun0904@126. com

*** 通信作者：朱勋；E-mail：zhuxun@ caas. cn

我国荻草谷网蚜田间种群体内微生物细菌多样性分析*

王　超**　李新安　龚培盼　朱赛格　李秋池　田旭军
张云慧　李祥瑞　程登发　朱　勋***
（中国农业科学院植物保护研究所，植物病虫害生物学国家重点实验室，北京　100193）

摘　要：昆虫的适应性可能与宿主及微生物之间的相互作用有关，而宿主的微生物群落又受到各种影响因素的影响，包括宿主植物、pH 值、宿主昆虫、生长阶段，温度和湿度，以及遗传背景等。为明确不同环境条件下的荻草谷网蚜体内共生菌种类及含量情况，本实验室于 2018 年从河南、山东等小麦主产区采集了荻草谷网蚜并选取大小相似、体色相同的健康成虫，利用了 16S rRNA 基因测序技术来检测荻草谷网蚜的体内细菌群落组成。分类结果显示，在门（Phylum）水平上，共检测到 65 个门，其中细菌域的门占 56 个，古菌域的门占 9 个，已知门类 OTUs 序列占总数的 95.84%，且大多数 OTUs 被鉴定为 Proteobacteria，其次为 Chloroflexi、Bacteroidota、Actinobacteriota、Planctomycetota 等。蚜虫巴克纳氏菌（*Buchnera aphidicolia*）属于初级共生菌，是荻草谷网蚜体内最主要的共生细菌，在属（Genus）水平上，鉴定为巴克纳氏菌的 OTUs 达 493 条，是最丰富的细菌，占总 OTUs 的 9.50%，尽管如此，各地区之间荻草谷网蚜巴克纳氏菌的相对丰度仍存在差异，湖北襄阳地区的巴克纳氏菌相对丰度偏低，低于 80%，而河南新乡、山东青岛地区的巴克纳氏菌则相对丰度偏高，高于 97%。通过冗余分析（Redundancy Analysis）发现，经度、纬度、年平均温度、年降雨量及海拔对荻草谷网蚜体内细菌群落的塑造均呈现出极显著性相关（$P<0.005$）。基于 Bray-curtis 的 Mantel test 结果同样显示经纬度、年平均温度对荻草谷网蚜微生物群落呈现显著相关性（$P<0.05$），而年降雨量和海拔则呈现出极显著性相关（$P<0.005$）。这表明地理位置与降雨量、海拔有助于塑造荻草谷网蚜体内微生物群落结构。

分析认为不同地区的荻草谷网蚜体内细菌群落组成即物种丰富度之间不存在显著性，但不同地区间荻草谷网蚜各微生物细菌的相对丰度则存在较大差异，进而导致了细菌群落结构的不同，而这种差异通过冗余分析及相关性分析认为与环境影响因子存在显著相关。因此，分析认为温度、降雨等环境影响因子影响了宿主荻草谷网蚜的生长发育，进而对其微生物群落产生了影响，而微生物群落的改变可能又会反之作用于荻草谷网蚜本身，使其适应性产生改变。

关键词：荻草谷网蚜；微生物；内共生菌；微生物互作

---

* 基金项目：现代农业产业技术体系（CARS-3）

** 第一作者：王超，硕士研究生，研究方向为昆虫生理生化

*** 通信作者：朱勋；E-mail：zhuxun@caas.cn

2021年荻草谷网蚜田间种群抗药性监测*

朱赛格[1,2]** 李新安[1] 王 超[1] 田旭军[1] 李秋池[1]
张云慧[1] 李祥瑞[1] 程登发[1] 李建洪[2] 朱 勋[1]***
(1. 中国农业科学院植物保护研究所，植物病虫害生物学国家重点实验室，北京 100193；2. 华中农业大学植物科学技术学院农药毒理学与有害生物抗药性研究室，武汉 430000)

摘 要：为明确田间荻草谷网蚜种群对常用杀虫剂的敏感性现状，制定荻草谷网蚜防治的科学用药策略，采用浸虫法测定了青海西宁、陕西杨凌、山西临汾、贵州贵阳、河北廊坊、湖北襄阳、新疆伊犁、云南昆明、河南新乡以及安徽合肥等地区荻草谷网蚜田间种群对5种不同作用机制杀虫剂（吡虫啉、氟啶虫胺腈、高效氯氰菊酯、阿维菌素和毒死蜱）的敏感性。2021年吡虫啉对各麦蚜田间种群的LC_{50}在5.31~138.84mg/L，最高为贵州贵阳种群；高效氯氰菊酯对各麦蚜种群的LC_{50}在4.05~53.54mg/L，最高为贵州贵阳种群；阿维菌素对各麦蚜种群的LC_{50}在5.44~60.70mg/L，最高为新疆伊犁种群；氟啶虫胺腈对各麦蚜种群的LC_{50}在11.56~167.71mg/L，最高为云南昆明种群；毒死蜱对各麦蚜种群的LC_{50}在0.81~8.61mg/L，最高为贵州贵阳种群。结合并比较本课题组最近几年荻草谷网蚜对常用杀虫剂的抗性水平监测数据，以对某种杀虫剂最为敏感的种群建立敏感基线，发现2021年荻草谷网蚜对吡虫啉的相对抗性倍数为26.15倍，对高效氯氰菊酯的相对抗性倍数为23.38倍，对氟啶虫胺腈的相对抗性倍数为16.64倍，对阿维菌素的相对抗性倍数为74.02倍，对毒死蜱的相对抗性倍数为17.22倍。

目前我国荻草谷网蚜田间种群对部分杀虫剂已经出现不同程度的抗性。由于毒死蜱具有发育性神经毒性和潜在的遗传毒性，欧盟已对毒死蜱实施禁用条例。分析认为吡虫啉和高效氯氰菊酯不适合贵州贵阳荻草谷网蚜的防治；氟啶虫胺腈不适合用于云南昆明地区荻草谷网蚜的防治。河南新乡、新疆喀什等地区尽量少使用拟除虫菊酯类杀虫剂，可以轮换使用阿维菌素和高效氯氰菊酯进行麦蚜的防治。

关键词：荻草谷网蚜；杀虫剂；浸虫法；抗药性监测

---

* 基金项目：现代农业产业技术体系（CARS-3）
** 第一作者：朱赛格，硕士研究生，研究方向为昆虫毒理学
*** 通信作者：朱勋；E-mail：zhuxun@caas.cn

11 个基因在麦长管蚜不同发育时期的表达谱分析*

闫　艺[1**]　曹　阔[2]　张云慧[1]　朱　勋[1]　张方梅[3]　程登发[1]　李祥瑞[1***]

(1. 中国农业科学院植物保护研究所，植物病虫害生物学国家重点实验室，北京 100193；2. 集宁师范学院，集宁　012000；3. 信阳农林学院，信阳　464000)

摘　要：小麦是我国北方广泛种植的作物之一，麦长管蚜 *Sitobion avenae* (Fabricius) 主要为害小麦，在我国大部分麦区都是优势种。麦长管蚜主要吸食小麦叶部、韧皮部和穗部汁液，还会传播麦类病毒病、分泌蜜露影响小麦光合作用，导致小麦减产。麦长管蚜分有翅型和无翅型，通过其翅的转换调节能够进行远距离迁飞，并且快速适应周围环境繁殖后代。目前对于蚜虫翅型分化的分子机制尚未完全研究清楚。本研究通过对麦长管蚜转录组数据分析，结合课题组前期的研究和已发表的文献，筛选出 11 个可能与麦长管蚜翅型分化相关的基因，通过荧光定量 PCR 技术分别检测了麦长管蚜两种翅型不同发育时期 11 个基因的表达情况，并分析了其在两翅型不同发育时期的表达模式。结果表明，11 个基因在麦长管蚜有翅蚜和无翅蚜的不同发育时期均有表达，但相对表达量不同，各自具有独特的表达模式。蚜虫的 1、2 龄期是组织形成和发育转变的重要时期，11 个基因在 1 龄两翅型的表达量差异显著，大多数基因在 2 龄期两翅型间的表达量差异显著。其中，*Shd*、*Eip74EF*、*Hr3*、*br* 都是与蜕皮激素及蜕皮激素信号通路相关的基因，*Pk* 参与了果蝇 *Drosophila melanogaster* 翅刚毛的调控，*fz2* 与果蝇的翅成虫盘有关，*lov*、*SMYD4* 也在果蝇、木蚁 *Camponotus floridanus* 等昆虫的重要时期都有表达，后 4 个基因在麦长管蚜 1 龄表达量差异显著，极有可能参与麦长管蚜的翅型分化或者其他重要的发育过程。研究结果为进一步深入开展麦长管蚜翅发育相关基因的功能验证及生长发育调控机理研究奠定了基础。

关键词：麦长管蚜；翅型分化；生长发育；表达模式

---

* 基金项目：国家自然科学基金面上项目（31772163）；现代农业产业技术体系（CARS-03）

** 第一作者：闫艺，硕士，研究方向为昆虫分子生物学；E-mail：y3352853039@163.com

*** 通信作者：李祥瑞；E-mail：xrli@ippcaas.cn

小麦吸浆虫越冬代幼虫对农药敏感性表现及防控技术优化*

张　颖[2**]　张立娇[3]　江彦军[4]　王永芳[1]　张志英[2]
马继芳[1]　王勤英[5]　董志平[1***]
(1. 河北省农林科学院谷子研究所/国家谷子改良中心，河北省杂粮研究重点实验室，石家庄　050035；2. 正定县植保植检站，正定　050800；3. 鹿泉区植保植检站，鹿泉　050200；4. 石家庄市农业技术推广中心，石家庄　050051；5. 河北农业大学，保定　071001)

摘　要：小麦吸浆虫是小麦上的一种毁灭性害虫，21 世纪初，河北省开始推行秸秆还田、免耕播种和远程跨区收割作业等，使小麦吸浆虫北扩东延。据报道，小麦吸浆虫越冬代幼虫和蛹对药剂敏感性较低，成虫敏感性高，传统防治方法是采用抽穗前撒毒土，人工用竹竿敲打使毒土落到地表，然后灌水。近年来随着土地流转，因操作难、用工多，使发生面积再次回升。本研究发现越冬代幼虫着药后尽管 3~5 天不能死亡，但是停止了发育，虫体逐渐萎缩，最终干瘪死亡；蛹着药后 3~5 天不能死亡，但是也不能正常羽化。在田间小麦拔节期撒毒土，发现有 46.4%的越冬代幼虫出土到表面，53.6%的幼虫仍在地下，但是这些幼虫大部分停止或延迟发育，不能继续发育化蛹羽化，也没有再次变为越冬状态的圆茧；未施药对照区越冬代幼虫没有出土。跟踪调查撒毒土区化蛹率为 28.7%，成虫期网捕 10 复次有成虫 2 头；而未施药的对照区化蛹率为 95%，成虫期网捕 10 复次有成虫 98 头。田间取土室内观察，结果一致。后期拔穗调查，拔节期施药与蛹期用药防效差别不大，百穗虫量分别比对照减少 77.5%、82.5%，差异不显著。为此，目前在土地流转规模种植条件下，劳动力短缺且昂贵，在春季小麦拔节期撒毒土，毒土能够直接落入地表，结合拔节水，一次性用药就能控制小麦吸浆虫，简便易行。若采用灌溉水施药有利于施药的均匀度，提高防效。

关键词：小麦吸浆虫；越冬代幼虫；药剂敏感性；防控技术优化

---

* 项目资助：粮食丰产增效科技创新（2018YFD0300502）

** 第一作者：张颖，农艺师，主要从事农作物病虫害测报和防治；E-mail：zdzb@163.com

*** 通信作者：董志平，研究员，主要从事农作物病虫害研究；E-mail：dzping001@163.com

二点委夜蛾成虫的集聚性及生态防控的必要性*

董志平[1]　王振营[2]　张秋生[3]　朱晓明[4]　刘　杰[4]　张金林[5]
李丽莉[6]　石　洁[7]　王永芳[1]　李秀芹[3]　勾建军[3]
（1. 河北省农林科学院谷子研究所，国家谷子改良中心，河北省杂粮研究重点实验室，石家庄　050035；2. 中国农业科学院植物保护研究所，北京　100193；3. 河北省植保植检总站，石家庄　050035；4. 全国农业技术推广服务中心，北京　100125；5. 河北农业大学植物保护学院，保定　071029；6. 山东省农业科学院植物保护研究所，济南　250131；7. 河北省农林科学院植物保护研究所，保定　073007）

摘　要：二点委夜蛾是2005年在河北省首次发现并报道为害夏玉米幼苗的新害虫，该虫在麦秸覆盖下钻蛀玉米茎基部造成缺苗断垄，严重影响产量。2011年在黄淮海7省市发生3 290多万亩，占夏玉米播种面积的20%，单株最高虫量达30多头，最高危害率达90%，引起各级政府的高度重视。经过近十余年广泛监测和研究，发现该虫以老熟幼虫在当地越冬，1年发生4代，一般各代发生呈现正态分布，但是有时出现突增现象，如2012年6月6日河北临西县成虫诱蛾量突增至1 389头，6月10日再次突增至1 347头，7月22日突增至2 272头；2017年7月18日、20日、24日河北正定县分别突增至17 616头、14 112头、13 104头；2019年7月16日河北宁晋县突增至9 088头，说明二点委夜蛾成虫具有显著的集聚性。该虫喜欢遮阴的环境，在田间一代成虫盛发期与小麦收获玉米播种期相遇，一代成虫在小麦机械化收获后形成“麦茬上覆盖长麦秸”造成的孔隙内集聚，并产卵、孵化至幼虫，幼虫达到3龄后进入暴食期，集中为害田间的夏玉米幼苗，呈现出被害地块幼虫量非常大、具有毁灭性为害的特点。因为成虫的集聚性，虫量低也能造成严重为害，如2013年南大港6月1代成虫诱蛾量只有155头，对夏玉米为害率最高也达到了30%。说明田间只要具备“麦茬上覆盖麦秸”的生态环境，就有可能引来二点委夜蛾集聚并严重为害麦茬夏玉米幼苗，为此，破坏田间“麦茬上覆盖麦秸”的生态条件，就能避免二点委夜蛾的为害。十三五期间，在河北省中南部及黄淮海小麦/玉米连作区，小麦收获玉米播种期间大力推广二点委夜蛾生态防控技术，例如，小麦收获时将麦秸粉碎至5cm以下，或小麦收获后进行麦茬，或玉米播种时清除播种行的麦秸，有条件的地方进行清除田间麦秸，或旋耕灭茬等，有效控制了二点委夜蛾暴发为害的态势。目前，虫情监测显示二点委夜蛾的虫量仍然很大，如2019—2020年河北省中南部年均诱蛾量14 966. 5头，分别是当地棉铃虫、玉米螟的5. 75倍、7. 05倍，因此，继续普及做好二点委夜蛾生态调控技术控制其为害是非常必要的。

关键词：二点委夜蛾；成虫集聚性；生态防控技术；小麦/玉米连作区；害虫监测

---

* 项目资助：农业部行业科技（201303026）；国家粮食丰产增效科技创新（2018YFD0300502）；河北省农业农村厅推广项目（2020—2021）；河北省农林科学院财政专项成果转化项目（2020—2021）

二点委夜蛾卵黄原蛋白基因克隆、序列分析及表达研究*

安静杰** 党志红 李耀发 郭江龙 高占林***

(河北省农林科学院植物保护研究所，河北省农业有害生物综合防治工程技术研究中心，农业农村部华北北部作物有害生物综合治理重点实验室，保定 071000)

摘 要：卵黄原蛋白是卵黄发生的关键性物质，是一种重要的生殖蛋白，其含量直接影响雌成虫的繁殖能力。本研究应用 RT-PCR 和 RACE 技术，克隆了夏玉米重要害虫二点委夜蛾 *Athetis lepigone* 卵黄原蛋白基因 *Vg* 全长 cDNA 序列，全长2 067bp，编码 688 个氨基酸，以 ATG 为起始密码子，以 TAG 为终止密码子，cDNA 编码区无信号肽。预测分子量和等电点分别为 78.49kDa 和 8.77。将该基因推导的氨基酸序列与其他物种的 *Vg* 氨基酸序列进行同源性比对分析，发现二点委夜蛾 *Vg* 与同为夜蛾科的棉铃虫和黏虫的 *Vg* 基因氨基酸序列一致性较高，均可达到 77%。与柞蚕和二化螟的 *Vg* 基因氨基酸序列也分别达到 53%和 48%。系统发育树结果表明，二点委夜蛾 *Vg* 与黏虫 *Vg* 基因编码的蛋白同源性处于同一分支上，进化关系最近。荧光定量 RT-PCR 分析表明，*Vg* 基因在二点委夜蛾成虫不同组织中的表达量差异极显著（$P<0.01$），其中在脂肪体表达量最高，显著高于其他组织中的表达量（ANOVA，$F=53.63$，$df=4$，14，$P=0.000\,1$），分别是触角、头部、中肠、卵巢中表达量的 29.98 倍、3.83 倍、6.03 倍和 2.39 倍。研究结果为 *Vg* 基因的功能及其在昆虫生殖中的作用机理研究奠定基础，也为有效防治和持续控制二点委夜蛾种群暴发和为害提供创新思路和途径。

关键词：二点委夜蛾；卵黄原蛋白；序列分析；基因表达

---

* 资助项目：国家自然科学基金项目（31601632）；国家重点研发计划（2016YFD0300705）

** 第一作者：安静杰，副研究员，从事农业害虫综合防治技术研究；E-mail：anjingjie147@163.com

*** 通信作者：高占林，研究员，从事农业害虫综合防治技术研究；E-mail：gaozhanlin@sina.com

吉林省中西部玉米蚜虫种类及种群动态*

孙　嵬[1**]　潘艺元[2]　杨　微[1]　周佳春[1]　高月波[1***]

（1. 吉林省农业科学院植物保护研究所，农业农村部东北作物有害生物综合治理重点实验室，公主岭　130118；2. 吉林农业大学植物保护学院，长春　136100）

摘　要：吉林省中西部是重要的玉米种植区，玉米蚜虫是此区域重要的害虫。于2020年在玉米生长发育期，每周调查2次，记录风向、风速、玉米植株的高度，并系统调查玉米上的蚜虫及天敌的信息。结果显示：①确认玉米田间的主要蚜虫种类为玉米蚜 *Rhopalosiphum maidis*（Fitch）、禾谷缢管蚜 *Rhopalosiphum padi*（Linnaeus）、棉蚜 *Aphis gossypii* Glover。②棉蚜的发生时间为6月11日至8月4日，禾谷缢管蚜的发生时间为6月11日至9月29日，玉米蚜的发生时间为8月7日至9月4日。③玉米田间包括多种天敌，8月14日至9月23日为龟纹瓢虫 *Propylaea japonica*（Thunberg）的主要发生期，异色瓢虫 *Harmonia axyridis*（Pallas）幼虫发生时间为8月14日至9月23日，异色瓢虫成虫有两个发生期，为6月15日至7月20日以及8月11日至9月16日。④禾谷缢管蚜6月分布在下部叶片背面，7月分布在下部叶片和下部茎秆，8月、9月主要分布在雌穗苞叶内。棉蚜在发生期间，始终分布在下部叶片背面。瓢虫有着广泛的空间分布，与蚜虫的分布重叠。⑤在种植较晚的玉米田，7月24日始玉米蚜、禾谷缢管蚜在未抽雄的玉米心叶里大量存在，之后逐渐转移到雌穗苞叶里。研究表明，时间生态位上，前期棉蚜与禾谷缢管蚜有重叠，后期玉米蚜与禾谷缢管蚜有重叠，天敌的发生时间与蚜虫重叠。玉米蚜与禾谷缢管蚜在后期的空间生态位有重叠，瓢虫有着较宽的生态位宽度，与蚜虫分布重叠，是玉米田间重要的天敌。

关键词：玉米蚜虫；东北地区；种群动态；生态位

---

* 基金项目：创新工程创新团队项目（CXGC2021TD001）；基本科研经费项目（KYJF2021ZR015）

** 第一作者：孙嵬，副研究员，研究方向为粮食作物害虫综合治理；E-mail：swswsw1221@sina.com

*** 通信作者：高月波，研究员；E-mail：gaoyuebo8328@163.com

公主岭玉米田蚜虫群落的生态位分析*

高　悦[1,3]**　孙　嵬[2]**　潘艺元[1]　杨　微[2]　周佳春[2]　高月波[2]***

（1. 吉林农业大学植物保护学院，长春　130118；2. 吉林省农业科学院植物保护研究所，农业农村部东北作物有害生物综合治理重点实验室，公主岭　136100；3. 吉林省吉兴农业技术服务中心，公主岭　136100）

摘　要：近年来吉林省公主岭地区玉米蚜虫为害严重，个别区域已猖獗成灾。本文对公主岭地区玉米田蚜虫进行调查，分析种群数量动态，并进行生态位分析。结果表明，玉米田蚜虫有3种，分别是玉米蚜 *Rhopalosiphum maidis*（Fitch）、禾谷缢管蚜 *Rhopalosiphum padi*（Linnaeus）和棉蚜 *Aphis gossypii*（Glover），初见蚜虫为禾谷缢管蚜，时期为7月9日，直到玉米收割均有蚜虫发生；玉米蚜虫主要的捕食性天敌有5种，分别为异色瓢虫 *Harmonia axyridis*（Pallas）、龟纹瓢虫 *Propylea japonica*（Thunberg）、草蛉、食蚜蝇、蜘蛛。生态位分析上看：3种蚜虫空间生态位有重叠，禾谷缢管蚜时间生态位宽度与空间生态位宽度参数最高，说明禾谷缢管蚜为害期长且数量较高，时间生态位上3种蚜虫有重叠，天敌的发生时间与蚜虫亦有重叠，异色瓢虫、龟纹瓢虫与蚜虫重叠指数较高，是玉米田间重要的天敌，显示出天敌对蚜虫的追随现象。

关键词：玉米蚜虫；发生规律；天敌；生态位宽度；生态位重叠

吉林省公主岭市是世界三大“黄金玉米带”之一，全市粮食产量达30亿kg左右，是我国重要的玉米粮食基地。而蚜虫属于玉米的重大害虫之一，严重威胁着玉米产业安全，造成产量下降，发生严重时每亩可减产80.65~169.19kg[1]。近年来，由于耕作制度的调整、环境因素的变化以及作物品种的更替，使玉米蚜的为害程度逐渐增加[2]。玉米蚜虫分布于玉米植株各个部位，以刺吸式口器吸食植物汁液，使其丧失水分和养分，导致玉米植株营养不良，降低产量。

生态位表示生物在其环境中的地位及与食物和天敌之间的关系，时间生态位是昆虫动态特征之一，是竞争与共存的条件，生态位宽度反映出物种发生时期长短和数量在时间上的分布规律，空间生态位反映了物种在空间上的分布规律，重叠指数的高低显示了不同种群之间的同步关系[3]。本文以公主岭玉米田蚜虫及其天敌为研究对象，通过系统调查，明确田间蚜虫种类及构成，掌握其种群动态与天敌数量动态两者之间的互作关系。通过生态位分析来探讨蚜虫在玉米上的生态位及与天敌种群之间的关系，不仅可以揭示种群各物

* 基金项目：创新工程创新团队项目（CXGC2021TD001）；基本科研经费项目（KYJF2021ZR015）；2021年省级乡村振兴专项资金：玉米化肥农药减施绿色安全生产技术示范；创新工程人才基金项目（研究生基金）

** 第一作者：高悦，硕士研究生，研究方向为资源利用与植物保护；E-mail：446424911@qq.com

孙嵬，副研究员；研究方向为粮食作物害虫综合治理；E-mail：swswsw1221@sina.com

*** 通信作者：高月波，研究员，主要从事昆虫生态学；E-mail：gaoyuebo8328@163.com

种间的竞争关系，其结果还可为该区玉米田蚜虫综合治理提供基础理论依据。

1 材料与方法

1.1 实验地点

试验于2019年在吉林省公主岭市吉林省农业科学院试验基地进行，试验区域定点坐标为43°31′41″N，124°49′17″E。

1.2 供试材料

以翔玉998为供试材料。茬口为玉米连作，土壤为砂壤土，土质松散，地势平坦，水肥管理良好，排灌方便，玉米长势整齐一致。

1.3 调查方法

玉米播种日期为4月28日，自玉米出苗后每天调查，首次发现蚜虫后每7天调查1次，蚜虫发生高峰期每3天调查一次。调查方式为定点采样，采样设定为10点，每点连续调查10株，共100株。对蚜虫空间分布调查时采用分层处理计数，即从地面至玉米株高1/3处为下部，1/3~2/3处为中部，2/3至农作物株高顶部为上部，通过3个不同部位对蚜虫数量分别统计分层计数。当每株蚜虫量在小于50头时，逐头实数；每株蚜虫量在50~200头之间时，以5~10头为单位目测估计；大于200头时，以20头为单位目测估计。田间不易识别的种类，采集带回实验室鉴定并进行分类保存。系统观察蚜虫和天敌在玉米植株上的发生情况，记录蚜虫和天敌的分布、种类与数量。

1.4 数据处理

试验所得数据使用Excel 2010软件进行初步分析，使用DPS统计分析软件进行生态位分析。采用2019年6月至9月末共23次调查数据进行生态位分析，所用公式如下：

生态位宽度指数（B）采用Levins（1968）的度量公式[4]：

$$B = 1/(S\sum_{i=1}^{s} P_{i2})$$

式中：B为物种的生态位宽度；p_i为该物种利用第i等级资源利用总资源等级数量的比例。

生态位重叠指数表示为，$L_{ij} = B_i \sum_{h=1}^{s} P_{ih} \times P_{jh}$

式中，L_{ij}为物种i重叠物种j的生态位重叠指数；B_i为以Levins公式计算的i物种生态位宽度；P_{ih}、P_{jh}为物种i和物种j在第h资源序列中利用的资源占利用总资源数量的比例。

2 结果与分析

2.1 玉米田蚜虫种类

2019年对玉米植株上的无翅蚜进行了不定期采样并鉴定，确定在玉米植株上定殖的蚜虫种类有3种，分别是玉米蚜 *Rhopalosiphum maidis*（Fitch）、禾谷缢管蚜 *Rhopalosiphum padi*（Linnaeus）和棉蚜 *Aphis gossypii*（Glover）。不同种类蚜虫在玉米植株为害程度有一定的差异，不同时期的蚜虫优势种也不同，前期以棉蚜为优势种群，后期为禾谷缢管蚜和玉米蚜混合发生，玉米蚜比禾谷缢管蚜发生的高峰稍晚一些。

2.2 玉米田不同蚜虫种群动态分析

从蚜虫的种群消长动态来看（图1），棉蚜从7月19日开始迁入玉米田，到8月9日开始迁出，其中7月22日为棉蚜发生高峰期蚜虫数量为550头。禾谷缢管蚜是最先迁入玉米田的蚜虫，时间为7月9日，整个生育期的发生量共有两个高峰和一个小高峰，日期分别是7月25日、8月15日和9月7日，数量分别为788头、658头和144头。玉米蚜于7月19日开始迁入玉米田中，玉米生育期的发生量共发生2个高峰，日期分别是7月31日和8月18日，发生数量分别是693头、715头。

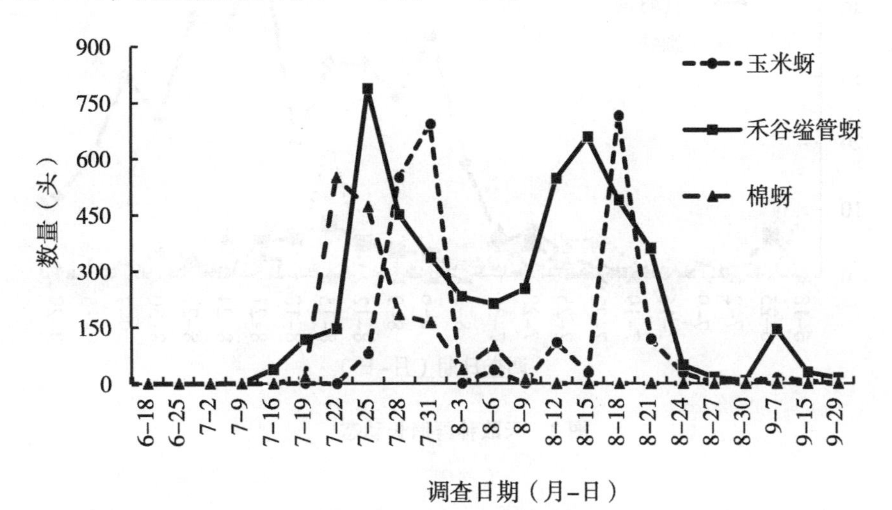

图1 3种蚜虫种群消长动态

2.3 玉米田蚜虫天敌种群消长动态

2019年公主岭地区调查结果显示，玉米田蚜虫的主要捕食性天敌有5种，为异色瓢虫 *Harmonia axyridis*（Pallas）、龟纹瓢虫 *Propylea japonica*（Thunberg）、草蛉、食蚜蝇、蜘蛛。由图2可知，异色瓢虫自7月19日至玉米收割均有发生，发生的数量也高于其他天敌昆虫，是控制蚜虫发生的主要天敌种类。蜘蛛出现时期最早，为6月18日至8月24日，8月15日为蜘蛛发生高峰期，数量为21头，随后数量逐步下降。龟纹瓢虫玉米生育期均有发生，虽然数量没有异色瓢虫及蜘蛛多，但发生动态平缓。

2.4 天敌与蚜虫相关关系分析

2019年公主岭地区玉米试验田调查结果显示（图3），田间蚜虫初见期为7月9日，直到玉米收割均有蚜虫发生，期间玉米蚜虫发生两个高峰期分别为7月25日及8月18日。

由图3可知，天敌的出现早于玉米蚜虫，玉米蚜虫发生初期，天敌昆虫数量较少，随着玉米蚜虫数量持续增长，天敌的数量也不断增加，并出现多个峰值。特别是在玉米蚜虫发生高峰期前，天敌数量增速加快，随着玉米蚜虫峰期的出现，天敌的数量有所下降，随后又出现了小高峰，由此可见天敌对蚜虫有很好的控制作用，且有较强的跟随现象。

2.5 玉米田蚜虫的空间生态位分析

2.5.1 空间生态位宽度

由表1可知，3种蚜虫在空间生态位上有明显的差异，禾谷缢管蚜生态位宽度最大

(2.485 7)，说明它在玉米植株上占据空间较大，可造成玉米植株整株为害，棉蚜空间生态位宽度最小（1.038 6)，这表明它在空间序列上不均匀，但田间调查结果表明棉蚜只在玉米植株的下部为害。

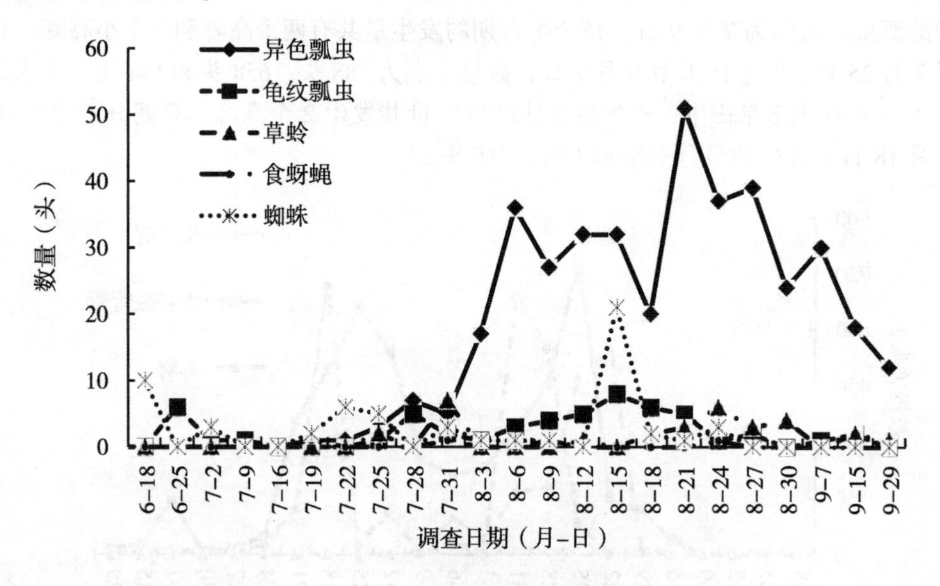

图 2　天敌种群消长动态

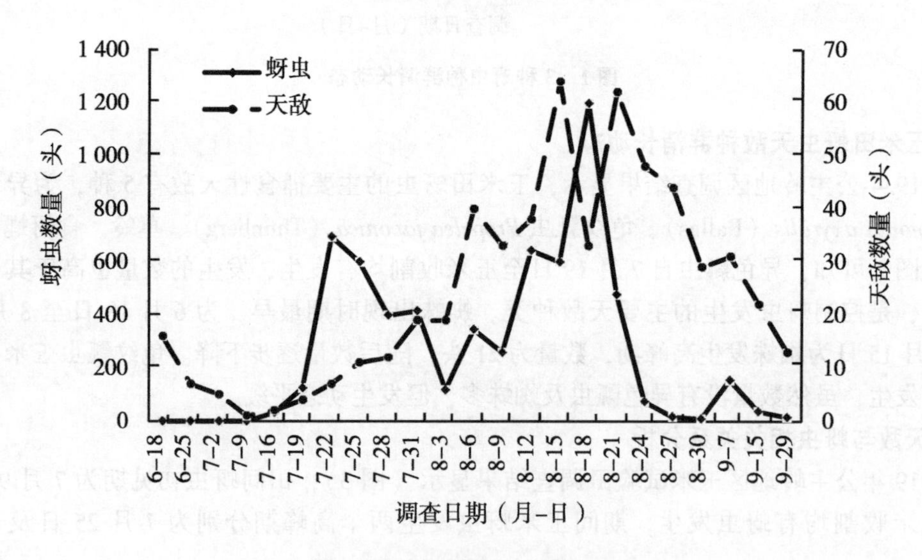

图 3　蚜虫及天敌种群消长动态

2.5.2　生态位重叠

禾谷缢管蚜及棉蚜重叠指数最高（0.766 8)，禾谷缢管蚜与玉米蚜次之（0.718 5)，这表明禾谷缢管蚜对空间资源共享较大，存在种群竞争关系。棉蚜与玉米蚜重叠指数最低(0.142 8)，从田间调查结果来看，玉米蚜发生时期较棉蚜发生时期稍晚，所以重叠指数不高。

表 1　3 种蚜虫种群空间生态位

物种	生态位宽度	生态位重叠		
		玉米蚜	禾谷缢管蚜	棉蚜
玉米蚜	2.048 0	1	0.718 5	0.142 8
禾谷缢管蚜	2.485 7		1	0.766 8
棉蚜	1.038 6			1

2.6　玉米田主要蚜虫及天敌时间生态位分析

2.6.1　生态位宽度

由表 2 可知，3 种蚜虫在玉米植株上，禾谷缢管蚜时间生态位宽度最大（10.572 8），玉米蚜次之，棉蚜最小，说明禾谷缢管蚜为害玉米植株的时期要长于其他两种蚜虫，且在发生数量上也要大于玉米蚜和棉蚜。玉米蚜及棉蚜时间生态位宽度值小，说明该种类在时间序列上发生波动较大，具有明显的峰期。蚜虫天敌昆虫时间生态位宽度，异色瓢虫（12.511 3）>龟纹瓢虫（11.480 3）>草蛉（7.225 6）>蜘蛛（5.430 6）>食蚜蝇（4），显然异色瓢虫与龟纹瓢虫的时间生态位宽度要大于 3 种蚜虫，说明它们是蚜虫主要的天敌之一，在玉米整个生育期在数量上能够保持相对稳定，种群数量也较多，而草蛉、蜘蛛虽然生态位宽度值低于瓢虫但也大于玉米蚜及棉蚜，这表示天敌对蚜虫有较好控制作用。

2.6.2　生态位重叠

由表 2 可知，禾谷缢管蚜与玉米蚜重叠指数较高，为 0.709 4，说明 2 种蚜虫在发生时期存在资源上的竞争，棉蚜与禾谷缢管蚜及玉米蚜重叠指数较低，分别为 0.599 6与 0.439，说明棉蚜为害时期较短；从蚜虫与天敌相互关系来分析，禾谷缢管蚜与天敌重叠指数最高，玉米蚜与天敌重叠指数居中，棉蚜与天敌重叠指数最低。蚜虫与天敌之间的时间生态位重叠指数有大有小，这与其发生规律一致。异色瓢虫与龟纹瓢虫，异色瓢虫与草蛉，蜘蛛与龟纹瓢虫，重叠指数较高分别为 0.781 7、0.672 6和 0.525 1，可见天敌之间也存在较高的资源竞争关系。综上所述，天敌与蚜虫发生时期并不同步，而是较蚜虫滞后，滞后说明重叠指数不高，这一点更加表明天敌对蚜虫的追随效应。

表 2　蚜虫及天敌种群时间生态位

物种	生态位宽度	生态位重叠							
		棉蚜	禾谷缢管蚜	玉米蚜	异色瓢虫	龟纹瓢虫	草蛉	食蚜蝇	蜘蛛
棉蚜	3.935 3	1	0.599 6	0.439	0.23 4	0.312 8	0.273 5	0.212 6	0.473 3
禾谷缢管蚜	10.572 8		1	0.709 4	0.731 9	0.812	0.499 8	0.308 5	0.646 1
玉米蚜	4.293 2			1	0.461 5	0.645 1	0.581	0.308	0.341 4
异色瓢虫	12.511 3				1	0.781 7	0.672 6	0.313	0.446 7
龟纹瓢虫	11.480 3					1	0.488 6	0.253 9	0.525 1
草蛉	7.225 6						1	0.456 6	0.339 3
食蚜蝇	4.000 0							1	0.317 6
蜘蛛	5.430 6								1

3 结论与讨论

经2019年调查证实，公主岭地区玉米田内的蚜虫种类分别是玉米蚜、禾谷缢管蚜和棉蚜。棉蚜为害时期为7月19日至8月9日，玉米蚜为害时期为7月19日至9月15日，禾谷缢管蚜为害时期为7月9日至玉米收获。前期以棉蚜及禾谷缢管蚜为优势种群，后期棉蚜迁出后，以禾谷缢管蚜及玉米蚜为优势种群。玉米田捕食性天敌包括异色瓢虫、龟纹瓢虫、草蛉、食蚜蝇、蜘蛛，从数量上看玉米田内主要的天敌为异色瓢虫，发生时期主要集中在7月19日至玉米收获，这与蚜虫发生时期吻合，恰好说明了异色瓢虫对蚜虫有较强的同步性及跟随效应。龟纹瓢虫的发生早于异色瓢虫，发生期为6月10日至9月15日，虽然数量上不及异色瓢虫，但对蚜虫也有控制作用。

从玉米蚜虫与天敌的生态位研究内容上看，3种蚜虫的空间生态位及时间生态位均有重叠，禾谷缢管蚜空间生态位宽度与时间生态位宽度指数最高，分别是2.4857与10.5728，表明禾谷缢管蚜是玉米田蚜虫主要种类，且与玉米蚜与棉蚜存在竞争关系。天敌的时间生态位与蚜虫亦有重叠，异色瓢虫、龟纹瓢虫与蚜虫重叠较高，是玉米田间重要的天敌。丁伟等人在1998—1999年在重庆市郊区对玉米田蚜虫进行调查分析研究，提出春玉米田中的蚜虫主要有玉米蚜、禾谷缢管蚜以及麦长管蚜，3种蚜虫玉米蚜有较强的竞争优势[5]，这与本文结果有所差异，本研究未调查到麦长管蚜而调查到棉蚜，且禾谷缢管蚜无论从时间生态位分析还是空间生态位分析都属于优势种群，这可能是由于不同地区地理环境差异所导致的蚜虫种群差异。高月波、戴长春等人指出天敌以捕食性天敌异色瓢虫与龟纹瓢虫占主要优势[6-7]，这与本研究结果相吻合，在蚜虫数量较少时，利用天敌进行防治是绿色防控的重要方法，如天敌与蚜虫之比在1∶140以下时不需要化学防控[8]，天敌足以控制蚜虫的发生。

参考文献

[1] 张大鹏．哈尔滨地区玉米蚜虫发生规律研究［D］．哈尔滨：黑龙江大学，2012.

[2] 石洁，王振营，何康来．黄淮海地区夏玉米病虫害发生趋势与原因分析［J］．植物保护，2005，31（5）：63-65.

[3] 戈峰．昆虫生态学原理与方法［M］．北京：高等教育出版社，2008.

[4] 陈浩，赵文路，门兴元，等．玉米灌浆期3种鳞翅目害虫的空间分布［J］．玉米科学，2016，24（1）：160-165.

[5] 丁伟，王进军，赵志模，等．春玉米田蚜虫种群的数量消长及空间动态［J］．西南农业大学学报，2002（1）：13-16.

[6] 高月波，史树森，孙嵬，等．大豆田节肢动物群落优势种群时间生态位及营养关系分析［J］．应用昆虫学报，2014，51（2）：392-399.

[7] 戴长春，刘健，赵奎军，等．大豆田中大豆蚜天敌昆虫群落结构分析［J］．昆虫知识，2009，46（1）：82-85.

[8] 何富刚，赵玉珍．玉米田蚜虫天敌及种群动态研究［J］．辽宁农业科学，1996（4）：17-21.

卵期经历短时高温对黑肩绿盲蝽生长发育以及繁殖的影响*

凌　炎** 黄　芊 符诚强 李　成 黄所生 吴碧球 黄凤宽 龙丽萍***
(广西农业科学院植物保护研究所，广西作物病虫害生物学重点实验室，南宁　530007)

摘　要：为明确夏季高温条件下，卵期短时高温对黑肩绿盲蝽 *Cyrtorhinus lividipennis* Reuter 生长发育及繁殖的影响，取黑肩绿盲蝽 24h 内产卵的水稻茎秆放入人工气候箱内，分别设置最高温度为 30℃（常温）、33℃（平均高温）和 36℃（异常高温）的渐进式变温处理 5 天，相对湿度均为（80±2）%，光照强度 30 000 lx，光周期 L//D=12h//12h，在此条件下分别组建试验种群生命表。结果表明：①在生长发育方面，黑肩绿盲蝽卵期经历短时高温对卵历期有显著影响，在 33℃和 36℃处理下，卵历期显著短于 30℃；36℃处理后，若虫 3 龄历期要显著长于 30℃和 33℃的处理。②在繁殖力方面，黑肩绿盲蝽产卵前期和单雌平均产卵量在 3 个温度处理之间差异不显著。③在存活率方面，33℃处理时，卵期存活率最高，为 92.86%；36℃处理时，卵期存活率最低，为 82.86%；相似的若虫期存活率在 33℃处理时最高，为 64.29%，36℃处理时最低，为 60.00%，但与 30℃相比差异均不显著。④生命表参数方面，黑肩绿盲蝽各参数在 33℃最高，净增值率（R_0）为 8.96；平均世代周期（T）为 27.41，内禀增长率（r_m）为 0.08，周限增长率（λ）为 1.08，但各参数在不同温度之间差异均不显著。结果表明，卵期短时高温对黑肩绿盲蝽生长发育及繁殖无不利影响。

关键词：短时高温；黑肩绿盲蝽；生长发育；繁殖

---

* 基金项目：广西自然科学基金（2018GXNSFAA294017，2020GXNSFAA159063）；广西作物病虫害生物学重点实验室基金（2019-ST-06，2019-ST-07）；广西农业科学院基本科研业务专项/科技发展基金项目（2020YM74，2021YT072，2020ZX05，2020ZX06）

** 第一作者：凌炎，副研究员，研究方向为农业昆虫综合治理；E-mail：464128367@ qq. com

*** 通信作者：龙丽萍；E-mail：longlp@ sohu. com

河北省点蜂缘蝽不同作物间转主为害特点*

闫　秀[1**]　郭江龙[1]　周朝辉[2]　安静杰[1]　何素琴[2]
党志红[1]　李耀发[1]　高占林[1***]
（1. 河北省农林科学院植物保护研究所，河北省农业有害生物综合防治工程技术研究中心，农业农村部华北北部作物有害生物综合治理重点实验室，保定　071000；2. 石家庄市藁城区种子产业总公司，石家庄　052160）

摘　要：点蜂缘蝽（*Riptortus pedestris*），属半翅目（Hemiptera），缘蝽科（Alydidae），在我国主要分布于河北、河南、陕西、安徽、浙江等省，近年来，该虫已逐渐上升为大豆田优势害虫。点蜂缘蝽属刺吸式口器害虫，造成了大豆“症青”现象，严重时造成大豆大面积减产甚至绝收。现有研究主要集中在其生物学特性和防治技术等方面，其寄主种类并未明确，不同寄主间转移规律更是鲜有研究。由于点蜂缘蝽是一种多食性昆虫，其种群发生必然与农田作物种类有关，掌握其寄主种类和寄主间转移规律是区域性治理的必要和前提，对于明确其发生、为害、预测预报及综合治理具有重要意义。笔者于2019—2020年，采用信息素诱捕法和盘拍法调查发现，点蜂缘蝽在大豆、绿豆、玉米、花生、棉花、决明子、芹菜、豌豆、大葱、油菜等25种作物上均有发生，其中小麦、紫花苜蓿、油菜、苹果等作物上均诱集到越冬代成虫。于4月初在小麦田、苜蓿田和苹果园开始诱集到点蜂缘蝽成虫，根据其诱集时期和诱集虫量推测，小麦、紫花苜蓿和苹果可能为点蜂缘蝽越冬寄主。调查发现点蜂缘蝽在苹果和苜蓿上发生时间为4月初到11月中旬，表明苹果和紫花苜蓿为点蜂缘蝽年生活史的寄主植物和越冬场所。6月底7月初点蜂缘蝽成虫开始从小麦、苹果和紫花苜蓿上转移到春大豆上，经繁殖于7月上旬至8月上旬在春大豆和苹果上形成第一次发生盛期，7月底8月初开始从春大豆上转移到绿豆、夏大豆和玉米上，8月中上旬到8月底9月初达到第二次发生盛期，在绿豆、夏大豆和玉米上经过一定数量繁殖后，9月初开始转移到苹果，9月上旬至10月中旬在玉米和苹果上达到第三次发生盛期。10月上旬玉米收获后，点蜂缘蝽成虫转移到小麦、紫花苜蓿、苹果、绿豆秸秆和杂草等场所准备越冬。由于点蜂缘蝽寄主植物以及寄主间转移规律研究较少，还需进一步调查。

关键词：点蜂缘蝽；寄主植物；转移规律；河北省

---

* 基金项目：河北省大豆产业技术体系（HBCT2019190205）

** 第一作者：闫秀，硕士研究生，研究方向为农业昆虫与害虫防治

*** 通信作者：高占林，研究员，主要从事农业昆虫与害虫防治研究；E-mail：gaozhanlin@ sina. com

高温胁迫对棉红铃虫生长发育与繁殖的影响*

王金涛** 王 玲 丛胜波 许 冬 万 鹏***
（农业农村部华中作物有害生物综合治理重点实验室/农作物重大病虫草害防控湖北省重点实验室，湖北省农业科学院植保土肥研究所，武汉 430064）

摘 要：温度是影响昆虫生长发育、繁殖及存活等生命活动最重要的非生物因子。关于高温对昆虫影响的研究已有较多报道，但多为恒温条件下的研究，这与昼夜变温的自然环境条件有较大差异。为模拟自然环境温度变化尤其是极端高温对昆虫的影响，本文采用不同温度（33℃、36℃、39℃、42℃、45℃）和不同时长（6h、12h、18h、24h）组合对棉红铃虫蛹进行短时高温处理，观察不同处理对蛹羽化率、卷翅率、产卵量、卵孵化率和成虫寿命等指标的影响。结果显示，蛹羽化率随温度和处理时长的增加而降低，其中45~6h、45~12h、45~18h与45~24h这4个处理的羽化率在0~70%，与对照组(95.56%)具有极显著差异（$P<0.01$），且后三组羽化率均为0%，蛹全部死亡；其余处理的羽化率比对照组略低或相当，但差异不显著。在36℃及以上的处理中，羽化成虫的卷翅率随处理时长的增加而升高，其中42~24h处理的卷翅率高达45.7%，与对照组(2.56%)相比具有极显著差异（$P<0.01$）。同一处理温度下，雌成虫的产卵量随处理时长的增加而降低，其中42~24h与45~6h这2个处理的产卵量显著低于对照组（110.8粒/雌）（$P<0.05$）。39~18h、39~24h、42~18h和42~24h这4个处理的卵孵化率在46%~60%之间，与对照组（90.0%）差异极显著（$P<0.01$）。42℃与45℃的所有处理组的成虫寿命均显著低于对照组（19.0天），尤其是42~24h与45~6h这2个处理的成虫寿命与对照组差异极显著（$P<0.01$）。以上结果表明，当环境温度在39℃持续12h以上时会对棉红铃虫的生长发育及繁殖产生显著的不利影响；当环境温度在42℃或以上、持续时间大于12h时，将严重威胁棉红铃虫的生存。本研究为棉红铃虫的地理分布界限划定及极端高温天气下棉红铃虫发生的预测预报和田间防治提供参考。

关键词：棉红铃虫；短时高温；胁迫；生长发育；繁殖

---

* 基金项目：湖北省农业科技创新项目（2016-620-003-03-03）
** 第一作者：王金涛，博士后，从事棉花害虫防治研究；E-mail：wjt217@126.com
*** 通信作者：万鹏，研究员，从事转基因作物安全性评价和农业害虫防治研究；E-mail：wanpenghb@126.com

红铃虫钙粘蛋白基因酵母单杂交文库构建及其上游调控因子的筛选*

王 玲** 许 冬 丛胜波 王金涛 李文静 杨妮娜 尹海辰 万 鹏***

（农业农村部华中作物有害生物综合治理重点实验室，农作物重大病虫草害防控湖北省重点实验室，湖北省农业科学院植保土肥研究所，武汉 430064）

摘 要：为筛选鉴定红铃虫（*Pectinophora gassypiella*）中肠钙粘蛋白基因（*PgCad*1）的上游转录调控因子。本研究应用 SMART 技术构建红铃虫中肠酵母单杂交 cDNA 文库，以 *PgCad*1 启动子为诱饵基因，通过酵母单杂交技术筛选与 *PgCad*1 启动子互作的蛋白，并利用双荧光素酶报告基因检测系统分析筛选的互作蛋白对 *PgCad*1 启动子转录活性的影响。结果显示：建立的红铃虫中肠组织 Y187 酵母文库库容为 9.25×10^8 cfu/ml，其插入片段平均长度大于 750 bp，重组率约为 90%；构建的 pAbAi-PgCad1 重组诱饵载体能够在 Y1HGold 酵母菌株中成功表达，无自激活活性且对宿主无毒性。筛选得到 *PgCad*1 启动子的互作蛋白共 36 个，包括转录因子 5 个，转录因子辅助因子 1 个，核糖体蛋白 6 个，ATP 合成酶 d 亚基 1 个，锌金属蛋白酶 1 个，胰蛋白酶 4 个，脂肪酶 3 个及其他家族蛋白 15 个。经双荧光素酶报告基因检测系统鉴定，转录因子 GATAe、FoxA 以及一种锌指转录因子均能显著提高 *PgCad*1 启动子的转录活性，分别为（241 ± 30.5）倍、（2.51 ± 0.444）倍和（3.20 ± 0.274）倍。上述锌指转录因子和 FoxA 分别与 GATAe 共转染昆虫细胞时，对 *PgCad*1 启动子的转录均以 GATAe 为主，其中锌指转录因子能显著提高 GATAe 对 *PgCad*1 启动子的转录活性（3.18 ± 0.737）倍；FoxA 反而抑制 GATAe 对 *PgCad*1 启动子的转录活性（2.55 ± 0.825）倍。结果表明 GATAe 是调控红铃虫中肠 *PgCad*1 表达的特异性转录因子。

关键词：红铃虫；钙粘蛋白；酵母单杂交；转录因子

---

* 基金项目：国家自然科学基金（31901891）；湖北省农业科学院青年基金（2020NKYJJ07）

** 第一作者：王玲，副研究员，从事农业害虫防治研究；E-mail：wanglin20504@163.com

*** 通信作者：万鹏，研究员，从事转基因作物安全性评价和农业害虫防治研究；E-mail：wanpenghb@126.com

南繁瓜菜重要害虫风险监测及微生态调控技术研究*

伍春玲** 梁 晓 刘 迎 刘小强 徐雪莲 税 军
詹 雪 姚晓文 乔 阳 陈 青

（中国热带农业科学院环境与植物保护研究所/农业农村部热带作物有害生物综合治理重点实验室/海南省热带农业有害生物监测与控制重点实验室/海南省热带作物病虫害生物防治工程技术研究中心，海口 571101；中国热带农业科学院三亚研究院/海南省南繁生物安全与分子育种重点实验室，三亚 572000）

摘 要：针对海南自贸港与南繁硅谷建设等新形势下热带瓜菜危险性害虫检测监测与绿色防控关键技术严重缺乏、预警防控能力十分薄弱、防控时效性严重滞后等突出问题，建立覆盖海南所有万亩大田的热带瓜菜害虫发生监测网络，基本摸清热带瓜菜害虫种类及其防控基础信息；创建基于28S rDNA种特异性引物的6种南繁瓜菜外来刺吸式害虫分子快速检测、定量风险评估技术及风险管理技术流程，确定高风险有害生物4种及中度风险有害生物2种；创建6种外来刺吸式害虫适生性Maxent模型，明确其在海南的适生区、地理分布格局、为害特性与发生规律；筛选出对夜蛾、螟蛾等具有良好直接抑制作用的功能植物2种，对蚜虫、蓟马等传毒害虫具有良好阻挡作用的功能植物2种，创建辣椒-玉米、辣椒-木薯、豇豆-玉米、西瓜-玉米间套种微生态调控减灾模式，初步形成基于虫口密度阈值的辣椒、西瓜、豇豆主要虫害的区域性微生态调控策略与技术体系，并在海南进行了初步示范应用，成效显著。

关键词：南繁瓜菜；重要害虫；风险监测；微生态调控

---

* 基金项目：海南省重点研发计划项目（ZDYF2021XDNY191，ZDYF2020064）；海南省重大科技项目课题（ZDKJ202002-2-1）；农业农村部农业资源调查与保护利用专项（No. NFZX-2021）

** 第一作者：伍春玲，副研究员，研究方向：害虫灾变规律与成灾机理、免疫诱抗与微生态调控、害虫监测预警与绿色防控；E-mail：liangxiaozju@ 126. com

外源钙对菜豆植株抗西花蓟马的诱导及其机制*

曾 广** 郅军锐*** 叶 茂

(贵州大学昆虫研究所，贵州省山地农业病虫害重点实验室，贵阳 550025)

摘 要：西花蓟马［*Frankliniella occidentalis*（Pergande）］是世界性重要的入侵害虫，对蔬菜和花卉等园艺作物构成巨大威胁。西花蓟马取食不仅能破坏植物组织细胞的正常生长，还传播多种植物病毒。自 2003 年在北京首次发现，近十年来西花蓟马已在我国迅速蔓延至 10 多个省份。化学杀虫剂是控制西花蓟马的主要控制措施，但西花蓟马种群对许多杀虫剂的抗性迅速发展而难以控制，寄主植物的诱导防御反应是近年来的研究热点，且化学激发子能显著提高植物抗虫性，因此其应有巨大的潜力。钙（Ca）是植物生长必不可少的元素，同时作为植物细胞感受外界刺激产生的第二信使，参与植物对许多逆境信号的转导和细胞生理代谢过程。应用外源 Ca 能提高植物在如干旱、冷冻、盐害等逆境下的抗性，同时也可增强植物对害虫、除草剂和病害等方面的抗性。然而，关于外源性 Ca 诱导寄主植物对害虫的防御机制仍然还有很多方面不清楚。因此，我们研究了 Ca 预处理菜豆植株后，菜豆细胞质钙浓度（$[Ca^{2+}]_{cyt}$）、钙调素蛋白（CaM）、茉莉酸（JA）和水杨酸（SA）含量，JA 和 SA 信号通路的防御基因表达量和防御酶活性，以及西花蓟马对寄主植物的选择性、取食行为和取食损伤程度的变化。研究表明，在西花蓟马取食胁迫下，外源 Ca 处理明显增强了菜豆植株的防御反应，$[Ca^{2+}]_{cyt}$或 CaM 含量以及 JA 和 SA 含量明显增加，脂氧合酶（*LOX*）、丙二烯氧化合成酶（*AOS*）、苯丙氨酸解氨酶（*PAL*）和 β-1，3-葡聚糖酶（*PR*-2）基因 4 个基因的表达量及其酶活性都明显增高。此外，西花蓟马对钙处理菜豆植株的选择性、有效取食时间和取食损伤（损坏的银白色）均明显减少。以上结果表明，外源 Ca 处理可以增强菜豆对西花蓟马的抗性，且受 JA 和 SA 信号转导途径的调控。

关键词：氯化钙；诱导防御；防御信号；西花蓟马

---

* 基金项目：黔教合 KY 字〔2021〕011

** 第一作者：曾广，博士，研究方向为害虫综合治理；E-mail：zengguang1992@ 126. com

*** 通信作者：郅军锐，教授；E-mail：zhijunrui@ 126. com

谷胱甘肽S-转移酶基因参与调控西花蓟马寄主转换后的取食适应*

张　涛**　刘　利　郅军锐***　曾　广　李定银　周　丹
（贵州大学昆虫研究所，贵州省山地农业病虫害重点实验室，贵阳　550025）

摘　要：西花蓟马［*Frankliniella occidentalis*（Pergande）］是一种寄主适应能力极强的入侵害虫。主要通过取食、产卵和传播植物病毒进行为害。该虫寄主范围广泛，可随作物的季节性更替而转换到新的寄主上完成种群繁衍。谷胱甘肽S-转移酶（GST）在昆虫适应寄主植物防御反应中对有毒植物化感物质起着重要的解毒及代谢作用。但各亚家族基因在西花蓟马对寄主转换后的取食适应调控机制尚不清楚。本研究克隆了4个谷胱甘肽S-转移酶基因，经生物信息学鉴定4个基因分属于delta亚家族（*FoGSTd*1），epsilon亚家族（*FoGSTe*1），sigma亚家族（*FoGSTs*1）和theta亚家族（*FoGSTs*1）。不同发育阶段表达量分析表明，4个基因在西花蓟马各发育时期的表达量变化不尽相同。长期取食豆荚的种群转换到菜豆和蚕豆活体植株上取食3代的雌成虫和2龄若虫基因表达水平表明，转换到菜豆植株上的西花蓟马雌成虫和2龄若虫*FoGSTs*1在3个世代内均显著高于对照，*FoGSTt*1和*FoGSTe*1则在3个世代内表达水平均与对照无差异或低于对照；转换到蚕豆上的西花蓟马雌成虫和2龄若虫*FoGSTd*1和*FoGSTs*1在3个世代内均显著高于对照，*FoGSTt*1和*FoGSTe*1则仅个别世代显著高于对照。说明西花蓟马*FoGSTs*1在其适应寄主转换过程中的响应程度比其他3个亚家族基因更为明显。为此，进一步利用RNAi技术对*FoGSTs*1进行沉默，结果表明，饲喂dsRNA可显著敲低菜豆和蚕豆植株饲养到F_2代的西花蓟马雌成虫*FoGSTs*1表达水平，同时显著抑制了GST酶活力。生测分析表明，RNAi下调*FoGSTs*1表达水平，导致西花蓟马雌成虫存活率和可存活后代数明显下降，且取食蚕豆的西花蓟马校正死亡率明显高于取食菜豆的。这些结果表明，西花蓟马*FoGSTs*1在调控其对寄主转换后的取食适应能力方面起着重要作用，可为西花蓟马防治靶标的筛选提供参考。

关键词：西花蓟马；寄主转换；取食适应；谷胱甘肽S-转移酶基因；RNA干扰

---

* 基金项目：国家自然科学基金项目（31660516）；贵州省国际科技合作基地（黔科合平台人才〔2016〕5802）

** 第一作者：张涛，博士研究生，研究方向：昆虫生理生化与分子生物学；E-mail：zhangtao3185@126.com

*** 通信作者，郅军锐，教授；E-mail：zhijunrui@126.com

橘小实蝇线粒体编码基因响应逆境胁迫的表达模式分析*

王　磊[1,2**]　何　旺[1,2]　王桂强[1,2]　魏丹丹[1,2]　王进军[1,2***]
（1. 昆虫学及害虫控制工程重点实验室，西南大学植物保护学院，重庆　400715；2. 西南大学农业科学研究院，重庆　400715）

摘　要：线粒体是真核生物的一种半自主胞质细胞器，是真核生物细胞内氧化磷酸化和形成 ATP 的主要场所，与生物的信号转导、细胞分化以及细胞的生长、代谢、衰老和凋亡密切相关。与核基因相比，线粒体基因对环境胁迫因子更加敏感。橘小实蝇 *Bactrocera dorsalis*（Hendel）在我国是一种可造成严重危害的补充检疫性害虫，寄主极为广泛，可为害超过 430 多种果蔬植物，并且分布地区较广，具有较强的环境适应性。本研究利用 RT-qPCR 技术系统解析了橘小实蝇在不同温度、药剂、干燥等外界因素胁迫下的线粒体基因响应表达变化规律，以期明确橘小实蝇线粒体在应对逆境胁迫条件下的分子适应性机制。研究结果表明，橘小实蝇线粒体基因在不同发育阶段均有表达，在各虫态的中后期和成虫性成熟时期相对高表达。其中，复合体Ⅳ的 3 个基因 *cox*1-*cox*3 的表达尤为明显。推测其可能参与了幼虫蜕皮、蛹期组织发生、成虫生殖器官发育等重要生命活动。不同组织表达模式结果表明，线粒体基因在幼虫的中肠和成虫的脂肪体、马氏管中高表达，该模式与橘小实蝇不同虫态的功能需求（消化吸收、解毒代谢）相吻合，推测上述基因参与了橘小实蝇特定虫态的能量供应以及信号传导过程。此外，*cox*1 在肌肉组织中呈现高表达，暗示其在橘小实蝇运动与飞行过程中发挥着重要作用。橘小实蝇线粒体基因的表达存在性别差异，大部分基因在雄成虫中高表达，而 *cox*1、*cox*2 在雌雄成虫均高表达，*atp*6 仅在雌成虫高表达。就药剂胁迫而言，线粒体基因对溴氰菊酯的胁迫响应最为强烈，阿维菌素次之，高效氯氰菊酯和马拉硫磷的响应较弱。而在不同温度、干燥、饥饿等条件的胁迫下，线粒体基因亦呈现出显著的差异性表达。如 0℃和 40℃短时胁迫处理（1h），大部分线粒体基因均呈现相对低表达（*cox*1 和 *cox*3 除外），推测极端温度可能通过减少呼吸链复合体关键基因的表达量从而降低呼吸速率，以增强机体的适应能力。值得一提的是，线粒体基因在橘小实蝇高温品系呈现低表达，但在低温品系呈现显著高表达，暗示橘小实蝇线粒体在长期的低温驯化后，其进化出了抵抗低温胁迫的响应机制。此外，在饥饿与干燥胁迫下，线粒体基因 *cox*3 和 *cytb* 显著高表达，说明它们可能参与了上述逆境胁迫的抗逆过程。

关键词：橘小实蝇；线粒体基因；时空表达；逆境胁迫；表达分析

---

* 基金项目：国家重点研发项目（2019YFD1002102）；重庆市自然科学基金（cstc2020jcyj-msxmX0494）

** 第一作者：王磊，硕士研究生，研究方向为昆虫分子生态学；E-mail：15320347250@163.com

*** 通信作者：王进军，教授、博士生导师；E-mail：wangjinjun@swu.edu.com

广西金光甘蔗赤条病为害调查及分子检测*

李　婕[1**]　李文凤[1]　单红丽[1]　李银煳[1]　王晓燕[1]　张荣跃[1]
房　超[2]　韦美英[2]　黄应昆[1***]
（1. 云南省农业科学院甘蔗研究所，云南省甘蔗遗传改良重点实验室，开远　661699；
2. 广西凯米克农业技术服务有限公司，南宁　530000）

摘　要：2020 年在广西南宁市金光农场种植基地发现桂糖 58 号和柳城 05-136 疑似感染甘蔗赤条病，为明确其病原，本研究对不同甘蔗品种进行了发病率调查，并采集病样进行了 PCR 检测分析。田间调查结果表明：不同甘蔗品种自然发病率不同，桂糖 58 号发病率为 29%~52.33%，发病严重田块平均发病率为 49.67%，发病中等田块平均发病率为 33.67%，发病较轻田块平均发病率为 29.89%；柳城 05-136 发病率为 2%~27.67%，发病严重田块平均发病率为 21.67%，发病中等田块平均发病率为 21.22%，发病较轻田块平均发病率为 4.67%。PCR 检测分析表明：有 19 份样品扩增出 550bp 的特异性条带，阳性检出率为 95%，测序序列与 *Acidovorax avenae* subsp. *avenae* 序列同源性高达 100%，且在构建的系统发育树上处于同一分支，证实检测样品为 *A. avenae* subsp. *avenae* 感染引起的甘蔗赤条病。本研究结果表明桂糖 58 号为高感品种，柳城 05-136 为感病品种，今后应积极采取相应防控措施，防治该细菌病害扩展蔓延，确保我国蔗糖产业安全可持续高质量发展。

关键词：广西；甘蔗赤条病；发病率；PCR 检测；系统发育分析

* 基金项目：财政部和农业农村部国家现代农业产业技术体系专项资金资助（CARS-170303）；云岭产业技术领军人才培养项目“甘蔗有害生物防控”（2018LJRC56）；云南省现代农业产业技术体系建设专项资金

** 第一作者：李婕，助理研究员，主要从事甘蔗病害研究；E-mail：lijie0988@163.com

*** 通信作者：黄应昆，研究员，从事甘蔗病害防控研究；E-mail：huangyk64@163.com

抗螨木薯种质资源挖掘与创新利用研究进展*

陈 青** 梁 晓 刘 迎 伍春玲 刘小强 徐雪莲
韩志玲 伍牧峰 乔 阳 姚晓文 张 耀
(中国热带农业科学院环境与植物保护研究所，农业农村部热带作物有害生物综合治理重点实验室，海南省热带农业有害生物监测与控制重点实验室，海南省热带作物病虫害生物防治工程技术研究中心，海口 571101；中国热带农业科学院三亚研究院，海南省南繁生物安全与分子育种重点实验室，三亚 572000)

摘 要：针对我国木薯产业快速发展中外来入侵害虫为害损失日趋加重及因产地生态环境制约所致药剂防治困难、抗螨种质资源严重缺乏、虫害防控时效性与持效性严重滞后等突出问题，以及"一带一路"倡议实施实际需求，作者系统开展了抗螨木薯种质资源挖掘与创新利用研究，制定发布了国内外第一个《木薯种质资源抗螨性鉴定技术规程》(NY/T 2445—2013)，获得抗螨性鉴定的抗、感参照标准品种 C1115 和 BRA900，并在此基础上明确国家木薯种质资源圃 227 份核心种质及我国木薯主产区主推品种的抗螨性水平，鉴筛出适于木薯北移抗螨品种 4 个、适于粮饲化抗螨品种 5 个和适于机械化生产的抗螨种质 5 份，创制优异抗螨木薯新种质 10 份，其中抗螨高产新品种 SC5、SC9、SC12、SC15 已在海南、广西、广东、云南、福建、江西、湖南等木薯主产区大面积推广，成效显著；构建基于转录组学及代谢组学的木薯抗螨基因数据库，从分子水平直接证明抗氧化酶、转录因子 *Nrf2*、单宁合成关键酶及二斑叶螨唾液效应因子 4 类基因具有调控木薯抗螨性的功能；从发育生物学、营养物质防御效应、次生代谢物质防御效应、保护酶防御效应等多个层面初步阐明木薯抗螨性机理，为深度挖掘抗螨基因与种质资源创制抗螨新种质有效绿色防控木薯螨害、保障我国木薯产业健康持续发展提供了重要的理论、技术与材料支撑。

关键词：抗螨木薯种质资源；挖掘；创新利用；研究进展

---

* 基金项目：国家木薯产业技术体系虫害防控岗位科学家专项（CARS-11- HNCQ）；国家重点研发计划子课题（2018YFD020110）；农业农村部农业资源调查与保护利用专项（No. NFZX-2021）；农业农村部财政专项"一带一路"国家热带农业资源联合调查与开发评价项目（ZYLH2018010118）

** 第一作者与通信作者：陈青，研究员，研究方向：抗螨资源挖掘与创新利用、害虫灾变规律与成灾机理、免疫诱抗与微生态调控、害虫监测预警与绿色防控；E-mail：chqingztq@ 163. com

基于转录因子 *Nrf2* 对六点始叶螨抗氧化酶的调控作用解析橡胶抗螨性机制*

梁　晓** 　陈　青　刘　迎　伍春玲　刘小强　伍牧峰　韩志玲

（中国热带农业科学院环境与植物保护研究所，农业农村部热带作物有害生物综合治理重点实验室，海南省热带农业有害生物监测与控制重点实验室，海南省热带作物病虫害生物防治工程技术研究中心，海口　571101；中国热带农业科学院三亚研究院，海南省南繁生物安全与分子育种重点实验室，三亚　572000）

摘　要：天然橡胶是关系到国计民生的重要战略物资，六点始叶螨［*Eotetranychus sexmaculatus*（Riley）］是为害我国橡胶树最严重的一种世界危险性害螨，但橡胶树高大，药剂难以靶标，防治难度很大。目前，培育抗螨品种被国内外确定为能从根本上持久防控害螨的最有效、经济、简便的防治途径，但国内抗螨橡胶树种质鉴选相关研究缺乏，抗性机制不明，极大制约了抗虫品种在持久经济防控六点始叶螨中的重要地位和作用。基于此，本研究从国家橡胶种质圃 24 份核心种质中筛选出遗传稳定的抗螨种质 5 份和感螨种质 5 份，并从抗螨橡胶树种质抑制六点始叶螨生殖发育和抗氧化酶活性的角度阐明其抗螨性的生理生化机理。在此基础上，进一步利用前期建立的害螨转录组数据库，筛选出能够用于六点始叶螨抗氧化酶基因表达分析的稳定内参基因 *β-actin* 和 *β-tub*，并采用 RACE-PCR 技术首次克隆获得 CDS 全长为 1719bp 的六点始叶螨转录因子 *EsNrf*2，进一步以遗传稳定的抗螨橡胶树种质 IRCI12 和感螨橡胶树种质 IAN2904 为参试材料，分别采用激活剂诱导、抑制剂抑制和 RNAi 沉默 *EsNrf*2 基因，发现当 *EsNrf*2 分别被诱导、抑制和沉默后，六点始叶螨取食抗、感螨橡胶树种质时抗氧化酶基因 *EsCu/ZnSOD*、*EsCAT*1、*EsPOD*1 和 *EsPPO* 的基因表达量表达及 SOD、CAT、POD 和 PPO 酶活表现出协同一致的变化趋势，并对六点始叶螨产生致死效应。本研究从分子水平证实 *EsNrf*2 对六点始叶螨抗氧化酶具有调控功能，为橡胶抗螨分子设计育种及分子机理研究提供理论依据。

关键词：橡胶；六点始叶螨；抗氧化酶；转录因子；抗螨

---

* 基金项目：海南省重点研发计划项目（ZDYF2020086）；农业农村部农业资源调查与保护利用专项（No. NFZX-2021）；国家自然科学基金青年基金（31601649）；农业部橡胶树生物学与遗传资源利用重点实验室开放课题重点基金项目（RRI-KLOF201602）

** 通信作者：梁晓，研究方向：抗虫资源挖掘及创新利用；昆虫生理生化与分子生物学；害虫监测预警与绿色防控；E-mail：liangxiaozju@ 126. com

木瓜秀粉蚧-木薯互作机理初步研究*

刘小强** 梁 晓 刘 迎 伍春玲 徐雪莲 陈 青
陈 谦 吴 岩 乔 阳 姚晓文 张 耀
(中国热带农业科学院环境与植物保护研究所，农业农村部热带作物有害生物综合治理重点实验室，海南省热带农业有害生物监测与控制重点实验室，海南省热带作物病虫害生物防治工程技术研究中心，海口 571101；中国热带农业科学院三亚研究院，海南省南繁生物安全与分子育种重点实验室，三亚 572000)

摘 要：木薯是世界重要的粮食、饲料、工业原料和生物质能源作物。木瓜秀粉蚧是世界危险性农林害虫和我国木薯主栽区四大有害生物之一。探讨木瓜秀粉蚧-木薯互作机理，可为有效监控木瓜秀粉蚧的发生与为害并提供重要的理论依据。通过分析取食不同抗性水平木薯品种后的木瓜秀粉蚧死亡率、发育与繁殖差异，初步阐明木瓜秀粉蚧对木薯种质寄主选择性的生活力与繁殖力响应机制；发现抗虫木薯品种 C1115 等显著抑制木瓜秀粉蚧体内淀粉酶、蔗糖酶、脂肪酶、羧酸酯酶（CarE）、谷胱甘肽 S 转移酶（GSTs）、抗氧化酶、超氧化物歧化酶（SOD）、过氧化氢酶（CAT）、过氧化物酶（POD）和多酚氧化酶（PPO）活性，初步阐明木瓜秀粉蚧对不同抗性水平木薯品种寄主选择性的消化酶响应机制、解毒酶响应机制和抗氧化酶响应机制；发现木薯抗木瓜秀粉蚧与营养物质游离氨基酸、可溶性氮、可溶性糖、游离脯氨酸、丙二醛含量及木薯 N 调控关键基因 *MeNR* 和 *MeGS*、可溶性糖合成关键基因 *MeSusy*、游离脯氨酸 Fpro 合成关键基因 *MeP5CS* 和 *MeOAT* 表达量显著负相关，与叶组织中的单宁合成关键基因 *MeLAR* 和 *MeANR*、POD 酶编码基因 *MePOD*、CAT 酶编码基因 *MeCAT*、SOD 酶编码基因 *MeCu/ZnSOD* 表达量及糖氮比、总酚、单宁含量和保护酶 PPO、POD、CAT 和 SOD 活性显著正相关，初步阐明木薯抗木瓜秀粉蚧的防御效应机制；害虫发育生物学及植物营养物质防御反应、次生代谢物质防御反应、保护酶防御反应机制初步阐明木瓜秀粉蚧-木薯互作机理，为深度挖掘抗螨基因与种质资源创制抗螨新种质有效绿色防控木瓜秀粉蚧、保障我国木薯产业健康持续发展提供了重要的理论依据。

关键词：抗螨木薯种质资源；挖掘；创新利用；研究进展

---

* 基金项目：海南省重大科技项目课题（ZDKJ202002-2-1）；国家木薯产业技术体系虫害防控岗位科学家专项（CARS-11- HNCQ）；国家重点研发计划子课题（2018YFD020110）；农业农村部农业资源调查与保护利用专项（No. NFZX-2021）

** 第一作者与通信作者：刘小强，副研究员，研究方向为害虫灾变规律与成灾机理、害虫监测预警与绿色防控；E-mail：liukf@ foxmail. com

南海典型岛礁植物害虫调查与风险评估*

刘 迎** 陈 青 伍春玲 梁 晓 刘小强 徐雪莲 韩志玲 伍牧峰

（中国热带农业科学院环境与植物保护研究所，农业农村部热带作物有害生物综合治理重点实验室，海南省热带农业有害生物监测与控制重点实验室，海南省热带作物病虫害生物防治工程技术研究中心，海口 571101；中国热带农业科学院三亚研究院，海南省南繁生物安全与分子育种重点实验室，三亚 572000）

摘 要：针对我国海岛生物安全调查与评估工作起步较晚、岛礁植物害虫发生与为害基础信息十分缺乏、风险监控十分滞后，无法应对海南自由贸易港建设背景下的南海典型岛礁资源开发、生态环境安全、岛礁住民生活安全和三沙市持续健康发展需求等突出问题，首次普查与安全性考察报道宣德群岛9个岛屿118种所有陆地区域野生盐生植物、园林绿化植物、耐盐果蔬和绿色固沙植物害虫共200种，永乐群岛7个岛屿114种所有陆地区域野生盐生植物、园林绿化植物、耐盐果蔬和绿色固沙植物害虫98种，确定椰心叶甲、木瓜秀粉蚧、扶桑绵粉蚧在宣德群岛和永乐群岛均属于高度危险有害生物，椰子织蛾、波氏白背盾蚧、新菠萝灰粉蚧、烟粉虱、棕榈蓟马、二斑叶螨、瓜实蝇和美洲斑潜蝇均属于中度危险有害生物，其均在宣德群岛永兴岛和永乐群岛普遍严重发生与为害；编制宣德群岛9个岛和永乐群岛7个岛所有陆地区域野生盐生植物、园林绿化植物、耐盐果蔬和绿色固沙植物害虫名录，出版《永乐群岛五岛植物虫害原色图谱》和《永乐群岛五岛植物虫害原色图谱》。上述工作为切实构建南海岛礁植物虫害早期预防预警、快速检测监测、识别追踪溯及防控技术研发提供了重要的基础信息支撑。

关键词：南海典型岛礁植物；害虫；调查；风险评估

---

* 基金项目：海南省重点研发计划项目（ZDYF2020086）；农业农村部农业资源调查与保护利用专项（No. NFZX-2021）

** 第一作者：刘迎，副研究员，研究方向：害虫灾变规律与成灾机理、免疫诱抗与微生态调控、害虫监测预警与绿色防控；E-mail：yingliu_zju@163.com

深度学习技术在农业害虫检测识别中的应用

郑腾飞[1,2,4]　杨信廷[1,4]　杨占魁[1,3,4]　李　明[1,4]　李文勇[1,4]*

（1. 国家农业信息技术工程技术研究中心，北京　100089；2. 上海海洋大学信息学院，上海　201306；3. 北京工业大学计算机科学与技术学院，北京　100124；4. 农产品质量安全追溯技术与应用国家工程实验室，北京　100124）

摘　要：目标检测一直以来都是计算机视觉领域的研究热点之一，其任务是返回给定图像中的单个或多个特定目标的类别与矩形包围框坐标。昆虫检测是目标检测问题的一个小分支，尤其对于害虫的检测，一直是我国农业领域的关注焦点，它同时涉及图像中昆虫的分类和定位，检测结果也影响着害虫的精准防治。本文阐述了目标检测方法以及研究现状，并比较了目标检测与昆虫检测，然后分析在昆虫领域衍生出多目标、多尺度、差异性、重叠程度等问题，最终进行总结与展望。

关键词：昆虫检测；目标检测；多目标；多尺度；差异性；重叠程度

* 通信作者：李文勇；E-mail：liwy@ nercita. org. cn

宽胫夜蛾性信息素及其类似物的生物活性研究*

李　慧[1**]　马好运[1]　任梓齐[2]　王留洋[1]　折冬梅[1]　梅向东[1]　宁　君[1***]

（1. 中国农业科学院植物保护研究所，植物病虫害生物学国家重点实验室，北京　100193；2. 东北林业大学，生命科学学院，东北盐碱植被恢复与重建教育部重点实验室，哈尔滨　150040）

摘　要：宽胫夜蛾（*Protoschinia scutosa*）隶属鳞翅目夜蛾科，是一种重要的农业昆虫。其寄主植物包括豆科植物、蒿属和藜属植物，近年来，青海柴达木盆地农业区，新引种作物藜麦种植面积显著增长，喜食藜属植物的宽胫夜蛾逐渐变成为害藜麦的主要害虫。鉴于宽胫夜蛾为害日渐严重和环境生态问题，利用绿色安全高效的昆虫性信息素进行防治能够达到较好的效果。利用昆虫性信息素防治害虫是一种新型害虫防治技术，具有微量高效、安全无毒、不伤害天敌、不污染环境等特点，在有害生物综合治理领域具有良好发展前景。

本文主要介绍了宽胫夜蛾性信息素及其类似物的室内电生理活性测定和田间最佳诱捕配方优化。室内电生理实验表明宽胫夜蛾雄虫触角对顺-11-十六碳烯醇（Z11-16：OH）和顺-9-十四碳烯乙酸酯（Z9-14：Ac）有较好的剂量效应关系（图1）。田间试验表明宽胫夜蛾性信息素顺-11-十六碳烯醇（Z11-16：OH）：顺-9-十四碳烯乙酸酯（Z9-14：Ac）=4：3，总剂量为1 750μg时平均雄虫诱捕量最高。以宽胫夜蛾性信息素顺-11-十六碳烯醇和顺-9-十四碳烯乙酸酯为母体结构，对极性基团进行修饰，设计合成6种类似物（图2），室内电生理实验表明宽胫夜蛾雄虫触角对合成的6种类似物均有一定生理活性。本研究结果为利用性信息素及类似物绿色防治宽胫夜蛾提供一个新思路。

关键词：宽胫夜蛾；性信息素；性信息素类似物；生物活性；绿色防控

---

* 基金项目：中国农业科学院重大科研任务（CAAS-ZDRW202008，CAAS-ZDRW202108）；中央级公益性科研院所基本科研业务费专项（Y2020PT04）

** 第一作者：李慧，硕士研究生，主要从事农药化学与天然产物的研究；E-mail：13470007293@163. com

*** 通信作者：宁君，研究员；E-mail：jning@ ippcaas. cn

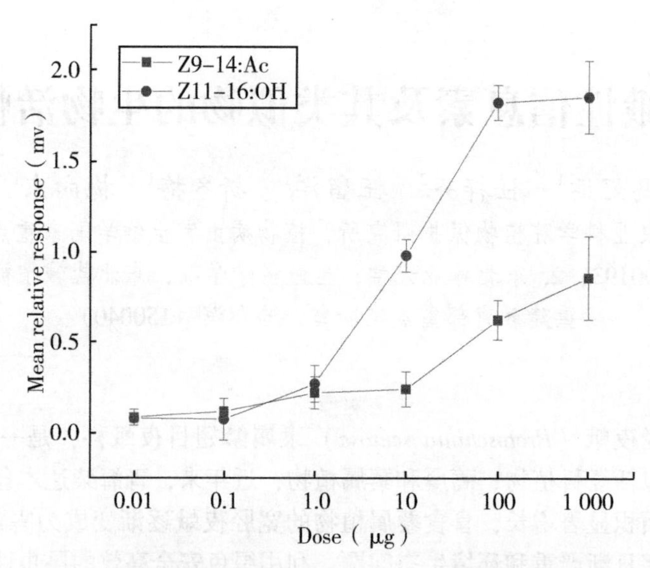

图 1　宽胫夜蛾性信息素组分的 EAG 活性剂量反应曲线

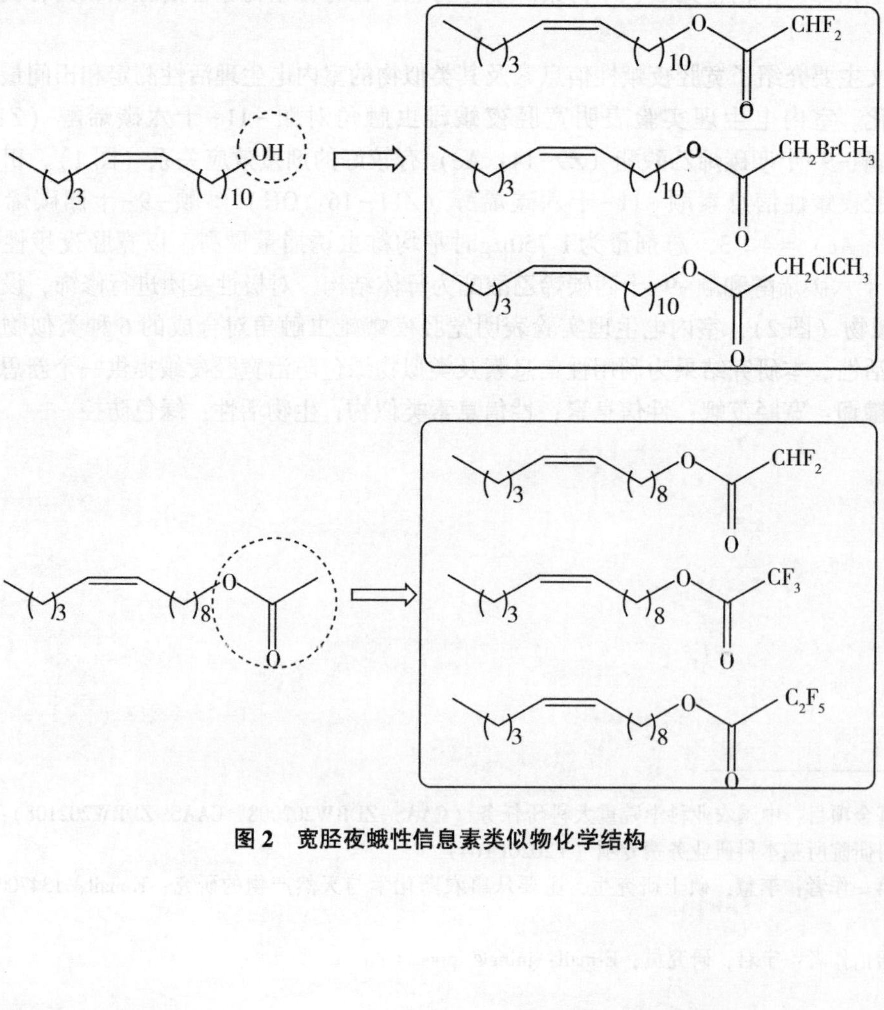

图 2　宽胫夜蛾性信息素类似物化学结构

陌夜蛾高效引诱剂的筛选及优化研究*

任梓齐[1,2]**　马好运[1]　李　慧[1]　王留洋[1]
折冬梅[1]　罗秋香[2]　宁　君[1]***　梅向东[1]***
（1. 中国农业科学院植物保护研究所，植物病虫害生物学国家重点实验室，北京　100193；2. 东北林业大学，东北盐碱植被恢复与重建教育部重点实验室，生命科学学院，哈尔滨　150040）

摘　要：陌夜蛾（*Trachea atriplicis* Linnaeus），别名白戟铜翅夜蛾，隶属鳞翅目夜蛾科，在世界范围内均有分布，以蓼、酸模、地锦、二月兰等植物叶片为食，为害植物生长全过程。由于其具有多食性、暴食性，迁飞性等特点，可造成严重的作物经济损失，因此逐渐成为重要的农业害虫之一。昆虫性信息素是同一物种个体间相互交流的化学信号物质，生物群体中一些重要的行为均受其调控，其作为“第三代绿色农药”，在虫情监测、大量诱捕、干扰交配等方面均有显著作用。

为了筛选出对陌夜蛾有效的引诱剂，本研究运用室内电生理试验（EAG）、Y型嗅觉仪试验以及风洞试验对陌夜蛾性信息素及其类似物进行了活性筛选，并以此为依据设计不同配方进行田间试验验证，确定了对陌夜蛾具有最佳引诱效果的化合物组分与配比。室内电生理试验表明，陌夜蛾雄虫触角对顺-11-十六碳烯乙酸酯（*Z*11-16：Ac）和顺-11-十六碳烯-1-醇（*Z*11-16：OH）有较好的剂量-效应关系。田间试验表明，当*Z*11-16：Ac、*Z*11-16：OH以质量比为9：1，总剂量为1 000μg组合时，诱捕效果最好。以陌夜蛾性信息素的主要成分*Z*11-16：Ac为母体结构设计并合成多种类似物，通过EAG、Y型嗅觉仪试验及风洞试验验证，均表现出一定的生物活性。并且在田间试验中发现当添加10μg顺-11-十六碳烯-3-甲基-2-丁烯酸酯或1μg顺-11-十六碳烯醛时可以起到显著的增效作用。

本研究不仅通过对陌夜蛾性信息素及其类似物的合成以及性引诱剂的室内、田间筛选为陌夜蛾的绿色防控提供了新的途径，而且可以一定程度上减少使用化学农药治虫带来的危害，同时也为陌夜蛾的高效、绿色防控奠定了理论基础。

关键词：陌夜蛾；信息素；高效引诱剂；绿色防控

---

* 基金项目：中国农业科学院重大科研任务（CAAS-ZDRW202008，CAAS-ZDRW202108）；中央级公益性科研院所基本科研业务费专项（Y2020PT04）

** 第一作者：任梓齐，硕士研究生，主要从事化学调控昆虫行为研究；E-mail：rzq13104057313@163. com

*** 通信作者：梅向东，博士；E-mail：xdmei@ ippcaas. cn
宁君，研究员；E-mail：jning@ ippcaas. cn

草地贪夜蛾高效引诱剂的研究*

王留洋** 向 东 汤 印 折冬梅 梅向东*** 宁 君***
（中国农业科学院植物保护研究所，植物病虫害生物学国家重点实验室，北京 100193）

摘　要：草地贪夜蛾［*Spodoptera frugiperda*（J. E. Smith）］自 2016 年在非洲暴发为害，现已成为非洲、美洲、大洋洲、亚洲的主要害虫，且被联合国粮农组织认定为全球重要的农业迁飞性害虫。2019 年，草地贪夜蛾经中缅边境入侵我国，对我国的农业生产造成巨大的威胁。目前，化学农药仍是防治草地贪夜蛾的主要手段之一。但随着害虫抗药性的产生会导致防治效果明显下降，同时化学农药应用还可能破坏生态环境以及食品质量安全等一系列问题，已成为农业可持续发展的重要障碍。因此开展绿色防控迫在眉睫。

应用昆虫性信息素防治害虫具有高效环境友好等优点，对草地贪夜蛾的绿色综合防控具有重要意义。本研究基于化学生态学原理，结合 GC-EAD、GC-MS 和田间诱捕等技术手段，系统对草地贪夜蛾种内的化学通信进行研究。主要研究结果如下：①性信息素的提取、鉴定及室内活性筛选。采用性腺浸提法对草地贪夜蛾性信息素组分进行提取。粗提物经 GC-MS 和 GC-EAD，确定性信息素组分的结构为 *Z*9-14：Ac、*Z*11-16：Ac 和 *Z*7-12：Ac 等。②田间活性测试与配方优化。2020 年，将实验室合成的性信息素组分在广东省广州市增城区、云南省德宏傣族景波族自治州芒市和云南省昆明市寻甸回族彝族自治县等地进行田间筛选试验和优化，得到具有理想诱捕活性的性诱剂配方，即 *Z*9-14：Ac、*Z*11-16：Ac 和 *Z*7-12：Ac 等比例在 840∶130∶30 等诱捕数量显著高于市售诱芯。同时，诱芯材质选择聚氯乙烯毛细管，诱捕器类型为桶形诱捕器时诱捕效果最为理想。

本研究提取、鉴定草地贪夜蛾性信息素组分，通过室内外活性验证筛选，优化出具有理想诱捕活性信息素组分与配比及配套技术。研究结果为绿色防控草地贪夜蛾提供了新的思路和手段，同时也丰富了昆虫信息素的研究内容。

关键词：草地贪夜蛾；信息素；绿色防控；化学通信

---

* 基金项目：中国农业科学院重大科研任务（CAAS-ZDRW202008，CAAS-ZDRW202108）；中央级公益性科研院所基本科研业务费专项（Y2020PT04）

** 第一作者：王留洋，博士研究生，主要从事化学调控昆虫行为研究；E-mail：wliuyang1008@163. com

*** 通信作者：梅向东，博士；E-mail：xdmei@ippcaas. cn
宁君，研究员；E-mail：jning@ippcaas. cn

二点委夜蛾性信息素模拟物的合成与活性研究*

马好运[1**] 李 慧[1] 任梓齐[2] 王留洋[1] 折冬梅[1] 梅向东[1***] 宁 君[1***]
（1. 中国农业科学院植物保护研究所 植物病虫害生物学国家重点实验室，
北京 100193；2. 东北林业大学，生命科学学院，东北盐碱植被恢复与
重建教育部重点实验室，哈尔滨 150040）

摘 要：二点委夜蛾（*Athetis lepigone* Moschler）隶属鳞翅目夜蛾科，作为一种入侵害虫，其幼虫主要为害夏玉米苗，常常导致缺苗、断垄等不可逆损失。昆虫性信息素及类似物可有效解决二点委夜蛾因生活环境隐蔽而难以监测防控的难题，但目前国内外研究报道的二点委夜蛾引诱剂缺乏专一性和高效性。本研究拟通过研究已知结构性信息素的相似性，设计开发未知结构的性信息素类似物，以期提高二点委夜蛾引诱剂的监测防控能力。

本研究以二点委夜蛾性信息素组分 *Z*7-12：Ac 和 *Z*9-14：Ac 以及其反式结构为基础，通过极性基团末端碳链修饰，设计合成了 3 类共 12 种性信息素类似物（图 1）。其中 6 种顺式结构类似物在 EAG 活性筛选中表现出较好的剂量-效应关系。在田间活性筛选中，单组分类似物 E3 使用剂量为 500~1 000μg 时，其引诱效果显著高于其他处理和性信息素对照，为二点委夜蛾报道双组分性信息素引诱效果的数十倍，此试验结果在我国多地得到验证。其他类似物的田间活性有待进一步的研究。本研究筛选出一种二点委夜蛾性信息素类似物模拟物，丰富了二点委夜蛾性信息素的化学通信研究，为二点委夜蛾的绿色防控提供了新技术、新思路。

关键词：二点委夜蛾；性信息素类似物；高效引诱剂；绿色防控

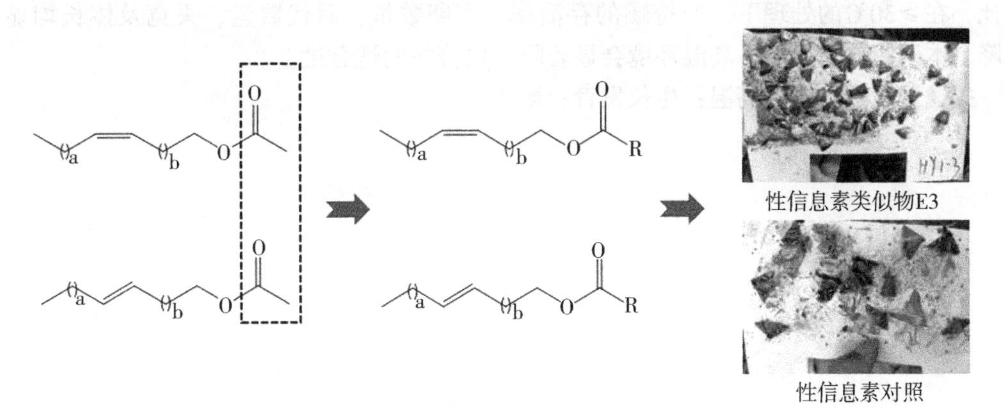

图 1 二点委夜蛾性信息素模拟物的合成

* 基金项目：中国农业科学院重大科研任务（CAAS-ZDRW202008，CAAS-ZDRW202108）；中央级公益性科研院所基本科研业务费专项（Y2020PT04）

** 第一作者：马好运，硕士研究生，主要从事化学调控昆虫行为研究；E-mail：haoyunma1618@163. com

*** 通信作者：梅向东，博士；E-mail：xdmei@ ippcaas. cn
宁君，研究员；E-mail：jning@ ippcaas. cn

高温对白符蛛生长发育的影响*

杨　艳[1,2**]　付小春[1,2***]　薛家宝[1,2***]

（1. 海南大学林学院，儋州　571737；2. 热带特色林木花卉遗传与种质创新教育部重点实验室，海南大学林学院，海口　570228）

摘　要：白符蛛（*Folsomia candida*）是土壤生态系统中最丰富、多样性最高的土壤节肢动物之一，同时也是土壤生态系统中重要的分解者。随着气候变暖，极端高温的频繁出现，白符蛛也会受到相应的影响。研究高温对白符蛛的影响，可以为探究气候变暖对土壤生物的影响提供一定的理论依据。因此，在实验室条件下，每天 12：00—15：00 将白符蛛暴露于不同的温度（25℃，30℃，33℃）下，其余时间放置于 21℃气候箱中，持续处理 35 天。以一直放置于 21℃气候箱的白符蛛作为对照。计算并分析白符蛛的存活率、产卵时间、后代数量、头宽及体长。结果显示：随着处理温度的升高（21℃，25℃，30℃，33℃），白符蛛的存活率（%）分别为 98.57±1.90、92.73±1.16、78.42±2.07、60.77±2.34；产卵时间（天）分别为 20.24±0.29、20.08±0.40、20.64±0.41、21.53±0.84；后代数量（头）分别为 34.49±3.44、31.39±3.29、20.34±3.54、18.66±2.98；头宽（mm）分别为 0.243±0.003、0.252±0.002、0.220±0.011、0.211±0.005；体长（mm）分别为 1.418±0.025、1.410±0.034、1.216±0.058、1.115±0.028。与 21℃的对照相比，在≥30℃的处理下，白符蛛的存活率、产卵数量、后代数量、头宽及体长均显著下降。本研究结果说明，高温环境会显著降低白符蛛的适合度。

关键词：白符蛛；高温；生长发育；影响

---

* 基金项目：海南省自然科学基金，2019RC137；海南大学人才引进科研启动经费，KYQD（ZR）1983

** 第一作者：杨艳，讲师，主要从事生物安全评价及农林业病虫害绿色防控；E-mail：yyhndx@hainanu.edu.cn

*** 通信简介：付小春，硕士研究生；E-mail：15116718939@163.com
薛家宝，硕士研究生；E-mail：920440086@qq.com

生物防治

武夷菌素对核盘菌的抑制作用机理

杨淼泠* 吕朝阳 施李鸣 张克诚 葛蓓孛**

(中国农业科学院植物保护研究所，北京 100193)

摘　要：由核盘菌［*Sclerotinia sclerotiorum*（Lib.）de Bary］引起的大豆菌核病（sclerotinia stem rot of soybean，又名大豆白腐病）是一种危害严重且难防治的世界性病害，在大豆菌核病流行年份能够造成大豆产量骤减20%~30%，严重地块可达50%以上，甚至绝产。生产中由于抗性优质种资源的缺失，防控该病害需施用大量化学杀菌剂，导致抗药性、环境污染等问题突出。因此，大豆菌核病防控仍然面临着防病任务重和农药投入减量的双重压力，但市场上的农药产品普遍存在同质化严重、结构不合理等问题。近年来，农用抗生素作为环境友好型生物药剂逐步受到研究者的关注。武夷菌素作为一种我国自主知识产权的核苷类新型生物农药，具有低毒、高效、广谱、环保等优点，对露地、保护地蔬菜病害及果树、粮食作物病害具有显著的防治效果。

本研究通过菌丝生长速率法测定武夷菌素对核盘菌的毒力大小，其EC_{50}=5.13mg/L，高于中生菌素（EC_{50}=18.37mg/L）。为进一步明确武夷菌素对核盘菌的抑制作用机理，分别测定了武夷菌素对核盘菌形态发育、生理生化以及功能基因表达的影响。试验结果表明，武夷菌素能减少核盘菌产生菌核的数量，减轻形成菌核的重量，并减缓菌核形成的速度；减缓菌核萌发产生菌丝的速度，武夷菌素降低菌核萌发产生子囊盘的数量。经16 mg/L的武夷菌素处理后菌核萌发率相比清水对照组降低了63.34%；减少核盘菌菌丝顶端分支，显著降低菌丝生长量。其次，武夷菌素能增大菌丝细胞膜通透性，造成胞内核酸和蛋白质的泄漏；降低核盘菌多聚半乳糖醛酸酶和果胶甲基半乳糖醛酸酶两种细胞壁降解酶的活性，减少核盘菌重要致病因子——草酸的合成，削弱核盘菌生理毒性，降低其致病性。此外，武夷菌素能够显著下调影响核盘菌菌丝生长的*ITL*基因表达量和影响核盘菌菌核发育成熟的*Nox*1、*pph*1及*Caf*1基因表达量，干扰病原菌正常的生长发育过程；在侵染过程中武夷菌素能下调影响致病力的*ITL*、*Caf*1基因表达量，削弱致病力，造成无法正常定殖并侵染寄主。

关键词：武夷菌素；核盘菌；大豆菌核病；抑制效果

* 第一作者：杨淼泠，硕士研究生，植物病害生物防治学；Email：meiguill@126.com

** 通信作者：葛蓓孛，副研究员；Email：gbbcsx@126.com

绿僵菌黏附素 MAD2 对菌株生物学及诱导植物响应的功能分析

蔡 霓 闫多子 农向群* 王广君 涂雄兵 张泽华
（中国农业科学院植物保护研究所，植物病虫害生物学国家重点实验室，北京 100193）

摘 要：昆虫病原真菌绿僵菌兼具有植物内生性，可发挥杀虫和促进植物生长的双重植保功能。已知绿僵菌黏附素蛋白 MAD2 在实现绿僵菌与植物的黏附、定殖中起重要作用，但其作用机理知之甚少。本研究通过构建金龟子绿僵菌 *mad*2 敲除突变株（Δ*mad*2），来探究 MAD2 蛋白对绿僵菌生物学功能的影响。

通过 PCR 扩增获得黏附素基因 *mad*2 前后同源臂序列 S1、S2；从质粒 pKH-KO 扩增得到带有启动子序列的潮霉素基因 *hyg*；再通过 Overlap PCR 构建了 *mad*2 的同源敲除盒 S1H、S2H；通过原生质体转化获得了稳定遗传的 *mad*2 敲除株。通过对比敲除株（Δ*mad*2）与野生株（WT）的生长特性、黏附作用、杀虫毒力以及诱导花生共生相关基因转录水平的变化，分析 MAD2 蛋白的生物学功能。结果表明，敲除株 Δ*mad*2 的孢子萌发率显著低于野生株，萌发中时间比野生株延长 5.47h；培养 12h 和 14h 时，敲除株的菌丝长度显著均小于野生株，分别为野生株的 22.2%、23.7%；培养 12 天的产孢量也比野生株减少 33.3%。敲除株对洋葱内表皮的黏附力明显降低，但对蝗虫后翅的黏附性无显著影响。敲除 *mad*2 并不影响绿僵菌对家蚕的毒力。敲除株 Δ*mad*2 处理花生 12h 后，与野生株处理相比，花生共生受体 *SYMRK*、钙信号解码相关基因（*CAM*、*CCaMK* 和 *DELLA*）、脂质氮素转运相关基因（*LTP*1、*NRT*24、*ABCC*2）的转录水平出现显著下调；而与空白对照相比，*mad*2 缺失后 *SYMRK* 仍有一定的上调，*CaM*、*CCaMK* 和 *DELLA* 的转录水平产生显著抑制，对 *ABCC*2、*LTP*1、*NRT*24 的转录无影响。

综合结论，金龟子绿僵菌黏附素 MAD2 影响菌株的孢子萌发、早期菌丝生长、产孢及对植物的黏附力，但对昆虫的黏附和杀虫毒力无影响；在菌株与花生互作早期，MAD2 触发了花生共生基因的转录。

关键词：黏附素 MAD2；基因敲除；黏附性；杀虫毒力；生长特性

* 通信作者：农向群；E-mail：xqnong@ sina. com

提高链霉菌聚酮生物杀虫剂效价的转运蛋白工程策略*

褚丽阳[1,2**]　李珊珊[1***]　金品娇[1,2]　董倬旭[1,2]　王相晶[2]　向文胜[1,2***]

（1. 中国农业科学院植物保护研究所，植物病虫害生物学国家重点实验室，北京　100193；2. 东北农业大学生命科学学院，哈尔滨　150030）

摘　要：链霉菌是天然产物农药的重要生产菌株，提高菌株的发酵效价是实现其农业应用的重要前提。转运蛋白工程是工业生物技术领域用以构建高产药用天然产物菌株的一种极有潜力的策略。然而，目前对放线菌转运蛋白的了解仅为冰山一角，可供利用的转运蛋白资源十分匮乏。研究发现，链霉菌基因组中存在大量的转运蛋白，其数目甚至超过总蛋白数目的10%，意味着链霉菌拥有十分丰富的可用于提高次级代谢产量的转运蛋白元件。本研究中，笔者提出了一种转运蛋白理性筛选流程，并设计了即插即用的可调外排模块（TuPPE），用于提高不同链霉菌中大环内酯类生物杀虫剂的产量。通过分析大环内酯类生物杀虫剂米尔贝霉素产生菌株冰城链霉菌的基因组及实验验证，确定了三组能够提高米尔贝霉素产量的ABC家族的外排蛋白；进一步通过在TuPPE中组合不同的启动子和核糖体结合位点，优化了外排蛋白的表达与米尔贝霉素的产量；优化的TuPPE也将分别高产冰城链霉菌BC04，阿维链霉菌NEAU12以及蓝灰链霉菌NMWT1中的米尔贝霉素A3/A4，阿维菌素$B1_a$，以及尼莫克丁α的产量提高了24.2%、53.0%和41.0%。该工作建立了一种获得目标转运蛋白的标准化流程，不仅获得了促进链霉菌大环内酯类杀虫剂的有效外排蛋白与高效的适配策略，也将为提高其他链霉菌天然产物农药的产量提供有效的转运蛋白策略。

关键词：链霉菌；大环内酯类抗生素；转运蛋白；模块适配；效价提高

---

* 基金项目：国家自然科学基金31972348，31772242，31672092

** 第一作者：褚丽阳，研究方向为天然产物农药高产菌构建；E-mail：2217365272@ qq. com

李珊珊，研究方向为微生物天然产物农药合成生物学研究；E-mail：ssli@ ippcaas. cn

*** 通信作者：李珊珊；E-mail：ssli@ ippcaas. cn

向文胜；E-mail：xiangwensheng@ neau. edu. cn

链霉菌 HEBRC45958 防控番茄棒孢叶斑病研究*

黄大野** 杨 丹 曹春霞***
（湖北省生物农药工程研究中心/国家生物农药工程研究中心，武汉 430064）

摘 要：由多主棒孢（*Corynespora cassiicola*）引起的番茄棒孢叶斑病是番茄的一种重要病害，近些年随着我国设施蔬菜面积不断扩大，温湿度条件为番茄棒孢叶斑病的发生提供了条件，在山东、海南和北京等地区发生严重，严重影响了番茄的生产。抗病育种和栽培措施对该病害防控效果有限，生产上主要依靠化学杀菌剂进行防控，然而，随着杀菌剂的大量使用，棒孢叶斑病出现了严重的抗药性。另外化学杀菌剂的大量使用也会造成农药残留和环境污染，亟须更为安全有效的防控手段。生物防控由于更为安全，在作物病害防控中得到了广泛的应用。

本研究从番茄根际土壤中分离筛选出一株对多种植物病原真菌具有良好抑菌效果的产褐黄色链霉菌（*Streptomyces phaeoluteichromatogenes*）HEBRC45958，菌种保藏号为 CCTCC NO：M2015768。离体抑菌试验表明，HEBRC45958 对多主棒孢具有良好的抑菌效果，抑菌率达 54.35%。在光学显微镜下观察，与对照相比，经处理后菌丝出现扭曲和膨胀变形。扫描电镜观察，与对照相比，经处理后菌丝出现干瘪、褶皱和破裂。透射电镜下观察，与对照相比，经处理后细胞壁外层加厚，细胞膜和细胞壁出现质壁分离现象。HEBRC45958 具有产铁载体及淀粉酶、纤维素酶、几丁质酶和 β-1，3-葡聚糖酶活性。发酵液原液、稀释 25 倍和 50 倍发酵液防效分别为 100%、92.88% 和 88.53%。该菌株防控番茄棒孢叶斑病具有较好的生防应用前景。

关键词：产褐黄色链霉菌；番茄棒孢叶斑病；抑菌活性；防效

---

* 基金项目：国家重点研发计划（2016YFD020090501）；湖北省技术创新专项（2017ABA160）；湖北省农业科技创新中心创新团队项目（2019-620-000-001-27）

** 第一作者：黄大野，副研究员，主要从事微生物杀菌剂研究；E-mail：xiaohuangdaye@126.com

*** 通信作者：曹春霞，硕士，研究员，主要从事农药剂型研究；E-mail：Caochunxia@163.com

无色杆菌 *Achromobacter* 77 在黄瓜枯萎病菌菌丝际优势存在的原因*

李雾虹[1,2]** 郭荣君[1]*** 马桂珍[2] 李世东[1]
(1. 中国农业科学院植物保护研究所，北京 100193；
2. 江苏海洋大学环境与化学工程学院，连云港 222005)

摘 要：土壤中真菌菌丝与土壤接触的微环境区域定义为菌丝际（Mycosphere）。菌丝际细菌的功能各有不同。无色杆菌 *Achromobacter* 77 为黄瓜枯萎病菌（*Fusarium oxysporum* f. sp. *cucumerinum*，*Foc*）菌丝际优势细菌，其在黄瓜连作土壤中枯萎病菌菌丝际的丰度显著上升，阐明其优势存在的原因对深入理解其与枯萎病菌和黄瓜之间的互作及对黄瓜枯萎病的生物防治具有重要意义。本课题研究了菌株 77 在包括 *Foc* 在内的多种真菌菌丝际定殖及迁移的能力，菌株 77 对不同根或真菌分泌物的趋化响应，以及根或真菌分泌物组分对菌株 77 生长的影响。结果表明：在多种真菌中，菌株 77 在 *Foc* 菌丝际定殖最为明显，且随菌丝迁移距离最远，说明菌株 77 不只与 *Foc* 之间存在一定的互作；菌株 77 对 1mmol/L 的对羟基苯乙酸、水杨酸、α-酮戊二酸、延胡索酸、琥珀酸、苹果酸等多种成分具有明显的趋化响应；0.5~1mmol/L 的镰刀菌酸、α-酮戊二酸、对羟基苯乙酸、苹果酸、琥珀酸，0.5~2mmol/L 的水杨酸及 0.5~4mmol/L 的延胡索酸对菌株 77 的生长有促进作用，说明菌株 77 与某些根分泌物和真菌分泌物之间也存在互作。综上所述：菌株 77 对根分泌物的趋化以及根分泌物对菌株 77 的促生作用是其在植物根际和菌丝际优势存在的重要驱动因子，为笔者深入研究无色杆菌与黄瓜和枯萎病菌之间的互作提供依据。

关键词：菌丝际；黄瓜枯萎病菌；根分泌物组分；真菌分泌物组分；趋化

---

* 基金项目：现代农业产业技术体系（CARS-25-D-03）；国家重点研发计划（2019YFD1002000）
** 第一作者：李雾虹，硕士研究生，从事土壤细菌与真菌互作研究；E-mail：804797175@qq.com
*** 通信作者：郭荣君；E-mail：guorj20150620@126.com

热河黄芩根腐病发生特点及生防菌剂田间防效评价*

李耀发[1**]　孙秀华[2]　苏宗然[3]　徐　鹏[2]　张利超[2]　窦亚楠[1]　高占林[1***]

（1. 河北省农林科学院植物保护研究所，河北省农业有害生物综合防治工程技术研究中心，农业农村部华北北部作物有害生物综合治理重点实验室，保定；2. 承德市中药材绿色生态种植技术服务中心；3. 承德濡水农业科技有限公司）

摘　要：黄芩（*Scutellaria baicalensis* Genorgi）属唇形科植物，以根入药，味苦，性寒，有清热、解毒、止血作用，主治热病烦渴感冒、目赤肿痛、肺热咳嗽、肝炎等，主产于东北地区、华北北部和内蒙古中东部，其中河北承德、内蒙古赤峰是中国北方野生黄芩的主要产地，由于该地曾隶属热河省，故以本地产的黄芩被医药界命名为"热河黄芩"。黄芩耐严寒、喜温暖、怕洪涝，不适合在排水不良地区种植，如果积水不能及时排出，会影响根系生长，甚至出现烂根死亡情况。根腐病主要为害黄芩植株根部，发病初期个别侧根或须根感病，呈现黑褐色病斑，之后逐步蔓延到整个根系，并出现腐烂，最终整个植株叶片发黄枯死。黄芩根腐病病原为瘤座孢目（Tuberculariales）瘤座孢科（Tuberculariaceae）镰刀菌属（*Fusarium*）的真菌，以及无孢目（Agonomycetales）无孢科（Agonomycetaceae）丝核菌属（*Rhizoctonia*）的立枯丝核菌（*Rhizoctonia solani* Kühn）。目前，生产上对于该病的防治多采用恶霉灵、咯菌腈等药剂灌根处理。为了减少黄芩田化学农药的用量，并有效控制黄芩根腐病的发生和为害，2019—2020 年，笔者于承德滦平县调查了当地热河黄芩 1~3 年生植株根腐病发生情况，并探讨了含有枯草芽孢杆菌的 3 种微生物菌剂冲施对该病的田间防治效果及其施用方法。调查发现，随着种植时间的延长，黄芩根腐病逐年加重，其中 1 年生黄芩根腐病平均发病率仅为 0.05%，2 年生黄芩根腐病发生率已达 9.52%，而第 3 年黄芩，即收获时根腐病发生率平均已达 30.38%。从而可以看出，2 年生和 3 年生黄芩根部病害是防治中的重点。针对 2 年生和 3 年生黄芩，分别于 4 月中旬和 7 月上旬，进行了微生物菌剂的兑水冲施，微生物菌剂包括 200 亿有效活菌/g 绿康威 [中农绿康（北京）生物技术有限公司]、100 亿有效活菌/g 坤益健农用微生物菌剂（天津坤禾生物科技集团股份有限公司），并以化学药剂 62.5%精甲·咯菌腈悬浮剂为对照药剂。试验结果来看，对于 2 年生黄芩，绿康威（500g/亩）处理后田间病株率低于 1%，防控效果达 90%以上，坤益健（2.5L/亩）田间病株率为 4.17%，防效为 56.25%，2 个处理防效均高于化学药剂处理。对于 3 年生黄芩，绿康威（1 000g/亩）处理后防效达 41.42%，坤益健（5L/亩）处理后防效也达 24.05%，2 个处理也均高于化学药剂的防控效果（19.04%）。本研究为生防菌剂在黄芩田防治根腐病的应用提供理论依据，也将为黄芩的安全生产提供了保障。

关键词：热河黄芩；根腐病；微生物菌剂；生物防治

---

* 基金项目：河北省省级科技计划项目（202103B032）；河北省农林科学院创新工程项目（2019-1-1-3）

** 第一作者：李耀发，研究员，研究方向为农业有害生物综合防治

*** 通信作者：高占林，研究员，主要从事农业有害生物综合防治；E-mail：gaozhanlin@sina.com

哈茨木霉 Sm1-Chit42 融合蛋白的构建及其抑制灰霉菌的协同增效研究

刘宏毅* 陈 捷
（上海交通大学农业与生物学院 201100）

摘 要：微生物源农药的应用是现代绿色农业发展和食品安全的重要趋势，尤其在设施蔬菜病虫害防治方面的意义尤为重大。蛋白农药是一种新型生物农药，无毒无残留，对环境友好，具有抑菌活性、激活植物抗病性等功能。几丁质酶 *Chit*42 及疏水蛋白 Sm1 基因是木霉中常见的免疫激活蛋白，由于 Sm1 具有几丁质结合能力与几丁质酶 Chit42 的功能具有互补性，且 Sm1 属于疏水蛋白有利于复合蛋白在叶片及病原菌表面附着。本研究通过定向分子设计，以哈茨木霉 T30 菌株为载体构建了 Sm1-Chit42 木霉工程菌。工程菌与灰霉菌拮抗结果显示，Sm1-Chit42 工程菌对灰霉菌的抑制率高于 Sm1 和 Chit42 单独过表达菌株，协同增效达 10%以上。木霉菌与灰霉菌重叠部分，灰霉菌菌丝周边的 Sm1-Chit42 工程菌菌丝量明显高于 Sm1 和 Chit42 单独过表达菌株。qPCR 结果显示，灰霉菌与工程菌重叠部分 Sm1、nag1、sprT 和 Chit42 等拮抗相关基因表达量高于 Sm1 和 Chit42 单独过表达菌株。此外，SEM 观察显示经 0.45μg/ml 的 Sm1、Chit42 和 Sm1-Chit42 纯蛋白处理后，有且仅有 Sm1-Chit42 蛋白处理的灰霉菌菌丝表现出穿孔现象。上述结果表明，Sm1-Chit42 融合蛋白的表达对木霉菌提高对灰霉菌的拮抗作用有一定的协同增效作用。

关键词：哈茨木霉；灰霉菌；疏水蛋白；几丁质酶；拮抗作用

* 第一作者：刘宏毅；E-mail：fjliuhongyi@126.com

假单胞菌 X48 的挥发性物质对致病疫霉的抑制活性分析*

蒙利玄** 李美娇 周祝宇 曹知涵 谭皓月 王 欣 祝 雯***
（福建农林大学福建省植物病毒学重点实验室，福州 350002）

摘 要：为丰富生物防治的微生物资源，从绿肥植物紫花苕子（*Vicia angustifolia*）的根际土壤中分离得到一株对致病疫霉（*Phytophthora infestans*）具有拮抗活性的菌株 X48。结合形态学及 16S rRNA 序列分析进行菌种鉴定，测定其产生长素（IAA）能力，分析其挥发性成分（Volatile organic compounds，VOCs）对致病疫霉菌丝生长抑制率，和孢子囊对离体叶片的侵染的抑制作用，并利用气相质谱联用法（GC-MS）分析其挥发性成分组成。结果表明：菌株 X48 为假单胞菌（*Pseudomonas* sp.），发酵 72h 产 IAA 为（37.2±0.6）μg/ml。其产生的 VOCs 可抑制孢子囊对离体叶片的侵染，对菌丝生长抑制率为 98% ±1.3%；VOCs 共鉴定出 25 种组分，其中含量最高的成分为二甲基二硫醚（Disulfidedimethyl，31.8%），其次为硫代乙酸甲酯（Methylthiolacetate，28.2%）和 2-丁酮肟（2-Butanone，8.6%）。综上所述，菌株 X48 对防治马铃薯晚疫病具有一定的潜力。

关键词：马铃薯晚疫病；根际微生物；挥发性物质

马铃薯是我国四大主粮作物之一，在保障粮食安全和精准扶贫中发挥重要的作用，同时，马铃薯种植也面临着病虫害发生普遍和日趋严重的瓶颈问题[1]。晚疫病的防治高度依赖化学杀菌剂[2]，由于频繁使用化学药剂而导致的环境和病原菌耐药性问题，增加了利用化学杀菌剂控制植物病害的难度[3]。利用微生物及其代谢产物防治植物病害是一种环境友好的替代方法。

多项研究已证明在植物有益微生物产生的挥发性成分（VOCs）在病害防治方面显示重要的应用前景，如对疫霉属（*Phytophthora*）[4]，黄曲霉（*Aspergillus*）和链格孢属（*Alternaria*）等多种病原真菌和卵菌的生长和发育具有抑制活性[5]。细菌产生的 VOCs 是一大类碳氢化合物，例如醇、酮、醛、含硫化合物及硫醇类及其衍生物等[6]。在这些化合物中已报道 1-十一烯（1-Undecene）、3-甲基-1-丁醇（3-methyl-1-butanol）和 2-甲基-1-丙醇（2-methyl-1-propanol）等对致病疫霉有抑菌活性[7-9]。

细菌产生的挥发性有机化合物因种类和培养条件有所不同[10-11]。为丰富生物防治的微生物资源，前期从健康的紫花苕子（*Vicia angustifolia*）的根际土壤中分离到多株对晚疫病菌等病原菌具有拮抗活性的细菌（未发表），本研究对其中菌株 X48 进行形态学和分子生物学鉴定，测定该菌株产生的 VOCs 对马铃薯晚疫病菌的抑制活性，并利用气相色谱-质谱联用法（GC-MS）对其产生的挥发性组分进行分析，以期为生物资源农药的研发

---

* 基金项目：福建农林大学科技创新专项基金项目（CXZX2020021A）

** 第一作者：蒙利玄，研究方向为植物病理学；E-mail：mlx1216498493@ 126. com

*** 通信作者：祝雯，副研究员，研究方向为植物病理学；E-mail：zhuwxie@ 126. com

提供理论依据。

1 材料和方法

1.1 材料

1.1.1 菌株

X48 为从紫花苜子根际土壤中分离纯化，并将其在含 25%甘油的 LB 培养基中-80℃条件下长期保存。致病疫霉菌株 XP22 为实验室于 2020 年采集分离，在 13℃条件下长期保存。

1.1.2 培养基

马铃薯葡萄糖琼脂（PDA）培养基：马铃薯 200g/L、葡萄糖 20g/L、琼脂 12g/L；LB 培养基：蛋白胨 10g/L、酵母提取物 5g/L、NaCl 10g/L、琼脂 12g/L。黑麦（RYE）培养基：黑麦 50g/L 、琼脂 12g/L。

1.2 方法

1.2.1 菌株 X48 挥发性物质的拮抗活性测定

菌株 X48 挥发性物质对致病疫霉菌丝生长抑制率测定参考 Elsherbiny 等（2020）方法，利用分成两个隔室的培养皿进行对致病疫霉菌丝生长抑制率的测定。每个处理重复 3 次。对致病疫霉菌丝生长的抑制率计算公式为：抑制率（%）=（$Cd-Td$）× 100%/Cd，其中 Cd 为对照平板上的致病疫霉菌落面积，Td 为与 X48 共培养在一个处理平板上的致病疫霉菌落面积。

利用离体叶片法分析 VOCs 对致病疫霉孢子囊的侵染活性：按照 Elsherbiny 等[13]方法在分隔培养皿中的左隔室加入 15 ml 5%的水琼脂培养基，50μl 的 X48 悬浮液均匀涂布于右侧隔室的 LB 培养基。制备孢子囊悬浮液至 $1×10^4$个/ml，取 10μl 孢子囊悬浮液接种至叶片背面。用封口膜密封培养皿后，18℃培养 5 天，每个处理重复 3 次。

菌株 X48 发酵液对孢子囊萌发的抑制活性分析：制备致病疫霉孢子囊悬浮液，将其与菌株 X48 的 LB 发酵液（$OD_{600}=1$）按照体积比 2∶1 混合后。每个处理重复 3 次。对照为按比例加入 LB 培养基。18℃条件下静置培养 12h。光学显微镜下观察孢子囊萌发。

1.2.2 菌株 X48 产 IAA

参考 Amprayn 等[14]方法，采用 Salkowski 显色方法检测菌株产 IAA 能力，测定 27℃摇瓶培养 72h 后的菌株 X48 产生的 IAA 浓度。

1.2.3 菌株 X48 的鉴定

将菌株 X48 在 LB 平板上划线培养 48h 后进行观察菌落大小、颜色和形状等特征的形态学观察，并进行革兰氏染色；将培养 48h 的菌株经 2.5% 戊二醛 4℃固定 4~8h 后，磷酸缓冲液（pH 值 7.0）冲洗、干燥、镀膜后在扫描电镜（TM3030 PLUS）下观察。

分子生物学鉴定：利用 LB 液体培养基培养 X48 菌株 48h，收集菌体，CTAB 法提取总 DNA，以其为模板，利用细菌 16S rRNA 基因正向引物 27F（5′-GAGAGTTTGATCCTG-GCTCAG-3′）和反向引物 1492R（5′-GGTTACCTTGTTACGACTT-3′）进行 PCR 扩增。扩增产物委托铂尚（上海）股份有限公司测序，在 NCBI 数据库中进行 BLAST 序列比对，用 MEGA7.0 软件中的邻接法（NJ）构建系统发育树[12]。

1.2.4　菌株 X48 挥发物检测

取 4ml X48 发酵液（$OD_{600}=1$）转接入 400ml LB 液体培养基中，培养瓶采用锡箔纸密封，27℃，180r/min 培养 48h。日本岛津气相色谱质谱联用仪（GCMS-TQ-8040），色谱柱为日本岛津 SH-Rxi-5Sil MS 石英毛细管柱（30m×0.25mm×0.25μm），进样口温度为 240℃；进样量为 1μl；分流比为 5∶1，载气为高纯氦（纯度≥99.999%）；载气流速为 1.0ml/min。升温程序：初始温度 40℃，保持 3min，然后以 5℃/min 升温至 120℃，保持 5min，再以 30℃/min 升温至 240℃，保持 8min；离子源温度为 230℃；接口温度为 280℃；电子轰击源为 70eV；通过质谱与数据库光谱的比较，对化合物进行鉴定。

1.2.5　数据分析

数据分析使用了 GraphPad Prism 5 软件、微软 Excel 和 MEGA7.0 软件。试验数据结果均采用平均值 ± 标准差表示。

3　结果与分析

3.1　菌株 X48 形态学观察和 16S rRNA 分子鉴定

形态学观察显示菌株 X48 的菌落呈淡黄色，表面湿润黏稠，平滑有光泽，菌落边缘整齐（图 1A）。革兰氏染色为阴性（图 1B）。扫描电镜观察细胞为杆状。大小为（1.5~2.1）μm ×（0.7~0.8）μm（图 1C）。将测序获得的序列进行 BLAST 比对，并下载同源性最近的菌株和一株外源菌株的序列。邻接法（NJ）构建系统发育树，结果显示 16S rRNA 序列（GENBANK 登录号为 MZ497318）在系统发育树上与 *P. fluorescens* 聚于同一分支。综合形态学和 16S rRNA 序列分析，初步确定 X48 为假单胞菌属（*Pseudomonas*）（图 2）。

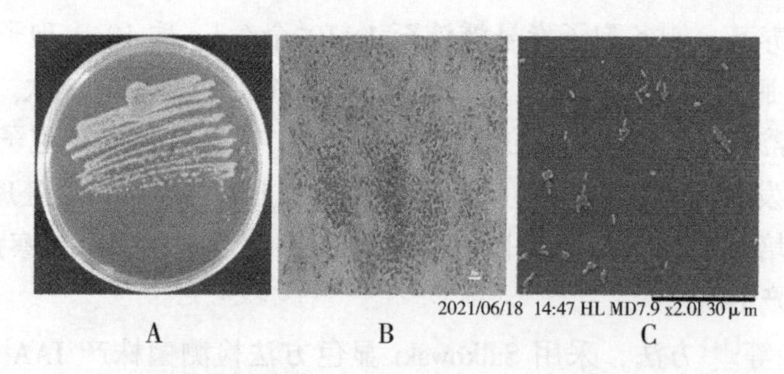

A：X48 在 LB 培养基上菌落；B：革兰氏染色；C：扫描电镜（×2 000）

图 1　菌株 X48 的菌落和细胞形态特征

3.2　产 IAA

采用 Salkowski 显色方法检测菌株 X48 发酵 72h 产 IAA 为（37.2±0.6）μg/ml。

3.3　对致病疫霉抑制活性分析

利用分隔培养皿测定菌株 X48 对致病疫霉 XP22 菌丝生长的抑制率 98% ±1.3%。对照培养皿中致病疫霉菌丝生长浓密（图 3A），而在菌株 X48 产生的 VOC_S 作用下，仅在菌饼的边缘生成少量稀薄的菌丝（图 3B）。离体叶片法的结果显示在空白对照的叶片上布满致病疫霉菌丝（图 3C），而在接种菌株 X48 的培养皿中的叶片上没有菌丝和孢子生成（图 3D），说明 X48 挥发性物质完全抑制了致病疫霉孢子囊对马铃薯离体叶片的侵染。

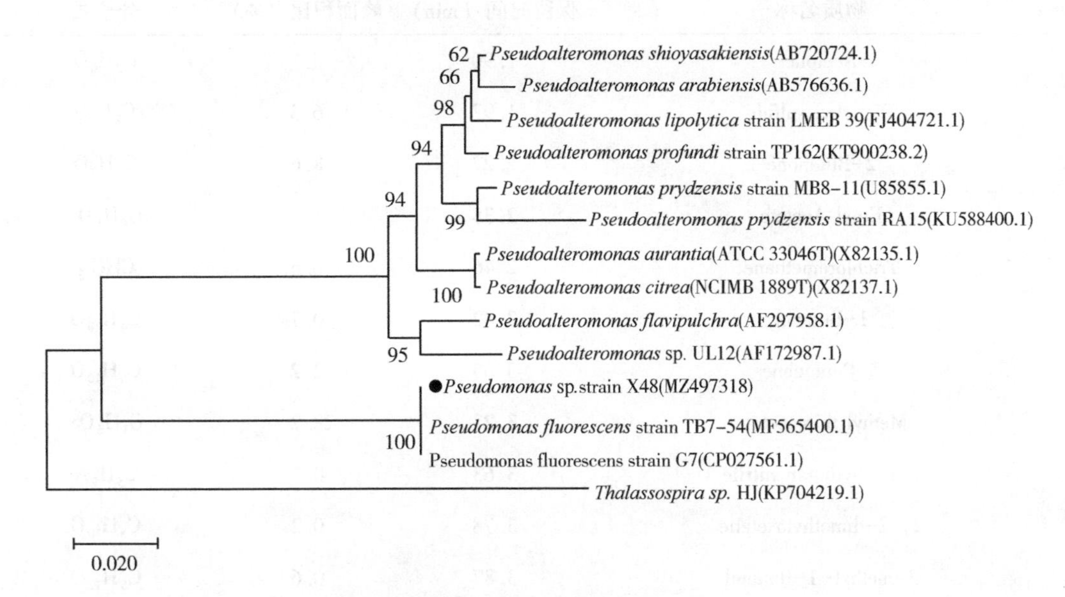

图 2　菌株 X48 和参比菌株基于 16S rRAN

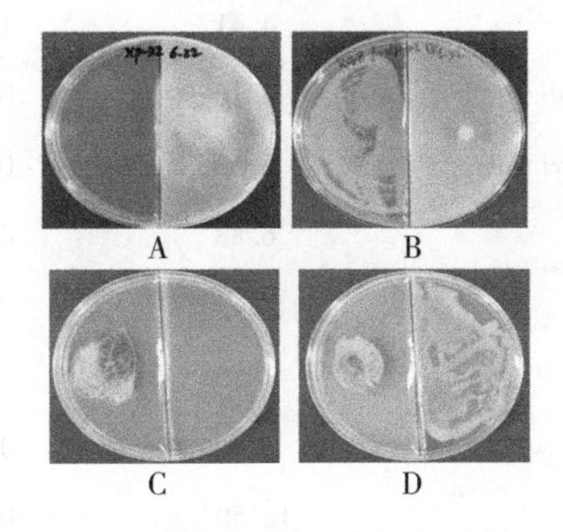

A：对照；B：菌株 X48 挥发性物质抑制菌丝生长；

C：对照；D：菌株 X48 挥发性物质抑制孢子囊对离体叶片的侵染。

图 3　菌株 X48 挥发性成分抑制致病疫霉菌丝生长和

孢子囊对离体叶片的侵染

3.4　菌株 X48 产生挥发性成分分析

采用 GC-MS 分析了菌株 X48 产生的挥发性物质，以匹配度大于 90% 为标准，从菌株 X48 的挥发性物质中共检测鉴定出包括酮、酮类、酯类、醇类等 25 种化合物，并通过峰面积归一化法确定各成分的相对百分含量。在 25 种化合物中含量最高的成分为二甲基二硫醚（Disulfide dimethyl），相对含量为 31.8%，其次为硫代乙酸甲酯（Methyl thiolacetate），相对含量为 28.2%，及 2-丁酮肟（2-Butanone），相对含量为 8.6%（表 1）。

表1 X48 菌株挥发性物质化学成分 GC-MS 分析

物质名称	保留时间（min）	峰面积比（%）	分子式
Acetone	1.90	5.1	C_3H_6O
Dimethyl sulfide	1.97	6.3	C_2H_6S
2-Butanone	2.27	8.6	C_4H_8O
Ethyl Acetate	2.38	1.9	$C_4H_8O_2$
Trichloromethane	2.46	0.6	$CHCl_3$
1-Butanol	2.82	0.7	$C_4H_{10}O$
2-Pentanone	3.05	2.2	$C_5H_{10}O$
Methyl thiolacetate	3.23	28.2	C_3H_6OS
2-methylbutanenitrile	3.63	0.2	C_5H_9N
2，2-dimethyloxetane	3.78	0.2	$C_5H_{10}O$
3-methyl-1-Butanol	3.87	0.6	$C_5H_{12}O$
Disulfide dimethyl	3.97	31.8	$C_2H_6S_2$
sec-Butyl acetate	4.23	0.6	$C_6H_{12}O_2$
Toluene	4.41	1.8	C_7H_8
S-Methyl propanethioate	5.16	0.7	$C_5H_{10}O_3$
Butanethioic acid，S-methyl ester	6.58	0.1	C_4H_8OS
Ethylbenzene	6.88	0.8	$C_5H_{10}OS$
o-Xylene	7.15	2.7	C_8H_{10}
p-Xylene	7.86	1.3	C_8H_{10}
Thiopivalic acid	9.46	0.7	C_8H_{10}
2-Ethyl-1-hexanol	12.50	0.4	$C_5H_{10}OS$
1-Undecene	14.38	0.5	$C_{11}H_{22}$
Benzene，1，2，4，5-tetramethyl-	15.37	0.4	$C_{10}H_{14}$
2-Ethylhexyl acrylate	18.69	3.3	$C_{11}H_{20}O_2$
Carbonic acid，isobutyl 2-ethylhexyl ester	18.94	0.3	$C_{13}H_{26}O_3$

4 讨论

致病疫霉是复杂且适应性强的一种卵菌，以多种形式传播和存活，可通过孢子囊随风迅速和远距离传播是导致晚疫病传播迅速的主要原因之一[2]。本研究结果显示 X48 产生的 VOC_S 对致病疫霉菌丝的平均抑制率达到 90%以上，同时可抑制孢子囊对叶片组织的侵染。GC-MS 分析菌株 X48 产生的 VOC_S的主要成分为二甲基二硫醚，其次为硫代乙酸甲酯及 2-丁酮肟。

微生物产生的 VOC_S可以通过土壤和空气扩散，因此它们可能影响地下和地上的生态系统。二甲基二硫醚是一种易挥发的硫化合物，已被证明具有广泛的药理和生物学特性，已在农业中用作抑制性土壤熏蒸剂。De Vrieze 等[10]报道二甲基二硫醚与 1-十一烯（1-Undecene）是部分假单胞菌产生的主要抑菌物质。在菌株 X48 产生的 VOC_S中含量最高的成分为二甲基二硫醚，相对含量为 31.8%，1-十一烯的含量仅为 0.5%。另外一种主要成分硫代乙酸甲酯的抑菌活性尚未见报道，还有待进一步研究其对致病疫霉是否具有抑制作用。

本研究结果表明假单胞菌 X48 具有产 IAA 能力，其体外对致病疫霉具有很强的抑制活性，并明确其挥发性活性成分中富含二甲基二硫醚。本研究未对其单一成分的抑菌活性机理以及与植株间的互作进行深入研究，后续需进一步明确其单一成分的抑菌活性物质的作用机制，为利用生防菌防控晚疫病提供理论基础。

参考文献

[1] 高玉林，徐进，刘宁，等．我国马铃薯病虫害发生现状与防控策略［J］．植物保护，2019，5（5）：106-111.

[2] FRY W. Phytophthora infestans：the plant（and R gene）destroyer［J］．Molecular Plant Pathology，2008，9：385-402.

[3] COOKE L R，SCHEPERS H TA M，HERMANSEN A，*et al.*，Epidemiology and Integrated Control of Potato Late Blight in Europe［J］．Potato Research，2011，54：183-222.

[4] VLASSI A，NESLER A，PERAZZOLLI M，*et al.*，Volatile Organic Compounds From Lysobacter capsiciAZ78 as Potential Candidates for Biological Control of Soilborne Plant Pathogens［J］．Frontiers in Microbiology，2020，11：20.

[5] JAIBANGYANG S，NASANIT R，LIMTONG S. Effects of temperature and relative humidity on Aflatoxin B1 reduction in corn grains and antagonistic activities against Aflatoxin-producing Aspergillus flavus by a volatile organic compound-producing yeast，Kwoniella heveanensis DMKU-CE82［J］．Biocontrol，2021，66：433-443.

[6] GAO Z F，ZHANG B J，LIU H P，*et al.*，Identification of endophytic Bacillus velezensis ZSY-1 strain and antifungal activity of its volatile compounds against Alternaria solani and Botrytis cinerea［J］．Biological Control，2017，105：27-39.

[7] FERNANDO W G D，RAMARATHNAM R，KRISHNAMOORTHY AS，*et al.*，Identification and use of potential bacterial organic antifungal volatiles in biocontrol［J］．Soil Biology & Biochemistry，2005，37：955-964.

[8] HUNZIKER L，BOENISCH D，GROENHAGEN U，*et al.*，Pseudomonas Strains Naturally Associated with Potato Plants Produce Volatiles with High Potential for Inhibition of Phytophthora infestans［J］．Applied and Environmental Microbiology，2015，81：821-730.

[9] ZHAO L J，YANG X N，LI X Y，*et al.*，Antifungal，Insecticidal and Herbicidal Properties of Volatile Components from Paenibacillus polymyxa Strain BMP-11［J］．Agricultural Sciences in China，2011，10：728-736.

[10] DE VRIEZE M，PANDEY P，BUCHELI TD，*et al.*，Volatile Organic Compounds from Native

Potato-associated Pseudomonas as Potential Anti-oomycete Agents [J]. Frontiers in Microbiology, 2015, 6. e1003311.

[11] LAZAZZARA V, PERAZZOLLI M, PERTOT I, *et al.*, Growth media affect the volatilome and antimicrobial activity against Phytophthora infestans in four Lysobacter type strains [J]. Microbiological Research, 2017, 201: 52-62.

[12] KUMAR S, STECHER G, TAMURA K. MEGA7: Molecular Evolutionary Genetics Analysis Version 7.0 for Bigger Datasets [J]. Molecular Biology and Evolution, 2016, 33: 1870-1874.

[13] ELSHERBINY E A, AMIN B H, ALEEM B, *et al.*, Trichoderma Volatile Organic Compounds as a Biofumigation Tool against Late Blight Pathogen Phytophthora infestans in Postharvest Potato Tubers [J]. Journal of Agricultural and Food Chemistry, 2020, 68: 8163-8171.

[14] AMPRAYN K O, ROSE M T, KECSKÉS M, *et al.*, Plant growth promoting characteristics of soil yeast (*Candida tropicalis* HY) and its effectiveness for promoting rice growth [J]. Applied Soil Ecology, 2012, 61: 295-299

苹果重大枝干病害生物源杀菌剂筛选及绿色防控技术*

渠　非**　曾　鑫　黄丽丽　冯　浩***
（旱区作物逆境生物学国家重点实验室，西北农林科技大学
植物保护学院，杨凌　712100）

摘　要：苹果树腐烂病和枝干轮纹病等重大枝干病害一直严重威胁着我国苹果产业的健康发展。研发聚焦于生产实践的苹果重大枝干病害绿色防控技术具有重要意义。前期研究采用菌丝生长速率法测定了12种生物源杀菌剂对苹果树腐烂病菌和苹果轮纹病菌菌丝生长的抑制效果。结果表明，300亿 cfu/g 解淀粉芽孢杆菌（WP）和100亿 cfu/g 枯草芽孢杆菌（WP）对两种病菌的抑制效果最强，对腐烂病菌的 EC_{50} 分别为 6.910×10^{-1} μg/ml 和 8.930×10^{-1} μg/ml，对轮纹病菌的 EC_{50} 分别为 3.429×10^{-2} μg/ml 和 8.856×10^{-2} μg/ml。25%寡糖·乙蒜素（ME）、5%香芹酚（AS）、1%蛇床子素（EW）对两种病菌的抑制效果较差，对腐烂病菌的 EC_{50} 分别为7.470μg/ml、1.372×10^{2} μg/ml、2.907×10^{2} μg/ml，对轮纹病菌的 EC_{50} 分别为 3.191×10 μg/ml、1.48×10^{1} μg/ml、6.601×10^{1} μg/ml。4%春雷霉素（AS）、1%维大利（DP）、6%寡糖·链蛋白（WP）、0.5%大黄素甲醚（AS）、1%小檗碱（AS）、5%农抗120（AS）、3%苦参碱（EC）对两种病菌几乎没有抑制效果。综上所述，100亿 cfu/g 枯草芽孢杆菌（WP）和300亿/g 解淀粉芽孢杆菌（WP）有望成为防治苹果重大枝干病害的候选生物源杀菌剂。基于室内研究结果，集成了以精准施药为核心的苹果重大枝干病害绿色防控技术，要点为：在果实膨大期（6—8月），选用100亿 cfu/g 枯草芽孢杆菌（WP）和300亿 cfu/g 解淀粉芽孢杆菌（WP），以推荐剂量的10倍在主干、主枝（主干涂至离地面2m，大枝涂至离丫杈0.3m左右）上喷淋或涂刷。重病园每年涂刷2~3次，每隔20天进行1次，连续3年；轻病园每年涂刷1~2次，连续3年；幼园随全园喷雾淋湿树干。该技术在陕西乾县、扶风等果区进行了3年的试验与示范，病害防控效果达到70%以上，并实现了"一刷防两病"，极大减轻了后期的病害防控压力，为苹果重大枝干病害绿色防控提供了重要技术支撑。

关键词：苹果树腐烂病菌；苹果轮纹病菌；生物源杀菌剂；绿色防控

---

* 基金项目：陕西省农业科技创新转化项目"苹果重大枝干病害绿色防控关键技术研发、集成与示范推广"（NYKJ-2019-YL-61）；国家重点研发计划"苹果化肥农药减施增效技术集成研究与示范"（2016YFD0201100）

** 第一作者：渠非，硕士研究生；研究方向为植物保护；E-mail：fesky5231@163.com
*** 通信作者：冯浩；E-mail：xiaosong04005@163.com；黄丽丽；E-mail：huanglli@nwsuaf.edu.cn

槟榔园土壤放线菌的分离与拮抗活性初步评价*

余凤玉[1**]　祝安传[2]　王慧卿[1]　孟秀利[1]
杨德洁[1]　宋薇薇[1]　唐庆华[1]　覃伟权[1***]
(1. 中国热带农业科学院椰子研究所/院士团队创新中心（槟榔黄化病综合防控），文昌　571339；2. 海南热带海洋学院，三亚　572022)

摘　要：槟榔是海南省主要经济作物之一，近年来，槟榔种植面积不断扩大，致使病虫害普遍发生，严重影响了槟榔的产量和品质。目前生产中还是以化学防治为主，这不但会使病原菌易产生抗药性，而且易造成环境污染，这与海南旅游生态省的建设初衷不符。生物防治最大的优点就是不污染环境，是病虫害防治的主攻方向。拮抗微生物是生物防治的主要原材料，而放线菌是拮抗微生物的主力军，具有巨大的应用潜能。本研究在海南省文昌市、琼海市、万宁市、定安县、屯昌县共 10 个具有黄化症状的槟榔园的土壤中分离得到 120 株放线菌，以奇异根串珠霉菌（*Thielaviopsis paradoxa*）为目标菌，通过平板对峙法对分离得到的 120 放线菌进行抑菌效果初筛。筛选出 22 株对奇异根串珠霉菌具有抑菌活性，并将这 22 株放线菌采用生长速率法进行复筛。筛选出 4 株抑制效果达 90%以上的菌株，编号为 D2-3、G1-12、D2-9 和 G9-4。结合形态学、生理生化特性及 16S rDNA 系统发育树分析对抑制效果最好的菌株 D2-3 进行分类鉴定，初步鉴定该菌株为一株链霉菌，与桑树链霉菌（*Streptomyces samsunensis*）相似性为 99.41%。

关键词：放线菌；拮抗作用；生理生化；分子鉴定

---

*　基金项目：海南省重大科技计划项目（ZDKJ201817）

**　第一作者：余凤玉，副研究员，从事棕榈植物病害研究；E-mail：yufengyu17@163.com

***　通信作者：覃伟权，研究员，主要从事棕榈植物病虫害研究；E-mail：QWQ268@163.com

淡紫紫孢菌微菌核温室防治黄瓜根结线虫病作用研究*

袁梦蕾**　范乐乐**　孙漫红***　李世东
（中国农业科学院植物保护研究所，北京　100193）

摘　要：淡紫紫孢菌（*Purpureocillium lilacinum*）是一种重要的食线虫真菌，可以寄生根结线虫、孢囊线虫等多种植物病原线虫。目前已商品化生产，但由于抗逆性差，受环境影响较大，货架期短。实验室前期研究发现，在特定的条件下淡紫紫孢菌可以产生微菌核。微菌核（Microsclerotia）是由菌丝特化形成的一种抗逆结构，对提高真菌制剂的货架期具有重要意义。本研究通过离体测定和温室盆栽实验，研究了淡紫紫孢菌微菌核对根结线虫的作用效果。结果表明，微菌核能快速萌发侵染根结线虫卵，并对黄瓜根结线虫病显示出良好的生防效果。6孔组织培养板中加入200粒根结线虫卵和不同浓度的微菌核，测定接种浓度对卵寄生率的影响。结果表明，微菌核浓度为300个/ml时，7天对线虫卵的寄生率达到92.8%。根据离体实验结果，进行温室防病效果评价。将灭菌土与线虫卵悬液充分混匀，使土壤含卵量为300个/100g土，每100g线虫土中分别穴施30个、150个、300个、1 500个、3 000个微菌核，然后移栽黄瓜幼苗。30天后，测定对根结线虫的防治效果。结果表明，随着微菌核接种浓度的增加，黄瓜根上根结数量明显减少。当微菌核接种量为150个/100g土时，防效达到62.5%；接种量提高到3 000个/100g土时，防效达到80%。育苗和移栽时2次接种菌剂与移栽时接种1次的防治效果无显著差异（$P<0.05$）。进一步研究了土壤环境条件对微菌核的影响。结果发现，土壤温度和湿度对微菌核萌发具有显著影响。当土壤含水量为10%~15%，温度20~30℃时，更有利于微菌核萌发，进而发挥生防作用。该结果为淡紫紫孢菌微菌核制剂的开发和应用奠定了基础。

关键词：淡紫紫孢菌；微菌核；根结线虫；生物防治

---

* 基金项目：国家重点研发计划（2019YFD1002000）；现代农业产业体系项目（CARS-23-D05）；中国农业科学院重大科研选题（CAAS-ZDXT2018005）

** 第一作者：袁梦蕾，硕士研究生，从事生防微生物研究；E-mail：yuanmenglei666@163.com
范乐乐，硕士研究生，从事生防微生物研究；E-mail：465076199@qq.com

*** 通信作者：孙漫红；E-mail：sunmanhong2013@163.com

低水肥条件下芽孢杆菌 B006 对苗期白菜根际细菌群落的调控和促生作用*

张世昌[1,2]** 郭荣君[1]*** 李世东[1] 罗 明[2]
(1. 中国农业科学院植物保护研究所, 北京 100193;
2. 新疆农业大学农学院, 乌鲁木齐 830052)

摘 要: 水肥是影响植物生长发育的重要因子。土壤含水量和施肥量不仅直接影响植物生长, 也影响微生物在植物根际的生存及其与植物的互作, 进而影响植物的生长发育。为了研究不同水肥供应条件下, 施用生防芽孢杆菌 B006 对白菜苗期生长发育及根际微生物的影响。笔者在日光温室大棚开展两因子、两水平交互田间小区试验, 在土壤水势和苗期施肥量分别为-30kPa、156.25kg/hm^{2}和-50kPa、62.50kg/hm^{2}条件下, 设置施用和不施用芽孢杆菌 B006 菌剂处理。结果表明: 白菜出苗 14 天后, 未施用 B006 菌剂的白菜植株不整齐、整体长势较弱、根系较短（8cm 左右）、须根量较少; 而施用 B006 菌剂的白菜出苗整齐、整体长势较好、白菜植株根系较长（13cm 左右）、须根量较多。白菜出苗 24 天后, 对白菜株高、地上部鲜重、地上部干重、根长、根活力等生长指标测定表明: B006 菌剂处理显著优于对照处理, 低水肥条件下施用 B006 菌剂可以极显著增强白菜根系活力, 促进根系的伸长, 从而促进白菜生长。通过对不同处理根际土壤中细菌 16S rRNA 基因的高通量测序分析, 发现放线菌在低水肥条件下白菜根际得到富集, 其中低水肥并施用 B006 菌剂处理中白菜根际 Pseudonocardiaceae（科水平）中的 *Lechevalieria*（属水平）丰度显著增加, 可能在白菜抵御缺水胁迫、增强根系活力中起重要作用。

关键词: 低水肥; 芽孢杆菌菌剂; 促生作用; 根际细菌; 群落构成

---

* 基金项目: 国家重点研发计划（2019YFD1002000）; 现代农业产业技术体系（CARS-25-D-03）; 宁夏回族自治区重点研发计划重大项目（2019BFF02006）

** 第一作者: 张世昌, 硕士研究生, 从事资源利用与植物保护研究; E-mail: 512546848@qq.com

*** 通信作者: 郭荣君; E-mail: guorj20150620@126.com

枯草芽孢杆菌菌株Czk1抗菌物质的分离*

梁艳琼** 吴伟怀 谭施北 习金根 李 锐
陆 英 黄 兴 贺春萍*** 易克贤***
（中国热带农业科学院环境与植物保护研究所/农业农村部热带作物有害生物综合治理重点实验室/海南省热带农业有害生物检测监控重点实验室/海南省热带作物病虫害生物防治工程技术研究中心）

摘 要：天然产物是动植物以及微生物体内本身所含有的或是它们代谢产生的一大类非人工合成的物质，其种类繁复，往往是人们开发新型药物的重要来源。天然产物的分离纯化是后续研究其物质结构、生物活性和作用机制的关键和前提。枯草芽孢杆菌菌株Czk1分离自橡胶树根部，具有铁载体产生能力，其抗菌谱广，对橡胶树5种根病菌红根病菌（*Ganoderma pseudoferreum*）、褐根病菌（*Phellinus noxius*）、紫根病菌（*Helicolosidium compactum*）、白根病菌（*Rigidoprus lignosus*）和臭根病菌（*Sphaerostilbe repens*）及橡胶树炭疽病菌均具有较强的抑制作用，且抑菌效果稳定、持效期长；可诱导橡胶植株产生系统抗性。为了了解Czk1代谢产物中抗菌物质的种类、结构和特征，选择适当的分离纯化方法以期得到高纯度的抗菌物质。为此本研究利用乙酸乙酯、正丁醇、石油醚、环己烷等有机溶剂萃取Czk1菌株发酵上清液，获得乙酸乙酯粗提物、正丁醇粗提物、石油醚粗提物、环己烷粗提物，利用牛津杯法测试提取物对橡胶褐根病菌抑菌作用。结果表明，不同有机溶剂对Czk1代谢产物提取效率不同，正丁醇提取量最大，其次是石油醚、环乙烷，最后是乙酸乙酯，各处理差异显著（$P<0.05$）。4种提取物对橡胶树褐根病菌（*P. noxius*）均有明显的抑制作用，差异达到显著（$P<0.05$）。正丁醇粗提物、石油醚粗提物、环己烷粗提物、乙酸乙酯粗提物抑菌圈分别为21.23mm±0.22mm、19.21mm±0.35mm、20.88mm±0.28mm、15.98mm±0.17mm。说明这些粗提物一些成分是抑菌物质之一，具体是哪一种物质成分需进一步探索。该研究结果可为枯草芽孢杆菌菌株Czk1抗菌物质防治橡胶树褐根病提供科学依据。

关键词：枯草芽孢杆菌菌株Czk1；抗菌物质；抑菌活性

---

* 基金项目：海南省自然科学基金面上项目（320MS083）；国家天然橡胶产业技术体系建设专项资金项目（No. CARS-33-BC1）；国家重点研发计划资助（No. 2020YFD1000600）

** 第一作者：梁艳琼，助理研究员；研究方向：植物病理；E-mail：yanqiongliang@126.com
*** 通信作者：贺春萍，研究员；研究方向：植物病理；E-mail：hechunppp@163.com
易克贤，研究员；研究方向：分子抗性育种；E-mail：yikexian@126.com

枯草芽孢杆菌 Czk1 粗蛋白提取及抑菌作用研究*

张　营[1,2]**　尹建行[2,3]　梁艳琼[2]　李　锐[2]　吴伟怀[2]　易克贤[2]***　贺春萍[2]***

（1. 华中农业大学植物科学技术学院，武汉　430000；2. 中国热带农业科学院环境与植物保护研究所，海口　570000；3. 贵州大学农学院，贵阳　550025）

摘　要：橡胶是重要的工业原料，近年来橡胶树根病发生严重，导致橡胶树产量下降。目前该病主要是采取挖沟隔离以及化学防治，然而挖沟隔离费时费力，化学防治易造成不良影响，亟待寻求新的防治措施。利用有益微生物防治植物病害已成为热点。枯草芽孢杆菌 Czk1 是本实验室前期在橡胶树根木质部分离到的一株细菌，对橡胶树根病、炭疽病等有良好的抑制作用，其蛋白是否发挥作用尚未明确，为此本研究通过测定 Czk1 粗蛋白的最佳提取时间，利用硫酸铵沉淀法对粗蛋白进行初步纯化，采用牛津杯法测定各组分的抑菌活性，活性最强的组分即为最适饱和度硫酸铵制备的抗菌粗蛋白。结果表明 Czk1 在 28℃，培养 60h 时，其产生抗菌物质最多，抑菌率为 57.74%，OD_{600} 为 1.417 8，因此 Czk1 粗蛋白的最佳提取时间是 60h；Czk1 无菌发酵滤液经 0~100%不同饱和度硫酸铵盐析，获得 10 份不同浓度的粗蛋白，其抑菌效果存在显著差异（$P<0.05$）。当硫酸铵的饱和度达到 60%时，抗菌活性蛋白沉淀的量较多，此时抗菌活性蛋白的平均抑菌圈直径达到 18.2mm，随着硫酸铵饱和度的增加，抗菌蛋白活性并未随之增加，由此确定 Czk1 产生的抗菌活性蛋白沉淀的最佳硫酸铵饱和度为 60%。本研究初步明确枯草芽孢杆菌 Czk1 粗蛋白具有抑菌活性，该结果可为后期利用蛋白防治橡胶树根病奠定基础。

关键词：枯草芽孢杆菌 Czk1；抗菌蛋白；橡胶树褐根病；生物防治

---

* 基金项目：海南省自然科学基金面上项目（320MS083）；国家天然橡胶产业技术体系建设专项资金项目（No. CARS-33-BC1）；国家重点研发计划资助（No. 2020YFD1000600）

** 第一作者：张营，硕士研究生，研究方向：橡胶树根病防治；E-mail：zy33683549@163.com

*** 通信作者：贺春萍，研究员，研究方向：植物病理学；E-mail：hechunppp@163.com

易克贤，研究员，研究方向：植物病理学；E-mail：yikexian@126.com

基于功能组合的木霉菌共发酵优化

郝大志　陈　捷

（上海交通大学农业与生物学院，上海　200240）

摘　要： 木霉菌（*Trichoderma*）是现在最常用的生防微生物之一，60%的生物杀菌剂具有木霉菌成分。为了克服木霉菌产品菌种单一，功能不稳定等缺点，将多种木霉菌进行一定的组合设计，可以更好地发挥各木霉菌的优势，并将其有机结合。本研究对15株木霉菌进行尖孢镰刀菌拮抗率、耐36℃高温、耐1mol/L氯化钠、尖孢镰刀菌竞争覆盖面积、平板生长速率、平板产孢速率、平板产孢量、几丁质酶活性、中性蛋白酶活性、黄瓜幼芽促生作用共10项功能评价，从中优选出能反映木霉生防促生潜力的耐高温木霉、耐盐木霉、高竞争木霉、高拮抗木霉、高几丁质酶活性木霉共6株，分别进行了多菌组合的共发酵。

另外本研究对共发酵木霉组合分别从生物量、促生作用、拮抗作用3个方面进行PCA分析，得到了最优的木霉共发酵组合为耐高温木霉CM1004Z-*Trichoderma asperelloides*+高几丁质酶活性木霉RW10569-*Trichoderma harzianum*+高产孢木霉GDFS1009-*Trichoderma asperellum*+耐盐木霉SBW10264-*Trichoderma asperellum*。共发酵组合与单独发酵相比，促生作用提高85%~220%，生物量提高5%~250%。

最后本研究对4株木霉进行50L单独发酵与共发酵试验，较单独发酵，共发酵发酵时长缩短21~85h，生物量提高68.8%~904.76%，游离氨基酸产量提高7.59%~83.04%，促生作用提高19.97%~118.16%。由此表明，通过本研究组合设计得到的功能木霉菌组合较单独菌株在促生作用、氨基酸产量等方面有显著提高，对功能木霉菌群的定向设计具有重要意义。

关键词： 木霉菌；共发酵；多菌组合；功能评价

生防枯草芽孢杆菌 HMB19198 菌株在番茄叶片上的定殖能力检测*

郭庆港** 刘晓萌 董丽红 王培培 马 平***
（河北省农林科学院植物保护研究所，河北省农业有害生物综合防治工程技术研究中心，农业农村部华北北部作物有害生物综合治理重点实验室，保定 071000）

摘 要：番茄灰霉病是番茄生产上发生普遍、为害严重的气传病害，严重影响番茄的产量和质量。长期大量的施用化学农药容易引起病原菌抗药性问题，降低对灰霉病的防治效果。微生物杀菌剂是防治作物病害行之有效且环境友好的措施之一。微生物防治作物气传病害的机制多样，其中微生物在叶片的定殖能力影响其生防效果。因此，开展生防微生物叶面定殖能力检测有助于明确其生防机理，指导科学用药。HMB19198 菌株是本实验室筛选得到的有效防治番茄灰霉生防菌株，为开展 HMB19198 菌株叶面定殖能力检测，本实验基于 HMB19198 菌株全基因测序结果，通过将 HMB19198 菌株的基因组与 NCBI 库中的基因序列进行比对，获得 HMB19198 菌株特异性基因片段 19198-69，并据此设计获得针对 HMB19198 菌株的特异性引物和探针。利用 56 株芽孢杆菌以及番茄叶片 DNA 为模板进行特异性检测，结果显示，引物和探针针对 HMB19198 具有特异性。根据引物序列构建重组质粒，利用酶切线性化的质粒为模板建立标准曲线。标准曲线的线性关系良好，相关系数为 0.987 9，最低检测限度为 10^2 拷贝/反应。利用建立的标准曲线对叶片喷施 HMB19198 菌株之后的叶片定殖数量进行动态检测，同时与平板计数得到的数据做比较，两者数据具有较高的相关性。接种 8 天后 HMB19198 菌株的数量维持在 10^7 CFU/g 叶片。本实验建立的 HMB19198 菌株实时荧光定量 PCR 检测体系具有特异性强、灵敏性高的特点，可以快速、准确地检测叶片组织上 HMB19198 菌株的定殖数量，为番茄灰霉的有效防治提供有效的技术手段。

关键词：枯草芽孢杆菌；叶片定殖；定量检测；Real-time PCR

---

* 基金项目：河北省重点研发计划（19226510D）；河北省农林科学院现代农业科技创新工程（2019-1-1-7）

** 第一作者：郭庆港，研究员，专业方向为植物病害生物防治；E-mail：gqg77@163.com

*** 通信作者：马平，研究员，主要从事植物病害生物防治研究；E-mail：pingma88@126.com

代谢产物农药申嗪霉素系列产品研发与应用进展

何亚文[1,2]*　张红艳[2,3]

(1. 上海交通大学生命科学技术学院，微生物代谢国家重点实验室，代谢与发育科学国际合作联合实验室，上海　200240；2. 上海交通大学-上海农乐生物农药与生物肥料联合研发中心，上海　200240；3. 上海农乐生物制品股份有限公司，上海　201419)

摘　要： 农药是全球必需的生产资料，生物农药具有低毒、低残留和作用靶标特异性强等特点，发展生物农药是践行“绿水青山就是金山银山”理念、保障食品安全和农业可持续性发展的重要环节。上海交通大学-上海农乐生物农药与生物肥料联合研发中心、微生物代谢国家重点实验室相关团队长期坚持微生物代谢产物农药研发。首先从甜瓜根际假单胞菌中鉴定了具有广谱抗菌活性的代谢产物吩嗪-1-羧酸（PCA），中文通用名为申嗪霉素。通过多年基础研究，克隆了申嗪霉素生物合成基因簇 *phz*1 和 *phz*2，阐明了申嗪霉素生物合成途径。通过系统的遗传、代谢与合成生物学改造，申嗪霉素发酵效价提高 80 多倍。上海农乐生物制品有限公司发明了申嗪霉素水相提取工艺，完成了工程菌株大罐发酵条件优化，研发了适合申嗪霉素的悬浮剂剂型，成功实现产业化。目前，1%申嗪霉素悬浮剂已经获得防治 9 种作物真菌病害的农药登记证，推广与应用进展良好，药效受到用户好评。

吩嗪-1-甲酰胺（PCN）是假单胞菌胞内一个新型代谢产物，由酰胺转移酶 PhzH 以 PCA 为前体衍生和修饰而来，它的杀菌活性比 PCA 高 5~10 倍，且在中性和碱性条件下抑菌杀菌效果更佳。PCN 还能有效诱导水稻和大豆等重要农作物产生免疫反应。为了提高吩嗪-1-酰胺的发酵效价和最适发酵温度，上海交大团队重新注释了 phzH 的编码区和启动子区域，发现 phzH 启动子活性低是吩嗪-1-甲酰胺低产的主要原因。通过 RNA 转录组学分析发现了一个受群体感应机制调控的高效表达基因 *rhlI*，其启动子 *PrhlI* 在 37℃条件下的活性比 28℃条件下高 2.2 倍。利用这个启动子 *PrhlI* 替换 *phzH* 和 *phz*2 基因的启动子，并改造其他参与吩嗪-1-甲酰胺生物合成基因 *phz*1 的启动子，得到在 37℃条件下高产吩嗪-1-甲酰胺的工程菌株 UP46。UP46 在优化的培养基中发酵效价比原始菌种提高 100 倍以上。

为了改进申嗪霉素的水溶性，联合研发团队进一步改造了假单胞菌内吩嗪类衍生物的生物合成途径，从链霉菌中引入 2 个修饰基因，成功得到水溶性和抑菌活性均表现良好的衍生物，正在通过合成生物学手段提高其发酵效价。

关键词： 生物农药；代谢产物；发酵效价

---

* 第一作者：何亚文；E-mail：yawenhe@ sjtu. edu. cn

昆虫神经递质研究进展*

王亚南** 张茂森 王孟卿 毛建军 张礼生 李玉艳***

（中国农业科学院植物保护研究所，农业农村部作物有害生物综合治理重点实验室，北京 100193）

摘　要：神经系统是昆虫体内最重要的联络和控制系统，它能测知影响自身的环境变化，通过在不同组织和部位间快速、短暂的传输信号，协调和控制其行为和感觉信息，与内分泌系统协同作用调整各项生理功能活动，使昆虫适应不断变化的外界环境，以此来保护自己和维持生存。神经递质是神经突触信号传递中具有信使功能的特定化学物质，它在昆虫的神经、肌肉和感觉系统的各个角落都有分布，是维持正常生理功能的重要组成部分。神经递质作为神经信号传递的工具，其在昆虫的生长发育、繁殖等各种生命活动中发挥着重要作用。研究昆虫神经递质将有助于从分子和细胞水平上解析神经系统如何将外界环境讯息转化为内部信号协同其他系统调控昆虫生理生态行为反应等，对深入昆虫神经生物学研究具有重要意义。昆虫的神经递质主要有三类：胆碱类、氨基酸类以及单胺类，其中最主要的是乙酰胆碱（Acetylcholine，Ach）、谷氨酸（L-Glutamic acid，Glu）、4-氨基丁酸（4-Aminobutyric acid，GABA）以及各种生物胺，如多巴胺（dopamine，DA）、酪胺（tyramine，TA）、章鱼胺（octopamine，OA）、5-羟色胺（serotonin，5-HT）等。这些神经递质类物质在昆虫体内通过特异性地与受体结合进而引起下游的一系列变化，从而发挥不同的功能。神经递质受体多是跨膜的蛋白质复合体，包括离子通道型受体和G蛋白偶联受体，其中单胺类神经递质的受体多为G蛋白偶联受体，而乙酰胆碱、谷氨酸以及GABA受体有两种类型：离子通道型受体和G蛋白偶联受体。离子通道型受体被神经递质激活后，离子通道打开，选择性的允许离子如Na^+、Cl^-、K^+等的通过，而G蛋白偶联受体被神经递质激活后，引起下游第二信使如环腺苷酸cAMP、Ca^{2+}以及磷酸肌醇IP_3浓度的改变，从而进行不同的生理活动，发挥不同的功能。已有研究表明，神经递质及其受体在昆虫的激素分泌、取食、迁飞、光周期感应、发育、寿命及免疫调节等过程中均能发挥重要作用。例如，多巴胺不仅可调节黑腹果蝇（*Drosophila melanogaster*）的发育、交配行为、睡眠与觉醒，还可调节黑腹果蝇对温度的敏感性，调控体内保幼激素和蜕皮激素含量，参与生理代谢调控等。5-羟色胺能通过5-羟色胺受体1B受体调控黑腹果蝇昼夜节律，通过与5-羟色胺受体1A作用抑制胰岛素样肽的产生和释放，下调胰岛素信号从而促进果蝇休眠。5-羟色胺还能调控长红猎蝽（*Rhodnius prolixus*）的唾液腺以及黑腹果蝇的

* 基金项目：国家重点研发计划（2019YFD1002103）；贵州省烟草局项目（201936；201937；201941）；国家烟草总局重大专项［110202001032（LS-01）］

** 第一作者：王亚南，硕士，主要从事害虫生物防治研究工作；E-mail：18769476478@163.com

*** 通信作者：李玉艳；E-mail：liyuyan@caas.cn

好动行为等。章鱼胺能调节昆虫体内脂类及碳水化合物的代谢、控制肠道和卵巢中肌肉收缩以及昆虫的取食等行为。酪胺作为章鱼胺合成的前体与章鱼胺协同作用，但是也可以作为独立的神经递质发挥不同的生理作用，如在秀丽隐杆线虫（*Caenorhabditis elegans*）中，酪胺作为独立的神经递质与特定受体结合参与逃避等应急性反应。除此之外酪胺可抑制5-羟色胺引起的东亚飞蝗（*Locusta migratoria*）前、后肠肌肉的收缩以及与多巴胺协同调节西方蜜蜂（*Apis mellifera*）工蜂的生殖分化等。乙酰胆碱和GABA分别作为神经系统的兴奋性以及抑制性神经递质发挥重要的功能，多作为杀虫剂的作用位点进行相关研究。因此，明确昆虫神经递质及其受体的功能和作用方式，将有助于解析昆虫的行为、发育及生理反应等活动的神经调控机制，对利用神经递质及其受体调控昆虫行为和发育过程等指导害虫防治和有益昆虫应用提供新思路。

关键词：神经递质；受体；生理功能；神经调控机制

管氏肿腿蜂低温储存条件对存活率的影响探索

柏冰洋[1*] 赵千里[1] 易家喜[2] 洪承昊[3**]
（1. 神农架林区林业科学研究所，神农架 442400；2. 神农架林业有害生物天敌繁育场，神农架 442400；3. 湖北省林业科学研究院，武汉 430075）

摘 要：管氏肿腿蜂在林业、园林等行业广泛应用于防治松墨天牛、星天牛、光肩星天牛等蛀干害虫。本文旨在探索管氏肿腿蜂在生产到释放过程中的低温储存问题，应用恒温恒湿培养箱进行低温储存实验。结果显示6℃适合作为管氏肿腿蜂的长期低温储藏温度，10℃适合做短期低温储藏温度，此结果可为生产实践中管氏肿腿蜂的低温储存工作提供参考。

关键词：管氏肿腿蜂；低温储存；技术

管氏肿腿蜂是膜翅目（Hymenoptera）肿腿蜂科（Bethylidae）昆虫的总称，被认为是膜翅目中原始有刺的一个类群[1]。目前我国开展应用的肿腿蜂种类均属于寄甲肿腿蜂亚科（Epyrinae）的硬皮肿腿蜂属（*Scleroderma*），分类地位比较稳定[1]。管氏肿腿蜂（*Scleroderma guani* Xiao et Wu）于1973年和1975年先后在广东和山东发现，随后在国内许多省市查明，均有分布，后经萧刚柔和吴坚鉴定并定名为管氏肿腿蜂[2]。

管氏肿腿蜂被广泛应用于林业、园林、经济林（作物）等植物上的蛀干害虫，尤其是园林方面的行道树、公园、苗圃等树种较单一的生态环境。以湖北省为例，武汉、宜昌地区的林业部门使用管氏肿腿蜂防治松墨天牛；荆州、武汉两市的园林单位使用管氏肿腿蜂防治星天牛等，均取得了较好的防治效果。

1 前言

1.1 生物学特性

管氏肿腿蜂一年发生的代数随其种类及所在地区的气候不同而异，在河北、山东一年发生5代，在粤北山区一年发生5~6代，在广州一年可完成7~8代，以成蜂在树干虫道内越冬[3]。夏季完成1个世代约需1个月左右。在28℃、相对湿度70%的条件下，完成1个世代各虫态的历期是：产卵前期3~4天，卵期5~6天，幼虫期5~7天，蛹期11~15天，雌蜂寿命约1个月，雄蜂寿命8~11天。在低于20℃的环境条件下，管氏肿腿蜂子代蜂发育历期长或雌蜂不产卵[4]。

管氏肿腿蜂雌雄二型现象明显，雌蜂大部分无翅，腹部较长，且腹部末端逐渐呈锥形；雄蜂有翅，个体较小，腹部短且较平滑。雌雄蜂交尾时，雌蜂将雄蜂背负于背上，尾部连接。刚羽化的雌蜂接入装有天牛幼虫的指形管中不会立刻蜇刺天牛幼虫产卵，待2~3

---

* 第一作者：柏冰洋，硕士，主要从事林业有害生物繁育工作

** 通信作者：洪承昊；E-mail：haohao730@163.com

天后才会有攻击行为。被雌性管氏肿腿蜂蜇刺的天牛幼虫身体僵直伸展，不会发出应激性动作，此时雌蜂在其体壁产卵，幼虫孵化后继续在其体壁外取食发育。实际操作中观察到，在雌蜂产卵到幼虫孵化期间，指形管的管壁会出现数量不等的白色或褐色小斑点，斑点数量与幼虫数量存在一定关系。管氏肿腿蜂雌成虫有饲幼行为，在产卵前，会对寄主体表进行清洁；幼虫老熟后，条件允许时会将幼虫搬离寄主残骸，例如在用麻天牛接种繁育时，肿腿蜂幼虫结茧后可以看到所有蜂茧全部集中在指形管的一端，另一端是麻天牛残骸。

1.2 管氏肿腿蜂的人工饲养技术

管氏肿腿蜂的人工饲养，重点在于寄主的选择。由于管氏肿腿蜂是鞘翅目（Coleoptera）、鳞翅目（Lepidoptera）等多种害虫的体外寄生蜂，多以林木、果树的蛀干害虫的幼虫和蛹为寄主，因此其寄主有 22 科 50 余种[5,6,7]。张连芹等[8]用蜜蜂（*Apis* spp.）雄蛹作寄主，寄生率为 57.5%~74.0%；张连芹等[9]用大袋蛾（*Clania variegata*）作寄主，寄生率达到 70%；陈君等[10,11]用大理窃蠹（*Ptilineurus marmoratus*）和二齿茎长蠹（*Sinoxylon japonicum*）作寄主，寄生率分别达 50.0%~83.3%和 73.7%；钱明惠[12]用黄粉甲（*Tenebrio molitor*）、玉米螟（*Ostrinia furnacalis*）和红铃虫（*Pectinophora gossypiella*）作寄主，出蜂率分别为 20.74%，42.31%~65%和 68.42%；谢振东等[13]用栗山天牛（*Massicus raddei*）3 龄幼虫作寄主，寄生率可达 100%；时亚琴等[14]用光肩星天牛（*Anoplophora glabripennis*）3 龄、4 龄和 5 龄幼虫作寄主，寄生率分别为 100%、25%和 0；田慎鹏等[15]用黄粉甲作寄主，寄生率为 65.3%~89.0%；李理等[16]还采用“人工幼虫”作寄主，成蜂率在 50.0%~62.8%。作为管氏肿腿蜂人工规模化饲养的寄主，需要易得且接种率稳定，因此在实际操作过程中选择了松墨天牛和麻天牛的幼虫作为寄主。

1.3 管氏肿腿蜂人工饲养温度设置选择

田慎鹏[17]等实验发现，管氏肿腿蜂的寄生率、寄生成功率、产卵量、子代蜂的数量和性比等人工大量繁育时的重要指标均受到温度的影响，其中 24~28℃是这几项指标的最适范围。同时，也有文献报道了其他肿腿蜂最适繁育温度：Infante 报道的 27℃、Peter 报道的 26℃、Hekal 报道的 25℃以及 Portilla 报道的 25~27℃等。郝改莲[18]等发现，在 20℃、24℃、26℃、28℃、30℃时，雌性管氏肿腿蜂世代历期分别为 40.7 天、34.0 天、30.1 天、28.0 天、26.4 天；其卵、幼虫、成虫和世代发育起点温度分别为 11.39℃、10.84℃、9.14℃、10.98℃、11.43℃。

2 材料与方法

2.1 供试管氏肿腿蜂与寄主

由于用松墨天牛繁育管氏肿腿蜂容易出现白僵菌感染，从而造成天牛幼虫和管氏肿腿蜂都死亡的情况。因此，本实验以自留管氏肿腿蜂为亲代，用 3~4 龄的麻天牛幼虫来复壮繁育管氏肿腿蜂作为子一代实验用虫。

寄主采用天津购买的麻天牛幼虫。

2.2 实验用具和设备

用具：玻璃滴管（φ=0.9cm，长为 5cm），酒精灯，棉花，培养皿等。

设备：洁净工作台（苏净安泰 SW-CJ-2F），恒温恒湿培养箱（江南仪器厂 HWM-

168)，镊子，小毛笔等。

2.3 实验方法

由于每管肿腿蜂的羽化出蜂量不同，因此每个重复用10管羽化情况良好的肿腿蜂，每个温度梯度的实验，使用3个重复的肿腿蜂。根据实践经验，储存温度设为8℃、10℃、12℃，保存时间为30天、45天、60天。实验具体过程即8℃条件下分别保存30天、45天、60天，观察管内肿腿蜂存活率；10℃条件下分别保存30天、45天、60天，观察管内肿腿蜂存活率；12℃条件下分别保存30天、45天、60天，观察管内肿腿蜂存活率。

为了尽可能地准确统计数据，选择在将子代管氏肿腿蜂作为种蜂接种时统计。每头麻天牛幼虫接3头管氏肿腿蜂，统计最终接种的麻天牛数量，与原玻璃滴管中死亡管氏肿腿蜂相加，得到总羽化量和成活量。

3 结果与分析

3.1 在6℃、8℃和10℃环境下保存30天后管氏肿腿蜂的存活率

由表1和图1可以看出，在6℃、8℃和10℃环境下保存30天后，8℃和10℃温度下的管氏肿腿蜂存活率相近，但都较6℃温度下高。但是从表2会发现用于实验的管氏肿腿蜂总头数不同，只是由于要考虑到在实际生产中，管氏肿腿蜂产品是保持羽化状态的玻璃滴管，销售和冷藏都不会把玻璃底管中的管氏肿腿蜂取出再重新做包装。

表1 在6℃、8℃和10℃环境下保存30天后管氏肿腿蜂的存活情况

储存温度（℃）	总头数	存活头数	存活率（%）
6	53	39	73.58
8	46	36	78.26
10	55	44	80.00

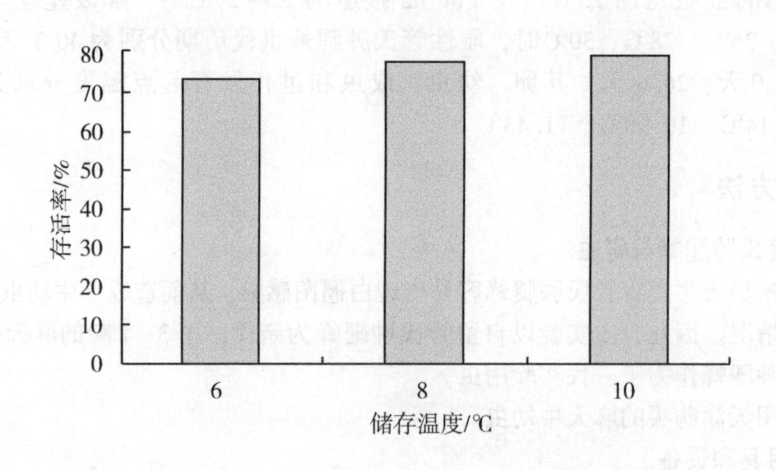

图1 在6℃、8℃和10℃环境下保存30天后管氏肿腿蜂的存活率

3.2 在6℃、8℃和10℃环境下保存45天后管氏肿腿蜂的存活率

由表2和图2可以看出，在6℃、8℃和10℃环境下保存45天后，10℃环境下的管氏肿腿蜂存活率最高。实验结果中出现了6℃环境下管氏肿腿蜂的存活率高于8℃环境，推测这可能跟6℃环境下的管氏肿腿蜂总头数较多有关。

表2　在6℃、8℃和10℃环境下保存45天后管氏肿腿蜂的存活情况

储存温度（℃）	总头数	存活头数	存活率（%）
6	41	31	75.61
8	37	27	72.97
10	36	28	77.78

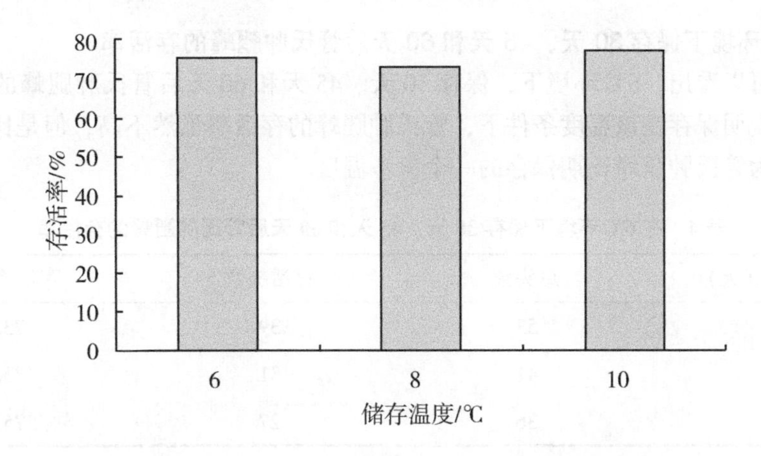

图2　在6℃、8℃和10℃环境下保存45天后管氏肿腿蜂的存活率

3.3 在6℃、8℃和10℃环境下保存60天后管氏肿腿蜂的存活率

由表3和图3都可以看出，在6℃、8℃和10℃环境下保存60天后，明显可见10℃环境下的管氏肿腿蜂存活率不如其他两个温度环境。推测造成这种结果的原因，可能是因为10℃环境下，管氏肿腿蜂休眠消耗较多，60天后死亡数量较多，而6℃环境下管氏肿腿蜂存活率最高，可能是因为该温度条件下管氏肿腿蜂休眠消耗较小。

表3　在6℃、8℃和10℃环境下保存60天后管氏肿腿蜂的存活情况

储存温度（℃）	总头数	存活头数	存活率（%）
6	35	27	75.00
8	26	18	69.23
10	45	31	68.89

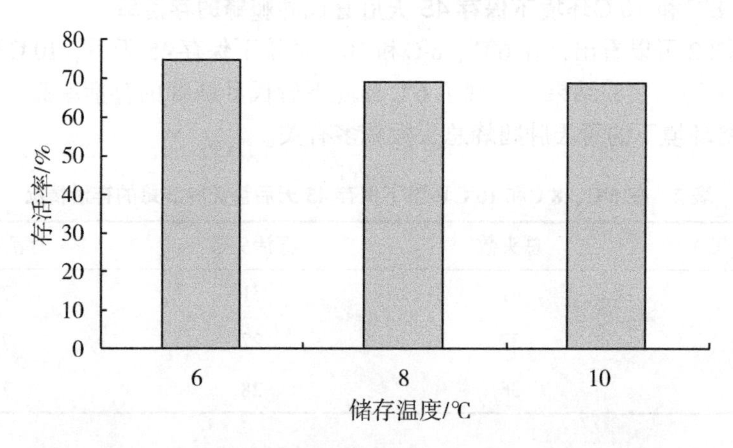

图 3 在 6℃、8℃和 10℃环境下保存 60 天后管氏肿腿蜂的存活率

3.4 在 6℃环境下保存 30 天、45 天和 60 天后管氏肿腿蜂的存活率

由图 4 可以看出，6℃环境下，保存 30 天、45 天和 60 天后管氏肿腿蜂的存活率没有显著差异。说明保存在该温度条件下，管氏肿腿蜂的存活率虽然不高，但是比较稳定，可以该温度作为管氏肿腿蜂长期保存的一个参考温度。

表 4 在 6℃环境下保存 30 天、45 天和 60 天后管氏肿腿蜂的存活率

储存时间（天）	总头数	存活头数	存活率（%）
30	53	39	73.58
45	41	31	75.61
60	36	27	75.00

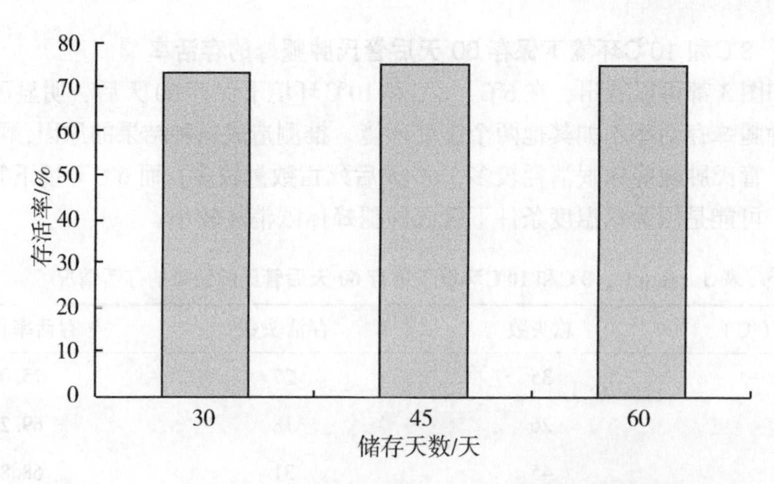

图 4 在 6℃环境下保存 30 天、45 天和 60 天后管氏肿腿蜂的存活率

3.5 在8℃环境下保存30天、45天和60天后管氏肿腿蜂的存活率

由表5和图5可以看出，随着保存时间的增长，8℃环境下保存的管氏肿腿蜂存活率呈现较明显下降的趋势。说明8℃的温度，并不适合长期保存管氏肿腿蜂，保存时间控制在30天左右，成活率较高。

表5 在8℃环境下保存30天、45天和60天后管氏肿腿蜂的存活率

储存时间（天）	总头数	存活头数	存活率（%）
30	46	36	78.26
45	37	27	72.91
60	26	18	69.23

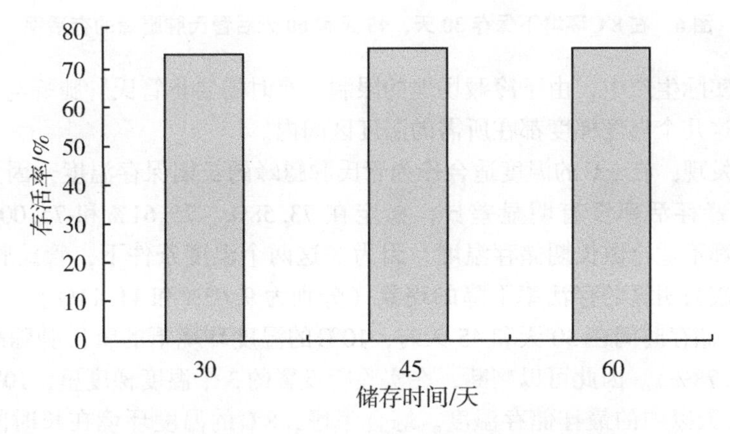

图5 在8℃环境下保存30天、45天和60天后管氏肿腿蜂的存活率

3.6 在10℃环境下保存30天、45天和60天后管氏肿腿蜂的存活率

由图6可以看出，随着保存时间的增长，10℃环境下保存的管氏肿腿蜂存活率呈现较明显下降的趋势。说明10℃的温度与8℃的温度一样，都不适合长期保存管氏肿腿蜂，保存时间也应控制在45天以内，因为由图2可以看出，在保存时间到达45天时，10℃环境下的存活率最高。

表6 在10℃环境下保存30天、45天和60天后管氏肿腿蜂的存活率

储存时间（天）	总头数	存活头数	存活率（%）
30	55	44	80.00
45	36	28	77.78
60	45	31	68.89

4 结论与讨论

有报道表明，管氏肿腿蜂其卵、幼虫、成虫和世代发育起点温度分别为11.39℃、10.84℃、9.14℃、10.98℃、11.43℃，有效积温依次为52.25℃、103.01℃、223.70℃、258.24℃、442.86℃[22]。因此，实验选择由高到低的6℃、8℃和10℃作为实验温度。同

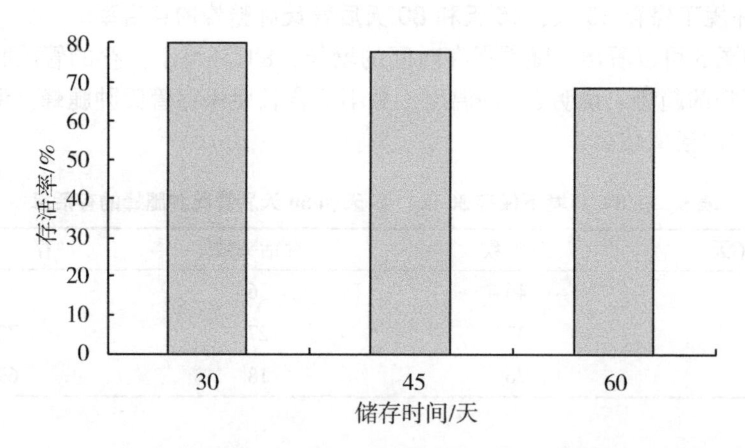

图 6　在 8℃环境下保存 30 天、45 天和 60 天后管氏肿腿蜂的存活率

时也因为，在实际生产中，由于冷藏场地的限制，有时需要将管氏肿腿蜂与其他天敌昆虫一起冷藏，而这几个温度梯度都在所需的温度区间内。

本次实验发现，在 6℃的温度适合作为管氏肿腿蜂的长期保存温度，因为该温度下保存的管氏肿腿蜂存活率没有明显差异，稳定在 73.58%、75.61%和 75.00%。而 8℃和 10℃的温度，都不适合做长期储存温度。因为在这两个温度条件下，管氏肿腿蜂储存 60 天时都出现了较为明显的存活率下降的现象（分别为 9.03%和 11.11%），且存活率都低于 70.00%。在储存时间在 30 天和 45 天时，10℃的温度环境下的管氏肿腿蜂存活率最高（80.00%和 77.78%）。因此可以判断，在实验所设置的 3 个温度梯度里，10℃可以作为管氏肿腿蜂在 45 天以内的最佳储存温度。综合考虑，8℃的温度环境在长时间的储存过程中，会使管氏肿腿蜂的存活率变低（从 78.26%降至 69.23%）；做短时间储存时，管氏肿腿蜂的存活率又低于另外两个温度环境，即储存 30 天后低于 10℃（80.00%），储存 45 天后同时低于 6℃（75.61%）和 10℃（77.78%）。

综合分析上述情况，同时结合实际生产过程推测，出现的异常可能是因为玻璃滴管中管氏肿腿蜂头数较多。因为在实际生产中出现过玻璃滴管中管氏肿腿蜂数量超过 100 头的，在冷库中以 9~12℃的低温保存 120 天以上，取出后存活率依然可以超过 90%的情况。

由于管氏肿腿蜂具有饲幼习性，在寄生前，亲代管氏肿腿蜂雌蜂会清理寄主，在子代管氏肿腿蜂进入老熟幼虫阶段，管氏肿腿蜂雌蜂会将老熟幼虫搬离寄主残骸至一干净处集中化蛹。因此，在子代管氏肿腿蜂羽化前贸然将管氏肿腿蜂亲代雌虫取出，会从一定程度上影响子代蜂化蛹，最终有可能影响供试子代管氏肿腿蜂的数量。同时，由于亲代和子代的管氏肿腿蜂外部特征基本一致，仅凭肉眼很难分辨。若是此时亲代管氏肿腿蜂还未死亡，则有可能从玻璃滴管中误取出子代管氏肿腿蜂，考虑到亲代管氏肿腿蜂对于低温的抗逆性可能会较新羽化的子代管氏肿腿蜂弱，若是这时取出玻璃滴管中相应数量的管氏肿腿蜂，最终就可能造成低温储存实验出现较大误差。因此，本实验是将羽化完全的玻璃滴管完整地放入相应温度环境进行实验，中途不取出任何管氏肿腿蜂，将玻璃滴管中所有管氏肿腿蜂都进行统计。在作为商品出售时，管氏肿腿蜂是以雌蜂数量左右定价标准的，而且雄蜂寿命较短，因此在进行数据统计时，没有将雄蜂统计在内。

虽然本实验是为了指导管氏肿腿蜂的工厂化生产，但这其中还存在一个隐患，就是在选择实验用子代管氏肿腿蜂时，担心由于每个玻璃滴管中管氏肿腿蜂的数量多且爬行能力强等不稳定因素，造成管氏肿腿蜂在实验过程中逃逸。因此，所选择的都是羽化程度较好、数量较少的子代管氏肿腿蜂。虽然在生产中，需要进行低温储存的管氏肿腿蜂均需要人工挑拣，但是这样的人为选择依然可能会对结果产生影响。

参考文献

[1] 周娜，姚圣忠，胡德夫，等．管氏肿腿蜂的人工繁育与应用研究进展［J］．干旱区研究，2005（4）：153-159.

[2] 萧刚柔，吴坚．防治天牛的有效天敌：管氏肿腿蜂［J］．林业科学，1983（增刊）：81-84.

[3] 萧刚柔．近年来我国森林昆虫研究进展［J］．森林病虫通讯，1992（3）：36-43，35.

[4] 康文通，汤陈生，梁农，等．应用管氏肿腿蜂林间防治松墨天牛［J］．福建农林大学学报（自然科学版），2008（6）：575-579.

[5] 陈君，程惠珍．肿腿蜂的应用研究进展［J］．中国生物防治，2000（11）：166-170.

[6] 张连芹．管氏肿腿蜂应用技术简介［J］．森林病虫通信，1984（1）：27-29.

[7] 萧刚柔．中国森林昆虫［M］．2版．北京：中国林业出版社，1992.

[8] 张连芹，宋世函，范军祥．利用蜜蜂雄蛹繁殖管氏肿腿蜂［J］．昆虫天敌，1984，6（4）：244-247.

[9] 张连芹，宋世涵，范军祥．大袋蛾繁殖管氏肿腿蜂的初步研究［J］．生物防治通报，1987，3（3）：114-116.

[10] 陈君，程惠珍．应用大理窃蠹繁殖管氏肿腿蜂［J］．昆虫知识，1995，32（3）：160-162.

[11] 陈君，程惠珍．二齿茎长蠹的发生及防治［J］．昆虫知识，1997，34（1）：20-21.

[12] 钱明惠．不同寄主繁育管氏肿腿蜂的初步研究［J］．广东林业科技，1999，15（3）：44-46.

[13] 谢振东，张绪成，张佩勇，等．用栗山天牛幼虫做寄主人工繁殖管氏肿腿蜂的试验研究［J］．吉林林业科技，1999（6）：11-12.

[14] 时亚琴，王素英．转管繁育提高管氏肿腿蜂产卵量的试验研究［J］．内蒙古林业科技，2001（4）：29-30.

[15] 田慎鹏，徐志强．不同温度条件对利用黄粉甲繁育管氏肿腿蜂的影响［J］．昆虫知识，2003，40（4）：356-359.

[16] 李理，温硕洋，谢以权等．管氏肿腿蜂离体培养研究［J］．昆虫天敌，1994，16（1）：6-7.

[17] 田慎鹏，徐志强．不同温度条件对利用黄粉甲繁育管氏肿腿蜂的影响［J］．昆虫知识，2003（4）：356-359.

[18] 郝改莲，马铁山．管氏肿腿蜂发育起点温度和有效积温试验研究［J］．现代农业科技，2013（3）：304，306.

黄秋葵田棉大卷叶螟与天敌的发生动态及时间生态位*

丛胜波** 许 冬 王 玲 王金涛 杨妮娜 杨甜甜 万 鹏***

（农业农村部华中作物有害生物综合治理重点实验室，农作物重大病虫草害防控湖北省重点实验室，湖北省农业科学院植保土肥研究所，武汉 430064）

摘 要：为了解黄秋葵田内棉大卷叶螟与天敌的种群动态变化情况，分析害虫和天敌间的生态调控机制，为黄秋葵田害虫的生物防控提供科学依据。通过目测法和5点取样法调查记录黄秋葵田害虫、天敌种类和数量，并对两者间的生态位进行分析。结果表明，黄秋葵田内棉大卷叶螟在田间呈聚集分布，田间发生时间较长，主要在7—9月。田间捕食性天敌主要有瓢虫和蜘蛛两类，其中龟纹瓢虫、异色瓢虫、三突花蛛、草间小黑蛛为天敌优势种。寄生性天敌有卷叶螟绒茧蜂、红铃虫甲腹茧蜂、卷叶螟姬小蜂、菲岛扁股小蜂、广大腿小蜂和广黑点瘤姬蜂共6种，其中卷叶螟绒茧蜂、卷叶螟姬小蜂为天敌优势种。棉大卷叶螟与蜘蛛、卷叶螟绒茧蜂、卷叶螟姬小蜂的时间生态位重叠值分别为0.722 0、0.717 5、0.679 7，这三类天敌对棉大卷叶螟有明显的跟随效应，对其种群具有协同控制效果，是控制棉大卷叶螟的三种优势天敌。因此，在田间管理时应加强对这些天敌的保护和利用，以增强天敌的自然控害功能。

关键词：黄秋葵；害虫；天敌；种群动态；生态位

* 基金项目：转基因生物新品种培育重大专项（2016ZX08011002-002）；湖北省农业科技创新中心项目（2016-620-003-001-016）

** 第一作者：丛胜波，助理研究员，从事害虫生物防治研究；E-mail：congshengbo@ 163. com

*** 通信作者：万鹏，研究员，从事转基因作物安全性评价和农业害虫防治研究；E-mail：wanpenghb@ 126. com

温度对捕食性蝽类昆虫生长发育影响的研究进展*

纪宇桐** 薛传振 周 磊 王孟卿*** 李玉艳 毛建军 张礼生
（中国农业科学院植物保护研究所，北京 100193）

摘 要：影响捕食性蝽类昆虫生长发育相关的环境因子包括非生物因子，如温度、湿度、光照、化学药剂等；生物因子，如猎物、天敌、病原微生物等。就温度对捕食性蝽类昆虫的影响而言，目前蝽科和花蝽科几类昆虫已有一定研究，结果表明在18～30℃的温度范围适合所有已经研究种类捕食蝽的生长发育，有些种类温度适应范围更广。

Legaspi等（2005）对斑腹刺益蝽 *Podisus maculiventris*（Say）的研究表明，在18～30℃不同温度下，若虫发育速率因温度的升高而升高，雌成虫的产卵前期在30℃下最短，为2.7天，在18℃下最长为13.4天，卵孵化率在18℃最低，30℃最高。Sunghoon等（2014）报道了在13.2℃、18.4℃、21.7℃、23.7℃、27.2℃、32.7℃、35.2℃和40.6℃这8个温度对斑腹刺益蝽的存活率和发育速率的影响，结果显示斑腹刺益蝽的卵在13.2～32.7℃孵化，若虫在18.4～32.7℃可成功发育为成虫。

Kamran等（2007）研究了双刺益蝽（*Picromerus bidens* L.）在15℃、18℃、20℃、23℃、27℃、32℃和35℃下的生长发育情况，证明双刺益蝽卵在15℃和35℃下不能孵化，在18～32℃之间，发育速率呈线性正相关。

唐艺婷（2020）证实益蝽（*Picromerus lewisi* Scott）在18～32℃的温度范围内生长时，发育历期与温度成反比，当温度达36℃时，益蝽卵孵化率为0，不能完成发育。在适宜温度范围内（25～28℃）饲养的益蝽体重显著高于不适宜的温度（18℃和32℃）的饲养数据。

廖平等（2020）发现，随着温度的降低蠋蝽（*Arma chinensis* Fallou）的发育历期均呈现显著延长趋势，且蠋蝽羽化后的雌、雄成虫体质量会随温度下降而降低。

丁尧等（2016）对微小花蝽（*Orius minutus*）和阮传清等（2008）对黑纹透翅花蝽（*Montandoniola moraguesi* Puton）进行研究发现，在15～35℃范围内，微小花蝽和黑纹透翅花蝽均能完成生长发育，且发育历期和成虫平均寿命随温度的升高而缩短。当温度升至35℃时，黑纹透翅花蝽死亡率显著提高。

综上所述，适宜的温度有利于蝽类天敌昆虫的生长发育，而温度过低或过高会导致其发育迟缓甚至不发育而最终死亡，因此，在捕食性蝽类昆虫的饲养和大规模扩繁方面，温度是一个很重要的因素。

关键词：捕食性蝽类昆虫；生长发育；温度

* 基金项目：科技部重点研发计划项目（2019YFD0300100）；中国农业科学院创新工程项目（CAAS-ZDRW202108）

** 第一作者：纪宇桐，硕士研究生，研究方向为生物防治学；E-mail：yutong-ji@qq.com

*** 通信作者：王孟卿；E-mail：mengqingsw@163.com

低温饲养对红彩瑞猎蝽生长发育的影响*

郭　义[1**]　肖俊健[2]　李敦松[1]　邓海滨[3***]
（1. 广东省农业科学院植物保护研究所/广东省植物保护新技术重点实验室，
广州　510640；2. 华南农业大学植物保护学院，广州　510640；
3. 广东省烟草南雄科学研究所，南雄　512400）

摘　要：红彩瑞猎蝽（*Rhynocoris fuscipes*）是半翅目蝽科的一种捕食性天敌昆虫，可捕食斜纹夜蛾、烟青虫、烟蚜等，是烟田中优势天敌昆虫种群，具有很强的扩繁价值。为调整红彩瑞猎蝽的发育进度，延长其货架期，在维持大量种群规模的同时，大大减少人工投入，本研究探究了低温下饲养红彩瑞猎蝽的效果。试验设置12℃和18℃两个温度处理，对照为26℃，初始虫态为新羽化的3龄若虫，均饲喂面包虫，12℃和18℃时每7天饲喂一次，对照每3天饲喂一次。结果表明，18℃时，3龄、4龄、5龄若虫的平均发育历期分别为（14.67±2.3）天、（20.50±1.5）天、（28.30±2.5）天，均显著高于26℃时的平均发育历期［（7.51±1.0）天、（7.63±1.2）天、（8.12±1.6）天］；12℃时，若虫发育更加缓慢，3龄、4龄、5龄若虫的平均发育历期分别为（26.34±3.4）天、（39.52±4.4）天、（58.40±4.5）天，均显著高于18℃和对照。18℃和12℃时，4龄、5龄若虫和雌成虫的体重均比对照略小，但无显著性差异，雄成虫体重均显著低于对照。12℃饲养条件下，3龄、4龄、5龄若虫的存活率分别为58.0%、60.3%、51.4%，显著低于对照和18℃饲养条件下，18℃时，3龄、4龄、5龄若虫的存活率与对照无显著性差异。将低温条件下饲养的红彩瑞猎蝽置于常温条件下测试其捕食能力，结果表明，在直径15cm培养皿中，12头3龄黏虫的密度条件下，18℃条件下饲养的红彩瑞猎蝽4龄、5龄、成虫捕食能力与对照无显著性差异，12℃条件下饲养的红彩瑞猎蝽捕食能力显著弱于对照。综上，18℃低温饲养可以显著延缓红彩瑞猎蝽的发育历期，对其存活率和捕食能力无显著影响，同时可以减少投喂猎物的频率，节省人力成本，延长货架期，对于规模化扩繁有重要意义。但此试验设置温度梯度较宽，需要进一步减少温度梯度测试红彩瑞猎蝽的发育起点温度、有效积温等指标，为规模化扩繁过程中精准调控红彩瑞猎蝽发育进度奠定基础。

关键词：红彩瑞猎蝽；低温饲养；生长发育；生物防治

---

* 基金项目：广东省烟草专卖局（公司）科技项目（粤烟科项201801）；国家荔枝龙眼产业技术体系项目（CAES-32-13）

** 第一作者：郭义，助理研究员，研究方向为害虫生物防治；E-mail：guoyi@gdaas.cn

*** 通信作者：邓海滨，高级农艺师；E-mail：haibind@21cn.com

两个地理种群蠋蝽的生物学特性差异比较*

贺玮玮[1,2]** 周 磊[1,2] 张茂森[1] 李玉艳[1] 毛建军[1] 王孟卿[1] 张礼生[1]***
（1. 中国农业科学院植物保护研究所，农业农村部作物有害生物综合治理重点实验室，北京 100193；2. 天津农学院园林园艺学院，天津 30038）

摘 要：蠋蝽［*Arma chinensis*（Fallou）］，属半翅目蝽总科蝽科益蝽亚科蠋蝽属。该蝽是一种优良的捕食性天敌昆虫，能捕食鳞翅目、鞘翅目、膜翅目及半翅目等多个目的40余种农林害虫，尤其对外来入侵害虫草地贪夜蛾、美国白蛾等具有较强的捕食能力，近年来蠋蝽已被大量应用于烟草、蔬菜及园林害虫的防治，并取得了显著效果，在生物防治中发挥着重要作用。蠋蝽在国外主要分布于日本、蒙古、朝鲜半岛及俄罗斯远东地区，在我国广泛分布。许多广布种昆虫的生物学特征和纬度密切相关，纬度又和温度有直接关系。昆虫的生存和繁殖均与温度有关，在不同的环境条件下会产生不同的适应性对策，导致其种群出现地理分化。例如，生活在不同地理纬度的异色瓢虫生物学特性差异明显，且卵期、产卵前期、单雌产卵总量均随纬度升高而增加。不同地区茶尺蠖的卵和幼虫的发育历期具有显著性差异，随着纬度的升高而缩短。

本实验比较了河北廊坊和贵州六盘水两个地区蠋蝽种群的表观形态、发育历期、成虫寿命和繁殖能力等生物学指标，结果表明两个地理种群的蠋蝽形态学差异显著，贵州六盘水蠋蝽种群的体型显著大于河北廊坊蠋蝽种群；从发育历期来看，卵期及1龄若虫时期显著差异，龄期越高，差异越小。河北廊坊蠋蝽种群发育时间长，体型小；贵州六盘水蠋蝽种群发育时间短，体型大。蠋蝽不同地理种群的差异可能与气候条件、生存环境、种群间基因交流障碍及人类活动等有关。但这些差异与生态环境因子的关系仍需深入研究。在研究中还发现两个种群蠋蝽的雌性均存在未经交配就能产卵的现象，但卵并不能孵化发育成若虫，其原因有待研究。本研究结果明确了生活在亚热带湿润季风气候区（贵州六盘水）和暖温带大陆性季风气候区（河北廊坊）的蠋蝽种群的发育规律和生物学特征，为分析蠋蝽不同地理种群的遗传分化和指导蠋蝽在不同地区的应用提供了基础生物学数据。在后续研究中，将继续开展不同地理种群蠋蝽的捕食控害潜能评价及环境适应性研究，明确不同地理种群的控害能力及生态适应能力，为我国促进蠋蝽的大规模生产和应用提供参考依据。

关键词：蠋蝽；生物防治；地理种群；生物学特性

---

* 基金项目：国家烟草总局重大项目［110202001032（LS-01）］；贵州省烟草局项目（201936、201937、201941）；中国农业科学院创新工程项目（CAAS-ZDRW202108）

** 第一作者：贺玮玮，硕士研究生，研究方向为资源利用与植物保护；E-mail：heweiwei150402@163. com

*** 通信作者：张礼生；E-mail：zhangleesheng@ 163. com

四种胰岛素样肽通过时间上互补表达参与大草蛉生殖调控*

刘小平** 张礼生 王孟卿 李玉艳 毛建军***
（中国农业科学院植物保护研究所，农业农村部作物有害生物综合治理重点实验室，北京 100193）

摘　要：在昆虫中，胰岛素信号通路在控制生长、代谢、繁殖、衰老等方面起着关键作用。大草蛉（*Chrysopa pallens*）属于脉翅目草蛉科，能捕食蚜虫、粉虱以及鳞翅目昆虫的卵与低龄幼虫等，其幼虫与成虫均能捕食，是农林害虫的重要捕食性天敌。笔者研究了4种胰岛素样肽在大草蛉雌性成虫中的表达和功能。大草蛉ILP1（*CpILP*1）和ILP4（*CpILP*4）的mRNA水平从成虫早期到后期逐渐升高。然而，ILP2（*CpILP*2）和ILP3（*CpILP*3）具有相反的表达曲线，在成虫期开始时具有较高的转录水平，之后逐渐降低。通过RNAi技术干扰大草蛉ILP1（*CpILP*1）和ILP2（*CpILP*2）的表达后，卵巢发育显著受阻，同时大草蛉卵黄原蛋白基因1（*CpVg*1）的转录水平降低。*ILP*3基因（*CpILP*3）干扰后卵巢的生长和成熟并没有受到抑制，但是Vg的表达减少。*ILP*4（*CpILP*4）干扰后，卵巢的发育，Vg的表达均没有受到影响。所有基因的干扰都没有显著影响大草蛉雌虫总繁殖力和卵的质量。这些数据表明，大草蛉4种*ILP*基因通过时间上互补表达参与生殖调控。

关键词：胰岛素样肽；胰岛素信号通路；繁殖；大草蛉

---

* 基金项目：贵州省烟草总公司项目（201936，201937，201941）；中国烟草总公司重大项目［110202001032（LS-01）］

** 第一作者：刘小平，硕士研究生，研究方向为农业有害生物综合防控；E-mail：xiaopingliu1@163.com

*** 通信作者：毛建军；E-mail：maojianjun0615@126.com

生姜茎叶提取物对高粱蚜生长发育和相关酶活性的影响*

刘续立** 秦曼丽 朱永兴 刘奕清***

（长江大学园艺园林学院，湖北 434000）

摘 要：高粱蚜（*Melanaphis sacchari* Zehntner）是高粱和玉米上的重要害虫，分布于全国各地，发生严重年份可造成大幅度减产。使用化学农药是防治高粱蚜的主要手段，但化学农药的过量使用容易引起高粱蚜的抗药性，因此寻求高效、低残留、环境友好的植物源杀虫剂势在必行。

生姜（*Zingiber officinale* Rosc.）作为药食同源的香辛类作物，具有较高的食用价值与经济价值，在我国中部、东南和西南部广泛种植。随着对植物源农药的研究，生姜逐渐应用于病虫害防治。研究表明，生姜根茎提取物对害虫有着驱避或触杀的功效，但生姜茎叶提取物用于防治害虫的研究尚未报道。明确生姜茎叶提取物对高粱蚜的作用机理将为高粱蚜的绿色防治提供理论依据。因此，本研究针对生姜茎叶提取物对高粱蚜生长发育和相关酶活性的影响进行了研究。

结果表明：生姜茎叶提取物对高粱蚜成蚜产仔数、成蚜寿命、幼蚜蜕皮数、幼蚜死亡率及体内消化酶、保护酶和解毒酶活性的影响存在差异。不同浓度生姜茎叶提取物处理后，成蚜产仔数、成蚜寿命、幼蚜蜕皮数随着浓度升高和处理时间延长而减少，且幼蚜死亡率增加，表明生姜茎叶提取物对高粱蚜的生长发育有明显的抑制；同对照相比，15mg/ml生姜茎叶提取物处理可显著降低高粱蚜体内蛋白酶、脂肪酶、淀粉酶活性，其中蛋白酶在1天、3天和7天时显著降低，脂肪酶在1天、5天和7天时显著降低，淀粉酶在7天内均显著降低，表明消化酶的活性均受到生姜茎叶提取物的抑制；同对照相比，15mg/ml生姜茎叶提取物处理下，高粱蚜体内超氧化物歧化酶（superoxide dismutase，SOD）活性在7天内显著升高，过氧化物酶（peroxidase，POD）、过氧化氢酶（catalase，CAT）活性在3天内显著升高，但7天时低于对照组，表明处理前期，生姜茎叶提取物能激发高粱蚜保护酶的活性；15mg/ml生姜茎叶提取处理下高粱蚜体内羧酸酯酶（carboxylesterases，CarE）活性在7天内均高于对照，乙酰胆碱酯酶（acetylcholinesterase，AChE）活性在7天内均低于对照，谷胱甘肽硫转移酶（glutathione S-transferases，GST）活性在1天、3天时显著升高，但7天时显著低于对照，表明生姜茎叶提取物对相关解毒酶的活性有不同的影响。总之，这些结果表明生姜茎叶提取物对高粱蚜的生长发育有抑制作用，并能对高粱蚜体内消化系统、防御机制产生影响，也说明生姜茎叶提取物在高粱蚜的绿色防控和植物源杀虫剂开发上具有潜力。

关键词：生姜；高粱蚜；茎叶提取物；生长发育；酶活性

---

* 基金项目：湖北省重点研发项目 2020BBA037；重庆调味品产业体系重大专项项目（2017-2021）-7；重庆英才计划创新创业团队 CQYC201903201

** 第一作者：刘续立，硕士研究生，主要从事生姜抗虫研究；E-mail：liuxuli33@163.com

*** 通信作者：刘奕清，博士，教授，博士研究生导师

七种杀虫剂对中红侧沟茧蜂安全性评价*

冉红凡** 路子云 刘文旭 马爱红 杨小凡 李建成***

（河北省农林科学院植物保护研究所，河北省农业有害生物综合防治工程技术研究中心，农业农村部华北北部作物有害生物综合治理重点实验室，保定 071000）

摘 要：中红侧沟茧蜂（*Microplitis mediator* Haliday）是棉铃虫［*Helicoverpa armigera*（Hübner）］和黏虫［*Mythimna separata*（Walker）］等农作物重要害虫的主要寄生性天敌，其寄主多达40余种，是控制害虫种群密度的重要自然因子。室内条件下测定了高效氯氰菊酯、高效氯氟氰菊酯、阿维菌素、氯虫苯甲酰胺、吡虫啉、灭幼脲、螺虫乙酯7种常用杀虫剂对中红侧沟茧蜂蜂茧和成蜂的毒性，以期为合理用药、协调生物防治和化学防治以及农药的环境安全性评价提供理论依据。

药液浸渍法处理对中红侧沟茧蜂蜂茧毒性测定：用不同浓度药液浸泡中红侧沟茧蜂蜂茧5s后取出自然晾干，在14L：10D光周期，温度（25±1）℃条件下，使其羽化，每日观察调查蜂茧羽化情况；将新羽化的成虫置于2 cm×10 cm的养虫管中，饲喂10%的蜂蜜水饲养，统计其寿命。结果表明，药液浸泡蜂茧后对成虫的羽化率没有显著影响；高效氯氰菊酯和高效氯氟氰菊酯浸泡蜂茧使中红侧沟茧蜂成虫寿命缩短；阿维菌素、氯虫苯甲酰胺、吡虫啉、灭幼脲、螺虫乙酯几种药剂处理对成虫平均寿命无显著影响。

药膜法处理对中红侧沟茧蜂成虫毒性测定：将配制好的不同浓度药液1 ml倒入2cm×10cm的指形管中，转动指形管使药液均匀涂布到管壁上，然后将药液倒出，指形管自然风干，每管放入10头中红侧沟茧蜂成虫（雌雄随机），放置1h后调查死亡率，同时将剩余活成虫转移入干净指形管中，放入（25±1）℃，光周期14L：10D培养箱中，每日调查死亡率，每处理重复3次。结果表明，高效氯氰菊酯和高效氯氟氰菊酯处理中红侧沟茧蜂死亡率最高，1h内死亡率即达到80%和100%；处理后1天不同药剂处理对中红侧沟茧蜂成虫的校正死亡率分别为：高效氯氰菊酯89.47%，氯氟氰菊酯100%，阿维菌素26.69%，螺虫乙酯21.05%，氯虫苯甲酰胺、吡虫啉和灭幼脲死亡率低于对照，因此无法计算校正死亡率；处理后2天的校正死亡率灭幼脲最低9.11%，其次是吡虫啉和氯虫苯甲酰胺均为18.19%；再次是螺虫乙酯36.38%和阿维菌素41.56%；处理后3天氯虫苯甲酰胺处理的死亡率低于对照的100%，无法计算校正死亡率，其余各处理校正死亡率均为100%。

药液浸泡叶片处理对中红侧沟茧蜂成虫毒性测定：将玉米叶片浸入配制好的不同浓度

* 资助项目：河北省重点研发计划项目（20326506D，20326511D，19226511D）；河北省农林科学院科技创新项目（2019-1-1-6；C20R1002）；广东省重点领域研发计划项目（2020B0202020003）

** 第一作者：冉红凡，主要研究方向为害虫的综合防治；E-mail：ranhongfan@163.com

*** 通信作者：李建成；E-mail：lijiancheng08@163.com

药液中，使药液均匀涂布到叶片上，然后将玉米叶片放置在滤纸上自然晾干，晾干后将叶片放入 7cm×8cm 的罐头瓶中，每瓶放入成蜂 30 头。于第 2 日调查成虫死亡率，然后将剩余存活的成蜂转移入另一干净空罐头瓶中，每日调查死亡率。结果表明，处理后 1 天，高效氯氰菊酯校正死亡率最高，达 58. 34%；其次为阿维菌素 12. 5%；氯虫苯甲酰胺、吡虫啉、灭幼脲、螺虫乙酯均为 0；处理 2 天，氯虫苯甲酰胺校正死亡率最高为 33. 33%；其次为高效氯氰菊酯 25. 93%；氯氟氰菊酯 16. 67%；阿维菌素、灭幼脲 0；螺虫乙酯和吡虫啉均低于对照。处理 3 天，除吡虫啉外其余处理死亡率均为 100%。吡虫啉第 4 天校正死亡率达到 100%。

结果表明，中红侧沟茧蜂对菊酯类药剂更为敏感，其余药剂毒性相对略低。对中红侧沟茧蜂来说，拟除虫菊酯类药剂（高效氯氰菊酯、高效氯氟氰菊酯）为高度敏感药剂，接触 1h 即能造成大量死亡；螺虫乙酯、灭幼脲对中红侧沟茧蜂的死亡率略高，其次是吡虫啉和氯虫苯甲酰胺，阿维菌素最为安全。因此在田间释放中红侧沟茧蜂时，应该尽量避免应用杀虫剂，尤其是菊酯类药剂。

关键词：中红侧沟茧蜂；杀虫剂；安全性；评价

翅磨损对瘦弱秽蝇成虫生物学性能的影响*

吴惠惠[1**] 张礼生[2] 徐维红[3] 许静杨[3] 王孟卿[2] 肖雪庄[1,3] 邹德玉[3***]
(1. 天津农学院园艺园林学院，天津 300384；2. 中国农业科学院植物保护研究所，北京 100193；3. 天津市农业科学院植物保护研究所，天津 300384)

摘 要：瘦弱秽蝇（*Coenosia attenuata*）为一种优良天敌昆虫，可以捕食蕈蚊、斑潜蝇、粉虱、水蝇、摇蚊、果蝇、有翅蚜及叶蝉等多种害虫。其成虫和幼虫均为捕食性，成虫在地面上以飞行中的昆虫为食，幼虫在土壤中以蕈蚊和水蝇幼虫为食。由于其具有捕食量大、耐高温、具有捕食本能等诸多优点，因此得到世界上很多生物防治学者的关注。研究并优化瘦弱秽蝇规模化饲养技术参数，降低其繁育成本，对于加快其规模化应用具有重要意义。目前，国际上饲养瘦弱秽蝇成虫所使用的猎物主要为蕈蚊和果蝇，以蕈蚊成虫为主，果蝇成虫为辅。已有研究报道显示饲喂果蝇的比饲喂蕈蚊的瘦弱秽蝇雌虫生育率显著低。但是目前为止，尚未有研究揭示其原因。

通过研究笔者发现：①瘦弱秽蝇翅的磨损是其生物学性能降低的一个很重要原因。取食果蝇的比取食蕈蚊的瘦弱秽蝇成虫翅磨损要快，翅的磨损显著降低了瘦弱秽蝇的飞行能力，进而降低了其在飞行中捕获猎物的成功率。②猎物体重的增加加快了瘦弱秽蝇翅的磨损。果蝇成虫比蕈蚊成虫要显著重。尤其是果蝇雌虫体重大约为瘦弱秽蝇雄虫体重的70%。瘦弱秽蝇雄虫在空中捕获并携带果蝇雌虫变得更难。③猎物飞行能力降低可延长瘦弱秽蝇成虫寿命。蕈蚊成虫飞行能力比果蝇成虫要弱许多。当瘦弱秽蝇成虫翅磨损严重只能跳跃时，其仍可以捕食笼底爬行的蕈蚊成虫，但其已不能捕食飞行能力强且体重更重的果蝇成虫。饲喂蕈蚊的瘦弱秽蝇比饲喂果蝇的瘦弱秽蝇成虫寿命显著长，产卵量显著增加。

关键词：天敌昆虫；瘦弱秽蝇；成虫；翅磨损；生物学性能；生物防治

---

* 基金项目：国家重点研发计划重点专项“天敌昆虫防控技术及产品研发”（2017YFD0201000）；天津市农业科学院青年科技创新项目“瘦弱秽蝇室内饲养成虫猎物密度研究”（201911）

** 第一作者：吴惠惠，硕士研究生导师，主要从事害虫生物防治研究；E-mail：bluesunny@126.com

*** 通信作者：邹德玉，硕士研究生导师，主要从事害虫生物防治研究；E-mail：zdyqiuzhen@126.com

七星瓢虫滞育期间脂肪酸延伸通路基因 *ACSL* 的功能研究*

向　梅[1,2]**　纪宇桐[1]　井晓宇[1,2]　李玉艳[1]　张礼生[1]***　臧连生[2]***

（1. 中国农业科学院植物保护研究所，北京　100193；
2. 吉林农业大学生物防治研究所，长春　130000）

摘　要：七星瓢虫（*Coccinella septempunctata* L.）在我国多地区均有分布，其捕食果树及农作物上的各种蚜虫，是一种典型的捕食性天敌昆虫，在生物防治中具有重要作用，被用作一种特殊的商品并广泛应用。滞育是昆虫为适应不良环境在长期进化过程中形成的一种生理生态对策，为了解决天敌产品不能长期贮存及不能适时应用等问题，通过研究七星瓢虫滞育机制，以掌握调控其滞育诱导、持续和解除的相关技术，为延长天敌产品货架期提供了一种可能途径。滞育七星瓢虫可显著积累脂质，脂肪酸合成是脂积累的重要组成部分，在脂肪酸合成和延长通路中，一些关键基因共同作用以及互相影响。长链脂肪酸辅酶 A 连接酶（long-chain fatty acid-CoA ligase，ACSL）在脂肪酸合成通路中，激活游离长链脂肪酸形成酰基辅酶 a，是脂肪酸合成的关键酶。本文基于七星瓢虫转录组数据库信息，对目的基因进行克隆，并对其序列进行生物信息学分析，利用 RT-PCR 和 RACE 技术测定了七星瓢虫在正常发育条件、滞育诱导不同时期以及滞育解除状态 *ACSL* 基因的表达量变化，旨在探讨目的基因时间表达模式与七星瓢虫的滞育进程之间的关系。研究表明：荧光定量检测发现该基因相对表达量在各处理条件下均有表达，但表达量具有显著差异。在滞育诱导 10 天、20 天表达量逐渐增加，并且在滞育诱导 20 天时表达量达到最高。随着滞育诱导时间的延长，表达量逐渐下降。并且滞育解除组和正常发育组显著低于滞育诱导 20 天及滞育诱导 30 天的表达量。初步确定该基因能够在一定程度促进七星瓢虫在滞育准备期积累脂质。在此基础上，为进一步研究七星瓢虫滞育分子机理，在后续实验中可以验证脂肪代谢通路以及上下游通路之间的联系，从中找出调控滞育关键基因，为更好挖掘七星瓢虫生物防治中的潜能奠定理论基础。

关键词：七星瓢虫；滞育；长链脂肪酸辅酶 A 连接酶；脂肪酸合成

---

* 基金项目：国家重点研发计划项目（2019YFD0300100）；国家自然科学基金项目（31972339）；基本科研业务费项目（Y20119LM04）

** 第一作者：向梅，硕士研究生，研究方向为生物防治；E-mail：2424078823@ qq. com

*** 通信作者：张礼生；E-mail：zhangleesheng@ 163. com

臧连生；E-mail：lsz04152@ 163. com

七星瓢虫滞育期间脂肪酸延伸通路基因 *ELO* 的功能研究*

向　梅[1,2**]　纪宇桐[1]　井晓宇[1,2]　李玉艳[1]　张礼生[1***]　臧连生[2***]

（1. 中国农业科学院植物保护研究所，北京　100193；
2. 吉林农业大学生物防治研究所，长春　130000）

摘　要：滞育是昆虫为适应不良环境在长期进化过程中形成的一种生理生态对策，在生物防治领域，可以通过对天敌产品的滞育调控，延长天敌产品货架期，提高利用率。七星瓢虫（*Coccinella septempunctata*）是典型的捕食性农业害虫天敌，是农田生态系统中控制蚜虫的重要生防因子。对于存在生殖滞育的七星瓢虫而言，其滞育可显著积累脂质，脂质作为滞育及滞育解除后生长发育的能量来源。超长链脂肪酸延伸酶（elongation of very long chain fatty acids protein，ELO）是脂肪酸延伸反应第一步的限速缩合酶，对脂类的生物合成及脂肪酸代谢进行调控，通过积极探索其具体的调控机理，可为研究脂质代谢奠定基础，最终为揭示滞育调控机制提供理论依据。本研究以七星瓢虫雌成虫为试材，聚焦脂肪酸延伸通路基因超长链脂肪酸延伸酶，基于七星瓢虫转录组数据库信息，通过 RT-PCR 和 RACE 技术对此目的基因进行克隆，并对其序列进行生物信息学分析，利用 qRT-PCR 技术测定 *ELO* 在成虫不同时期的表达模式。研究表明：荧光定量检测发现该基因表达量在滞育诱导 20 天时表达量最高，显著高于滞育晚期、滞育解除期以及正常发育组。随着滞育诱导时间延长表达量下降，该结果与七星瓢虫的脂含量变化趋势相一致。在此基础上，本研究将在后续实验中利用 RNAi 技术分析 *ELO* 在七星瓢虫滞育中的生物学功能，探究滞育关键基因在七星瓢虫滞育中的作用，提高七星瓢虫产品的贮存时间以及满足适时释放天敌的技术需求。

关键词：七星瓢虫；滞育；超长链脂肪酸延伸酶；脂肪酸合成

* 基金项目：国家自然科学基金项目（31972339）；国家重点研发计划项目（2019YFD0300100）

** 第一作者：向梅，硕士研究生，研究方向为生物防治；E-mail：2424078823@ qq. com

*** 通信作者：张礼生；E-mail：zhangleesheng@ 163. com
　　　　　　臧连生；E-mail：lsz04152@ 163. com

蛴螬高毒力白僵菌菌株的筛选

张　强*　朱晓敏　张云月　李茂海　赫思聪　田志来
（吉林省农业科学院，农业农村部东北作物有害生物综合
治理重点实验室，长春　130033）

摘　要：为了筛选出对蛴螬有高毒力的白僵菌菌株，本研究对实验室内保存的4株蛴螬白僵菌菌株及1株野外采集的蛴螬白僵菌菌株采用室内生测的方法对其毒力进行测定。将供试的5株白僵菌菌株在PDA液体培养基中活化48h，将活化的菌悬液均匀涂抹在PDA固体培养基上，放置于26℃的培养箱中，暗环境培养至产生孢子，将孢子接到PDA斜面培养基上，26℃、暗环境扩繁备用。人工捕捉东北大黑鳃金龟成虫在实验室内饲养至产卵，待卵孵化后利用马铃薯饲养幼虫至2龄备用。将供试菌株的孢子从PDA斜面培养基中刮下，在无菌水中配置成浓度为1×10^7亿/ml的孢子悬浮液，每个菌株配制50ml。将2龄蛴螬放置在无菌培养皿中，每个培养皿放置30头，用喉头喷雾器均匀喷施菌悬液，使每头幼虫均沾染到菌悬液，然后用加马铃薯丁的湿润土将虫体覆盖，置于室温下饲养，每个菌株重复3次，设空白对照。在施药后的第7天和第14天调查虫口死亡数，计算死亡率和校正死亡率。

QC-3号菌株表现最好，在第7天的虫口死亡率达到了68.89%，第14天虫口死亡率达到了78.89%，7天和14天的校正死亡率分别为65.43%和75.32%，其他4株白僵菌的7天和14天的校正死亡率在41.98%~51.85%和58.44%~61.04%。供试的5株白僵菌菌株均对蛴螬有较高的毒力，第14天的校正死亡率均达到50%以上，以QC-3号菌株毒力最高，在第7天的校正死亡率可以接近70%，第14天的校正死亡率可以到达75%以上，表现出良好的毒力活性，是利用白僵菌防治蛴螬的优质菌株，同时为蛴螬的生物防治工作提供了优质的菌株资源。

关键词：蛴螬；白僵菌；毒力

* 第一作者：张强；E-mail：zq0146@126.com

有害生物综合防治

我国农药技术推广的回眸与展望*

胡育海[1**] 张正炜[2***] 陈冉冉[2] 陈 秀[2,4] 李秀玲[5]

(1. 上海市浦东新区农业技术推广中心，上海 201201；2. 上海市农业技术推广服务中心，上海 201103；3. 全国农业科技成果转移服务中心，北京 100081；4. 上海市农药检定所，上海 201103；5. 上海市植物保护学会，上海 201103)

摘 要： 结合我国农药登记管理和农药禁限用政策的历史沿革，回顾了我国农技推广层面农药应用导向的阶段性转变。我国农技部门的农药技术推广作为农药法制化管理的重要补充，对农药在应用层面的安全科学使用起到了很好的示范和引导作用。当前，对农业生产安全的保障和对生态环境的保护仍是农药管理工作的重点。未来农药的应用导向将更加倾向生物农药、环境友好剂型和施用量少的农药制剂，为减缓农药抗药性发展引导运用因地制宜的农药轮换方案，并为统防统治、绿色防控以及“三品一标”等高质量农产品的生产提供更加细致的用药指导。

关键词： 农药管理；技术推广；田间试验示范

农药是确保农业生产稳定、丰产不可或缺的生产资料。但现代农药从诞生之日起就是一把“双刃剑”，它在有效防治为害农作物的病、虫、草鼠害的同时，也给人畜及环境生态带来负面影响，如造成农业面源污染，甚至危害人类健康和生态安全等。农药的科学管理与使用不仅关乎农产品产量，更直接关系到农产品的质量安全和生态安全。

我国是农药生产和使用大国。2013—2018 年，我国农药登记数量以年均 6.90%的速度增加；截至 2018 年底，我国尚在有效登记状态的农药有效成分达 689 个，产品 41 514 个，其中大田用农药 38 920个，卫生用农药2 594个[1]。

据统计，1990 年我国农药用量为 73.3 万 t，2016 年升至 174.0 万 t。2012 年起中央 1 号文件首次提出要“加快农业面源污染治理”，接下来的几年间国家连年加大农业面源污染的防治和治理力度。2015 年中央 1 号文件提出“实施农业环境突出问题治理总体规划和农业可持续发展规划”，农业部（现农业农村部）于 2015 年 2 月下发《到 2020 年化肥使用量零增长行动方案》《到 2020 年农药使用量零增长行动方案》，大力推进化肥减量提效和农药减量控害。我国开始对农药使用量进行宏观调控，探索产出高效、产品安全、资源节约、环境友好的现代农业发展道路。2017 年我国农药使用量虽然较上一年有所减少，但总量仍达 165.5 万 t。以 2017 年底全国 13 488.1万 hm^2 的总耕地面积估算，我国耕地单位面积的农药施用量约为 12.27kg/hm^2，远超世界平均水平[2]。

作为世界农业和农药施用大国，构建科学规范的农药管理体系，建立科学用药的有效指导机制，一直是政府保证我国粮食生产和食品安全、控制农药施用总量、减轻农业面源

* 基金项目：上海市农业农村委科技兴农项目（沪农科推字〔2017〕第1-2号）

** 第一作者：胡育海，高级农艺师，从事农药试验与推广工作；E-mail：huyuhai130@ 126. com

*** 通信作者：张正炜，农艺师，从事农药试验与推广工作；E-mail：zhangwei@ 163. com

污染的重要手段。

1 农药登记制度的建立和农药禁（限）用政策的沿革

1.1 农药登记制度的建立

农药作为一类特殊的化学品，在欧、美、日、韩等发达国家和地区均实行严格的市场准入制度[3]。我国的农药登记管理起步相对较晚，但一直处在不断探索、学习、发展、改进和完善之中。

1978年，农业部农药检定所恢复建所，负责农药管理等工作。1982年，农业部等6部委联合发布《农药登记规定》（〔82〕农业保字第10号），首次提出对农药实施登记管理。1997年，国务院发布《农药管理条例》，标志着我国农药行业管理由政策管理进入了法治管理阶段[4]。

2008年，《农药登记资料规定》颁布实施，对农药登记流程和所需材料作了初步规定。2017年新修订的《农药管理条例》出台后，我国农药登记制度进一步优化。规范了农药登记申请主体，明确了农药登记试验单位的资质，增加了农药登记再评价制度，与欧美等世界标准接轨[5]。

1.2 农药禁（限）用政策的沿革

我国农药禁用工作始于20世纪70年代，一系列农药禁（限）用政策相继出台。1997年《农药管理条例》（以下简称《条例》）颁布实施，我国禁（限）用农药管理工作步入规范化、法制化轨道。按照《条例》规定，任何农药产品都不得超出农药登记批准的使用范围。剧毒、高毒农药不得用于防治卫生害虫，不得用于蔬菜、瓜果、茶叶、菌类、中草药材的生产，不得用于水生植物的病虫害防治。2000年以来，农业部先后发布第194、199、274、322、747、1157、1586、1744、1745、2032、2289、2445、2552、2567号公告，公布了一批国家明令禁止或限制使用的农药，划出了我国农药使用的安全红线。

2017年新修订的《条例》经修改完善，由国务院签署颁布施行。新《条例》全方位提高了我国农药管理水平。如：①取消农药临时登记，进一步提高登记门槛；严格生产管理，细化农药生产许可制度。②对限制使用农药实行定点经营，实行农药经营许可制度等。③在农药的登记、生产和经营之外，新《条例》对农药使用也做出了明确规定。如要求各级农业主管部门加强农药使用指导，加强对农药使用者的科学用药培训；进一步完善了农药使用管理制度，鼓励和扶持专业化病虫害防治；要求县级政府制定并组织实施农药减量计划，逐步减少农药使用量；要求使用者不得超范围、超剂量用药，严禁使用禁用农药等。

新《条例》还将农药使用者的多种违规行为入刑，包括：①不按照农药标签标注而滥用农药；②使用禁用农药；将剧毒、高毒农药用于防治卫生害虫，或用于蔬菜、瓜果、茶叶、菌类、中草药材生产，或者用于水生植物的病虫害防治；③在饮用水水源保护区内使用农药；④使用农药毒鱼、虾、鸟、兽等；⑤在饮用水水源保护区、河道内丢弃农药、农药包装物或者清洗施药器械等。新《条例》综合运用民事、行政等多种措施，将农药禁（限）用政策的法律责任、处罚力度提升到一个新的高度。

2 新农药的试验示范与推荐工作

对于农药生产厂家和经营者来说“法无授权即禁止”，但对于农药使用者而言“法无禁止即可为”。一方面，我国在农药的生产和销售环节实行严格的登记管理制度和经营许可制度，并且对剧毒、高毒和存在环境安全隐患的农药实行严格的禁（限）用政策。例如，出于安全考虑，农药登记不但要求登记农药的防治对象，还要登记施药作物。而在使用层面，农药使用者在国家公布的禁（限）用名单之外，可以根据实际需要自由选择防治药剂。而由于登记制度是限制生产企业的，农药登记难以涵盖所有作物的病虫害。并且新的有害物种不断涌现，严格按照登记来选择药剂，有时会面临无药可用的窘境。并且农户在实际使用中仍存在农药滥用和产生抗药性等诸多问题，而使用环节的这些问题是我国现行以农药生产企业和农资经营者为管理对象的农药管理政策无法触及的。农药的禁（限）用政策又只为农药使用划出安全底线，同样无法对如何具体合理使用农药进行有效管理。为此，我国各级农业管理部门和植保部门积极开展试验示范和农药推荐工作，为农药的使用做好示范引导，填补农药由“货架”到“田头”阶段的管理空白。

早在1995年，农业部就结合农资产品质量国家监督专项抽查结果，向社会公布获得“农业部推荐产品”荣誉称号的产品及企业名单。

2002年起，全国农业技术推广服务中心遵循以试验示范为依据，统筹兼顾农药生产实际，兼顾防效和安全性两方面，秉持行业公正性原则、由业内专家综合论证确定的四项原则，陆续向全国农业植保部门和广大农业生产者推荐了一批高效、低毒、低残留的农药品种和植保机械，指导各地安全使用农药，适应无公害农产品生产的需要。这四项原则也成为后来各级农业植保部门因地制宜开展农药推荐工作的指导原则。2002年起，在全国农业技术推广服务中心引领下，全国各省（自治区、直辖市）也根据自身生产需要，开展了农药产品推荐工作。我国农药推荐大致经历了从高毒农药替代药剂筛选推荐到低毒高效农药试验示范推荐，再到绿色环保导向推荐3个阶段。

在逐步对高毒农药实施禁（限）用政策的同时，农业部也在积极开展高毒农药替代产品的试验示范。2005年，农业部实施高毒农药替代试验示范项目，一方面，筛选一批高毒农药的替代品种，研发、集成一批配套的使用技术，保证重大病虫防治的需要。另一方面，通过加大对农药科技创新的支持力度，适当减免生物农药、小范围使用农药的登记资料，加快相关产品的登记和生产许可审批进程等手段，鼓励引导高毒农药生产企业转变发展方式和经营理念，实现平稳转产。

通过示范验证，截至2009年项目完结，共推荐了5批近50种高毒农药替代品种及160多项配套技术。2011年农业部开始推行低毒生物农药补贴项目试点，连续两年，每年提供300万元补贴资金，先后在北京、上海、广东等10个省（自治区、直辖市）实施低毒生物农药示范推广补贴[6]。在保证粮食生产的同时，引导农民改变用药习惯，切实从源头减少高毒农药危害。

3 我国部分省份农药推荐情况

2010年时任农业部副部长的危朝安同志在《我国植物保护工作的形势和任务》中指出，全面提升我国植保综合能力，加强农药监管与安全使用指导，要搞好新农药的试验示范，因地制宜组织制定一批农药推荐目录[7]。在“十二五”和“十三五”期间，我国各省（自治区、直辖市）根据自身情况积极开展农药试验示范，制定了一批对农业生产有较强指导意义的农药推荐名单，并且根据生产反馈实时更新发布。各地方农药推荐名单紧贴生产实际，因地制宜，各有侧重。

3.1 对辖区内主要农作物病虫草害防治日常用药进行系统推荐

我国主要产粮省份皆对辖区内主要农作物病虫草害防治用药制定相应农药推荐名单，包括江苏、浙江、辽宁、吉林、山东、河北、湖南、湖北、甘肃、北京、上海等。

江苏省植物保护植物检疫站联合江苏省新农药新技术推广（协作）网开展了全省绿色防控联合推介产品征集活动。连续多年发布《江苏省绿色防控联合推介产品名录》。2019年推荐农药类产品191种，其中生物农药（含生物农药复配剂）46种，化学药剂145种。苏州等地级市也因地制宜针对辖区作物病虫草害发布农药推荐名录，推荐农药187个品种，其中低毒、微毒农药99.5%，居全省领先水平。

浙江省主要农作物病虫草害防治药剂推荐名单按涵盖的作物分为水稻、蔬菜与瓜果、果树、茶树与杭白菊4大类。

山东省发布的农药推荐名录涵盖主要粮食类、蔬菜类、水果类和经济类作物，一方面指导农民科学准确选购农药、合理使用农药，提高病虫草害防控效果；另一方面引导农药生产企业生产低毒、低残留、高效、优质农药，保障粮食生产和农产品质量安全。

3.2 针对辖区内主要农作物重大病虫草害防治用药及应急储备农药进行重点推荐

河南省是我国的小麦主产区。河南省植物保护检疫站发布的重点农药械产品目录重点针对为害小麦的重大病虫害，如小麦赤霉病、小麦白粉病、小麦锈病和蚜虫等。推荐的59种农药制剂中用于小麦病虫草害防控的53种，占推荐药剂的近九成。

山东省外向型农业发达。为破解特色小宗作物生产中无登记农药可用的难题，2019年山东省农业农村厅结合本省农业生产现状持续组织开展了农药登记联合试验。经农业农村部批准，30个农药产品在韭菜、姜、冬枣3种小作物的10种防治对象上获得农药登记，86家农药生产企业获得132个农药登记证。同时发布了《山东省首批防治特色小宗作物病虫草害登记农药推荐名录》（2019年），结合当地生产实际，进一步推进科学选药用药。

浙江省连续多年针对威胁全省水稻生产安全的主要病虫害水稻"两迁"害虫、稻瘟病、细菌性病害，发布了省级应急储备农药品种。省级农药应急储备旨在应对水稻突发性病虫害，确保粮食生产安全。农药品种经浙江大学、浙江省农业科学院及各级植保部门专家论证确定，具有较强的科学性和针对性。

3.3 满足"三品一标"等农产品质量安全标准的农药推荐

"三品一标"，即无公害农产品、绿色食品、有机农产品和农产品地理标志的统称。2002年，农业部启动了"无公害食品行动计划"，无公害农产品生产须符合《无公害农产品（食品）标准》，同年发布《无公害农产品生产推荐农药品种》。1990年5月15日，中国正式宣布开始发展绿色食品，现行《绿色食品标志管理办法》于2012年10月1日起实施。最新修改的《绿色食品农药使用准则》则于2014年4月1日起实施。其中列出了AA级和A级绿色食品生产允许使用的农药清单。有机食品在生产过程中更是禁止使用任何人工合成的化学物质。2005年7月15日起施行的《地理标志产品保护规定》也明确：申请地理标志保护的产品应当符合安全、卫生、环保的要求，对环境、生态、资源可能产生危害的产品，不予受理和保护。

作为政府主导的安全优质农产品的公共品牌，"三品一标"农产品的生产无一例外都对农药的使用做出限制。关乎农产品质量安全的农药推荐成为一段时间以来农药推荐工作的热点。

辽宁省植物保护站发布的《2013 年无公害农产品适用农药、高毒农药替代主推产品以及植保机械名录》推荐无公害农产品适用农药杀虫剂 11 种、杀菌剂 15 种、除草剂 6 种、植物生长调节剂 2 种以及杀鼠剂 2 种。

海南省实行比全国更为严格的农药禁（限）用政策。2019 年海南省农业农村厅发布《海南省农业农村厅关于海南经济特区禁止生产运输储存销售使用农药名录（2019 年修订版）的通告》，列举了 62 种禁用农药和 4 种限用农药，并重点突出百草枯水剂。2013 年海南省植保植检站为配合绿色海南建设，确保全岛冬种瓜菜病虫害用药安全，特邀请本省三大农药批发商自荐冬季病虫害绿色防控优秀用药。通过专家评审的方式，筛选 30 个农药品种为全省重点推广优质品种。

当前，我国农业农村经济发展已由增产导向转向高质量发展阶段，推进产业转型升级，提高农业发展质量效益竞争力，成为新时代农业农村工作的主要任务。把增加安全优质农产品供给放在更加突出的位置，这是矛盾的主要方面，也是深化农业供给侧结构性改革的重大任务[8]。具体落实到农产品领域，就是着重解决人民日益增长的对安全优质农产品的需求和农产品供给数量质量之间的不平衡、农业质量发展不充分之间的矛盾。

“三品一标”是我国重要的安全优质农产品公共品牌。顺应农业农村经济高质量发展的新要求和国内农产品消费结构升级的趋势，关乎食品安全的农药推荐是未来农药推荐工作的一大方向。

4　弥补登记滞后及防治入侵物种用药推荐

由于我国农药登记主体为农药生产企业、农药进口企业和农药研制开发企业，以利润为导向的农药登记会不可避免地出现发展失衡。小宗农作物生产过程中农药适用对象单一，农药销量有限，企业登记成本高、利润空间小，农药登记种类匮乏，生产中常常面临无药可用的窘境，甚至只能“非法”用药。

2016 年农业部种植业管理司研究制定了《2016 年特色小宗作物用药调查及试验项目实施方案》，同时颁布了《用药短缺特色小宗作物名录（2016）》，以推动特色小宗作物用药登记，加快解决特色小宗作物的用药短缺问题。

另外，对于暴发性的入侵物种危害，也需要农药推荐工作在防治用药上予以支持。我国《农药管理条例》第三十九条规定：“因防治突发重大病虫害等紧急需要，国务院农业主管部门可以决定临时生产、使用规定数量的未取得登记或者禁用、限制使用的农药”，并且这些应急推荐的农药需“在使用地县级人民政府农业主管部门的监督和指导下使用”。2019 年跨国界迁飞性农业重大害虫草地贪夜蛾（*Spodoptera frugiperda*）大规模入侵我国，威胁我国农业及粮食生产安全。鉴于目前无专门防治该虫登记农药，农业农村部经专家论证发布了《草地贪夜蛾应急防治用药推荐名单》，共推荐了 25 种农药用于紧急应对。各级植保部门也根据当地草地贪夜蛾的防控需要积极开展相关药剂的试验示范和应用指导。

由于农药登记试验周期较长，在紧急应对新暴发性入侵物种威胁时，化学防治必然要“先斩后奏”。农药推荐可有效填补这段登记真空期，在保证防控效果的同时将化学防治的负面影响保持在可控范围内。

5 小结与思考

2020年5月1日，《农作物病虫害防治条例》正式开始实行，其中首次对专业化病虫害防治服务组织在农药使用层面的不当行为有法律责任方面的规定，如第四十一条规定：专业化病虫害防治服务组织的“田间作业人员不能正确识别服务区域的农作物病虫害，或者不能正确掌握农药适用范围、施用方法、安全间隔期等专业知识以及田间作业安全防护知识，或者不能正确使用施药机械以及农作物病虫害防治相关用品”的，将“由县级以上人民政府农业农村主管部门责令改正；拒不改正或者情节严重的，处2 000元以上2万元以下罚款；造成损失的，依法承担赔偿责任”。这表明我国农药的法制化管理已从生产销售层面的源头把控，开始有针对性地向农药使用层面延伸。但在未来很长一段时间，我国农业生产层面的农药使用仍需依靠农技推广部门加以规范和引导。

政府农业技术推广部门针对农药的指导性技术推广工作，体现了“公共植保、绿色植保、科学植保”的理念，是我国农药登记政策和农药禁（限）用政策的有效补充。农药的登记管理以农药生产企业为管理对象，以安全为导向的政策制定旨在建立农药的市场准入制度，从源头上防范用药风险，将农药的危害降到最低。农药禁（限）用政策更是给农药的生产和使用划定红线。而农药推荐则面向农业生产，是农药指向靶标有害生物及作物、进入环境的最后一道指示牌。农药不仅在有效成分的选择、制剂的制备以及农药残留的控制等方面体现科学严谨性，更要在使用过程中体现科学性。而这恰恰是农药管理的薄弱环节。农药取得登记、投入市场摆上货架并不是农药管理的终点。由“货架”到“地头”的过程，也就是农户选择防治药剂的过程。农药是一种特殊的商品，完全交给市场选择往往会付出较大代价，损害农民利益的同时也会对生态环境造成不可估量的损失。政府依靠公信力发布的农药推荐名单是引导农药市场向绿色、高效、环保方向健康发展的有力推手。

新时期，随着政府体制改革的不断深入，政府的管理职能正在由直接管理向间接管理、由微观管理向宏观调控转变，政府职能向民间组织转移已成趋势[9]。政府农技推广部门所承担的农药技术推广等职能也开始逐渐往专业性和权威性更为突出的农药行业协会、植保学会等社会组织转移。农药的科技属性决定了其在农业生产中的推广应用离不开专业部门的科学示范和引导。当前，对农业生产安全的保障和对生态环境的保护仍是农药推荐工作的重点。未来农药推荐将更加关注生物农药、环境友好剂型和施用量少的农药制剂，为减缓农药抗药性发展提供因地制宜的农药轮换方案，并为统防统治、绿色防控以及“三品一标”等高质量农产品的生产提供更加细致的用药指导，配合我国农药登记管理和农药禁（限）用政策的实施，应该双管齐下，管好、用好农药这把“双刃剑”。

参考文献

[1] 白小宁，袁善奎，王宁，等．2018年及近年我国农药登记情况及特点分析［J］．农药，2019，58（4）：235-238.

[2] 朱春雨，杨峻，张楠．全球主要国家近年农药使用量变化趋势分析［J］．农药科学与管理，2017（4）：17-23.

[3] 张薇，单炜力．中国与欧美国家农药管理制度比较分析［J］. 农药，2015，54（6）：464-468.

[4] 陆剑飞．农药管理制度的创新与发展［J］. 农药科学与管理，2013，34（10）：1-6.

[5] 郭利京，王颖．中美法韩农药监管体系及施用现状分析［J］. 农药，2018，57（5）：359-366.

[6] 刘亮，孙艳萍，周蔚．我国农药禁限用政策实施情况及建议［J］. 农药科学与管理，2013，34（7）：1-4.

[7] 危朝安．我国植物保护工作的形势和任务［J］. 中国植保导刊，2010，30（5）：5-7，46.

[8] 宋建朝．我国“三品一标”高质量发展推进方略［J］. 农产品质量与安全，2018（3）：3-7.

[9] 吴琼，王之岭，耿东梅．农口学会承接政府转移职能的经验与思考：以北京农学会为例［J］. 农业科技管理，2016，35（3）：46-48.

欧盟植物病虫害综合治理新动向*

李 明** 纪 涛 刘 冉 陈晓晖 刘凯歌 张春昊
丁智欢 陈思铭 杨信廷***
（北京农业信息技术研究中心，国家农业信息化工程技术研究中心，农产品质量安全追溯技术及应用国家工程实验室，中国气象局-农业农村部都市农业气象服务中心，北京 100097）

摘 要：欧盟和全球的农业系统正面临从生产到消费全链条的可持续性挑战，气候变化、病虫害等危及食品和营养安全。“从农场到餐桌”战略是欧洲绿色协议（European Green Deal）成功和实现联合国可持续发展目标（UN sustainable development goals，SDGs）的关键，旨在应对这些挑战，为环境、健康、社会和经济带来共同利益，确保从新冠肺炎疫情危机中复苏的行动也使社会走上可持续发展的道路。欧盟将支持新的知识和创新的解决办法，以改善植物的健康和福利，防止通过食物生产和贸易系统的疫病传播，减少农民对杀虫剂、杀菌剂和其他化学投入品的依赖。最新的技术和产业创新主要分为以下三方面。①创新管理：扩大可用于综合病虫害治理（IPM）实践的工具范围，如作物多样化，实现农田功能多样性，有效的作物种植技术以降低病虫害发生和流行，适当的抗病虫品种组合，生物控制剂的开发，保护和增强天敌的作用等。国际农化巨头如美国科迪华（原陶氏杜邦农业事业部）、德国拜耳-孟山都、中国先正达等通过收购生物科技公司进军生物防治行业，极大地促进了生物防治的发展。生物防治技术与产品已成为全球新型产业之一，具有广阔前景。如以化学农药为主业的先正达集团，旗下间接子公司先正达植保（瑞士），收购全球排名第一的生物刺激素公司瓦拉格罗全部股权，计划在欧盟、中国进一步推广害虫综合治理方案，并将瓦拉格罗先进的生物技术作为重要的一环实现快速增长。②环境评估：主要考量农业对土壤、水、营养等环境要素的部署和利用，结合数字技术，如空天地一体化的观测网络，对农田环境进行实时监测和动态评估，评估 IPM 相关技术的风险和环境影响。欧盟 PURE 项目在不同国家示范果园实施 IPM，进行多标准评估，以帮助更清楚地与标准 IPM（即当前采用的 IPM 系统）相比，确定针对仁果类果树的不同害虫（梨木虱和苹果蠹蛾）和病害（梨褐斑病和苹果黑星病）应用创新有害生物综合治理（innovative IPM）系统的优缺点。多标准方法允许评估每一个被测试的创新系统的环境风险、经济影响和可持续性影响。这项多标准评估表明，总体而言，innovative IPM 在环境质量方面的表现优于标准 IPM，并在没有任何重大额外成本的情况下提供了类似的产量和防效。③数字技术。开发能够监测、预测和预防病虫害发生和流行的技术，使之符合病虫害综合管理的原则，能够及时和适当地进行干预。这包括病虫害自动监测物联网设备、预测模型、决策支持系统、航空和地面精准施药设备、物理防控装备等。Horta Srl 公司研发的 vite. net 决策支持系统，用于葡萄园的可持续管理，目前已在欧洲广泛使用，是大数据在农业中应用的典型范例。

关键词：IPM；植病流行学；昆虫生态学；信息技术；绿色防控

---

* 基金项目：北京市农林科学院国家基金培育专项（KJCX2021002）；国家自然科学基金青年科学基金项目（31401683）；国家重点研发计划政府间国际科技创新合作重点专项（2017YFE0122503）

** 第一作者：李明，主要从事植保信息化与农产品质量安全研究；E-mail：lim@ nercita. org. cn

*** 通信作者：杨信廷；E-mail：yangxt@ nercita. org. cn

湖北省主要水稻产区农药施用现状调查*

褚世海** 李儒海 顾琼楠 黄启超 陈安安

（湖北省农业科学院植保土肥研究所，武汉 430064）

摘 要：湖北省是我国主要的水稻产区之一。为了全面、客观地了解本省水稻产区化学农药施用现状，为开展水稻农药减施增效技术效果评估提供科学依据，于2017—2019年在湖北省水稻主产区江汉平原、黄冈和襄阳等地开展了农药施用现状调查。调查以水稻产区内具有代表性的农户为基本单位，涵盖水稻（主要为中稻）全生育期农药施用情况以及农户对农药减施增效的认识现状和水平。调查指标主要包括农药种类、剂量、施药方法、用药成本、施药次数、用工量、作物产量等。参与调查的农户共157户，包括小农户、家庭农场、农业合作社等；调查总面积11 000余亩。结果表明，平均每亩农药制剂用量386.33g（ml），其中除草剂为175.11g（ml），杀虫剂为118.11g（ml），杀菌剂为93.10g（ml）；平均每亩农药有效成分用量99.84g，其中除草剂为47.84g，杀虫剂为23.29g，杀菌剂为28.71g；每亩农药投入成本为62.34元，其中除草剂21.91元，杀虫剂23.29元，杀菌剂12.98元；水稻平均亩产589.12kg。不同的水稻产区之间农药用量具有明显的差异。其中，黄冈地区农药用量最高，为106.47g（a.i.）/667m^2，襄阳最低，为75.06g（a.i.）/667m^2；除草剂用量最高的为黄冈，杀虫剂用量最高的为襄阳，而杀菌剂用量最高的为江汉平原。不同年份之间由于病虫害发生程度的变化，用药量也具有明显差异。调查结果基本反映了湖北省水稻田农药施用现状。整体而言，水稻田农药施用水平不高，主要存在农药品种选择不合理、农药用量不科学、施药技术落后等问题。此外还发现，一些地区仍有少数农户使用高用量、高毒、高残留农药；同一地区重复使用相同农药品种的现象也较突出。本项调查研究为科学评估水稻农药减施增效技术、提高湖北省水稻田农药施用水平提供了基础数据支撑。

关键词：水稻；农药减施；增效技术

---

* 基金项目：国家重点研发计划（2016YFD0201305）

** 第一作者：褚世海，主要从事杂草学、入侵生物及农药应用研究；E-mail：chushihai1@163.com

保护性耕作条件下小麦茎基腐病周年发生规律及综合防控技术*

王永芳[1**]　陈立涛[2]　王孟泉[3]　齐永志[4]　刘　佳[1]
张梦雅[1]　甄文超[4]　董志平[1***]

(1. 河北省农林科学院谷子研究所，国家谷子改良中心，河北省杂粮研究重点实验室，石家庄　050035；2. 河北馆陶县植保植检站，馆陶　057750；3. 河北平乡县植保植检站，平乡　054500；4. 河北农业大学，保定　071000)

摘　要：21 世纪初，我国大力推广秸秆还田、免耕播种等保护性耕作，特别是在冬小麦-夏玉米一年两熟连作区，由于取消了作物间“焚烧秸秆和耕翻”的屏障，玉米播种在小麦生态环境中，小麦播种在玉米的生态环境中，使小麦、玉米由单一生态改变为小麦-玉米一体化生态，更有利于病虫害的积累，使之发生更加严重。小麦茎基腐病是保护性耕作条件下引发的典型病害。该病 2012 年首先在河北馆陶县发现，当时只有个别地块发生，白穗率仅有 0.1%，随后逐年加重，至 2020 年田间白穗率高的可达 32.3%，发病面积达 66.7%，已被列入河北省二类病害目录。

经过室内外多年研究，该病主要由假禾谷镰刀菌（*Fusarium pseudograminearum*）引发，小麦种子萌发时，病菌从地中茎侵染，向上扩展至小麦茎基部分蘖节，继续扩展至基部 1~2 茎节，变褐呈酱油色，田间湿度大时呈现白色或粉红色霉层，严重的造成白穗。该病不侵染根。室内接种发现，播种层以下的病菌不能侵染。小麦收获后免耕播种玉米，小麦根茬上的病菌在玉米生长季的潮湿环境下继续繁衍，玉米收获后，随玉米秸秆一起粉碎并浅旋耕，使病原菌在田间得以扩散，再次侵染播种的小麦。病菌在田间周年积累和扩散，使该病逐年加重，已经成为当前小麦减产的主要病害。基于以上发生规律，本课题组研发了该病的综合防控技术，首先，夏玉米收获后深翻 25~30cm，将土表层的病菌深翻到小麦播种深度以下，避免侵染发病，可以显著压低侵染的病原基数；其次，种子处理，采用苯醚甲环唑和咯菌腈拌种，可杀灭种子周边的病菌；再次，施入生防菌、秸秆腐熟剂，调节土壤微生物结构，加速秸秆腐解，消解或抑制小麦茎基腐病菌；最后，增施有机肥、提高土壤肥力，提高植株的抗病性等，经专家现场检测，对小麦茎基腐病的防效可达 82.46%。

关键词：小麦茎基腐病；周年发生规律；综防技术；保护性耕作；秸秆还田；免耕播种

---

* 基金项目：粮食丰产增效科技创新（2018YFD0300502）

** 第一作者：王永芳，副研究员，主要从事生物技术及农作物病虫害研究；E-mail：yongfangw2002@163.com

*** 通信作者：董志平，研究员，主要从事农作物病虫害研究；E-mail：dzping001@163.com

不同植物免疫诱抗剂及其复配组合对玉米茎基腐病的防治效果*

吴之涛** 常 浩 李文学 徐志鹏 杨克泽 马金慧 汪亮芳 任宝仓***

（甘肃省农业工程技术研究院，甘肃省特种药源植物种质创新与安全利用重点实验室，甘肃省玉米病虫害绿色防控工程研究中心，武威市玉米病虫害绿色防控技术创新中心，武威 733006）

摘 要：由禾谷镰刀菌（*Fusarium graminearum*）和拟轮枝镰刀菌（*Fusarium verticillioides*）引起的玉米茎基腐病已成为甘肃省不同生态区玉米产区的一种重要土传病害。植物免疫诱抗剂能诱导多种植物的广谱抗性，并能促进植物生长、提高产量，但在玉米生产中尚未开展相关研究。为筛选出防治玉米茎基腐病的有效药剂，本试验选取8种植物免疫诱抗剂、杀菌剂及其复配组合开展田间防效试验。研究结果表明：所有处理玉米倒伏率均低于对照，其中五谷丰素、20%氟酰羟·苯甲唑悬浮剂、五谷丰素+20%氟酰羟·苯甲唑悬浮剂、0.136%赤·吲乙·芸可湿性粉剂+20%氟酰羟·苯甲唑悬浮剂处理倒伏率均为0。所有处理对玉米茎基腐病的防治效果与对照相比均达到显著水平。复配组合处理防效高于单剂处理，防效在55.05%~59.72%，6%寡糖·链蛋白可湿性粉剂+20%氟酰羟·苯甲唑悬浮剂处理防效最高，为59.72%，与对照相比防效达到极显著水平；单剂处理防效在45.01%~52.66%，其中20%氟酰羟·苯甲唑悬浮剂处理防效最高，为52.66%，五谷丰素处理防效次之，为51.94%，18%吡唑醚菌酯悬浮剂处理防效最低，仅为45.01%。研究结果为玉米茎基腐病的绿色高效防治提供理论依据和技术支撑。

关键词：禾谷镰刀菌；拟轮枝镰刀菌；植物免疫诱抗剂；玉米茎基腐病；防治效果

---

* 基金项目：甘肃省科技计划（重点研发）项目（18YF1NA011）；甘肃省玉米产业技术体系项目（GARS-02-03）；甘肃省陇原青年创新创业人才项目

** 第一作者：吴之涛，硕士，助理研究员，主要从事作物真菌、细菌病害研究；E-mail：285772983@qq.com

*** 通信作者：任宝仓，副研究员，主要从事玉米病虫害综合防控研究；E-mail：463573198@qq.com

植保无人飞机撒施0.4%氯虫苯甲酰胺·甲维盐颗粒剂防治草地贪夜蛾初报*

闫晓静[1**]　袁会珠[1]　刘　越[2]　王志国[2]　杨代斌[1***]

（1. 中国农业科学院植物保护研究所，北京　100193；
2. 安阳全丰航空植保科技股份有限公司，安阳　455099）

摘　要：草地贪夜蛾是一种原生于美洲的迁飞性害虫，于2019年1月侵入我国后对我国玉米生产也造成了非常大的危害。草地贪夜蛾幼虫在玉米抽雄以前主要栖息于玉米心叶，甚至心叶的底部，能对心叶造成持续不断的为害。草地贪夜蛾的这一栖息和为害特性不利于喷雾防治，尤其不利于采用无人机喷雾防治。本试验采用植保无人机撒施微小颗粒防治玉米上草地贪夜蛾。自制0.4%氯虫苯甲酰胺·甲维盐颗粒剂，颗粒大小30~40目，颗粒数量为（8 476±143）粒/g，颗粒密度为1.3 g/cm³。颗粒采用安阳全丰3WQFTX-10ZP型植保无人机进行撒施。药剂对照为采用3WQFTX-10ZP型植保无人机喷洒0.25%氯虫苯甲酰胺+0.15%甲维盐稀释液（经5%氯虫苯甲酰胺悬浮剂和1%甲氨基阿维菌素苯甲酸盐乳油稀释而来），施药液量1L/亩。设无药剂颗粒为对照。玉米植株拔节后施药。试验结果表明在玉米植株上沉积的颗粒中，心叶内颗粒最多，占总沉积颗粒的46.0%±7.4%。在颗粒撒施量为1kg/亩、2kg/亩、3 kg/亩条件下，药后8天防治效果分别为86.4%±2.2%，87.9%±2.3%和90.0%±1.9%，而无人机喷雾防治效果只有77.4%±2.0%，植保无人机撒施微小颗粒对草地贪夜蛾的防治效果明显优于无人机喷雾。试验结果表明，无人机颗粒撒施技术替代低容量喷雾技术防治玉米草地贪夜蛾技术上可行，防治效果更好。

关键词：植保无人机；草地贪夜蛾；颗粒撒施；防治效果

---

* 基金项目：国家重点研发计划（2019YFD0300103）；中国农业科学院重大科研项目（CAAS-ZDRW202007）

** 第一作者：闫晓静，副研究员，主要从事农药使用技术研究；E-mail：yanxiaojing@caas.cn

*** 通信作者：杨代斌，研究员，主要从事农药使用技术研究；E-mail：yangdaibin@caas.cn

42%氯虫苯甲酰胺·甲萘威种子处理悬浮剂对玉米田草地贪夜蛾的防治效果*

王芹芹[1**] 太一梅[2] 崔 丽[1] 王 立[1] 黄伟玲[1]
杨代斌[1] 袁会珠[1***] 芮昌辉[1]
（1. 中国农业科学院植物保护研究所，北京 100193；2. 云南省昆明市植保植检站，昆明 650500）

摘 要：草地贪夜蛾具有很强的抗药性和迁飞性，严重威胁我国的粮食安全。本文评价了42%氯虫苯甲酰胺·甲萘威种子处理悬浮剂对草地贪夜蛾的田间防治效果。并以25%氯虫苯甲酰胺种子处理悬浮剂和35%丁硫克百威种子处理干粉剂作为对照药剂。田间试验结果表明，经不同药剂处理的玉米种子出苗率为81.0%~97.0%，与空白对照无差异。在播后第18天和23天，42%氯虫苯甲酰胺·甲萘威（2∶1）对草地贪夜蛾的防治效果分别为73.4±6.9和62.3±2.9，显著高于空白和对照药剂（$P<0.05$）。且在播后第18天和23天，42%氯虫苯甲酰胺·甲萘威（2∶1）的戴维斯视觉等级分别为（4.12±0.22）级和（4.95±0.95）级，显著低于空白对照（8.15级和8.34级）。以上结果表明在玉米发育初期，使用氯虫苯甲酰胺·甲萘威（2∶1）种子处理悬浮剂提前对玉米种子进行包衣处理是一种可行的防治策略。

关键词：草地贪夜蛾；种子处理；氯虫苯甲酰胺；田间防效

草地贪夜蛾［*Spodoptera frugiperda*（J. E. Smith）］属鳞翅目（Lepidoptera）夜蛾科（Noctuidae）灰翅夜蛾属（*Spodoptera*），又名秋黏虫[1]。草地贪夜蛾具有较广的生存温度范围[2,3]。不同温度对草地贪夜蛾种群动态影响的研究表明，24~32℃是幼虫的最适生长发育温度范围，24℃是成虫的最适繁殖温度[3]。广西由于生态条件适宜，自2019年3月中旬首次发现草地贪夜蛾成虫侵入广西以来，全年累计作物发生面积215万亩，其玉米发生面积占98.6%。1月日均温度10℃等温线以南的区域包括海南，广东、广西、云南和福建等省（区）的热带亚热带地区是草地贪夜蛾在我国的周年发生区，如何通过控制南方周年发生区的种群繁衍以及国外迁入，是全国草地贪夜蛾防控研究工作的关键[4]。目前，我国关于化学药剂对草地贪夜蛾田间防效的报道很多，但多是采用喷雾施药的方式进行评价。如刘旭等（2020）研究表明200g/L氯虫苯甲酰胺悬浮剂和150g/L茚虫威乳油喷雾使用对玉米草地贪夜蛾具有较好的防治效果[5]。刘妤玲等（2019）的田间试验结果表明5%氯虫苯甲酰胺超低容量液剂在较低的用量下（有效用量1g/667m²）具有良好的保叶和杀虫效果[6]。

* 基金项目：国家重点研发计划（2019YFD0300103）；中国农业科学院重大科研项目（CAAS-ZDRW202007）

** 第一作者：王芹芹，博士研究生；E-mail：13552316561@163.com
*** 通信作者：袁会珠，研究员；E-mail：hzyuan@ippcaas.cn
芮昌辉，研究员；E-mail：chrui@ippcaas.cn

自20世纪70年代，国外陆续有利用化学药剂进行种子处理保护作物早期种子和幼苗不受病虫害侵害的文献报道。药剂种子包衣是一种靶向性强的农药使用方式，可以为种子和幼苗提供保护。由于种子处理技术能克服叶面喷雾持效期短，对靶性差，避免了蜜蜂等非靶标有益生物直接接触暴露的风险，对环境相对友好，而且还具有持效期长，增加作物产量等特点，因此在20世纪90年代被世界各地广泛地推广应用[7-13]。在PubMed文献数据库中检索关键词“seed coating”共检索到1 238篇文献，从1970—2020年的统计数据分析看，20世纪90年代以前有关种子包衣的报道上升的趋势缓慢，90年代以后上升趋势加快（图1）。

基于前期我们筛选出的氯虫苯甲酰胺·甲萘威增效组合物，结合草地贪夜蛾为害隐蔽的特点，笔者将组合物开发成了种子处理悬浮剂。为了明确其防治草地贪夜蛾的可行性，笔者以常用的两个种子处理剂即25%氯虫苯甲酰胺种子处理悬浮剂和35%丁硫克百威种子处理干粉剂作为对照药剂，在广西南宁市坛洛镇开展了玉米种子处理防治草地贪夜蛾的田间试验。

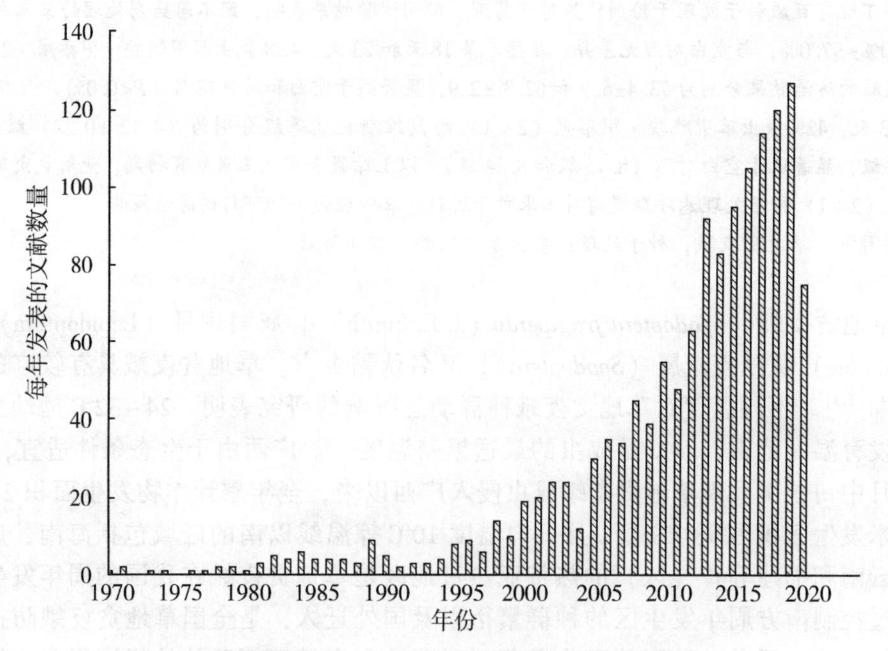

图1　1970—2020年PubMed收录的报道种子包衣的文章

1　材料与方法

1.1　试验药剂

42%氯虫苯甲酰胺甲萘威种子处理悬浮剂（FS），由中国农业科学院植物保护研究所制备；25%氯虫苯甲酰胺种子处理悬浮剂（FS）、35%丁硫克百威种子处理干粉剂（DS），由广西田园股份有限公司研发部提供。

1.2　试验条件

试验地选在南宁市西乡塘区坛洛镇玉米地，北纬22°56′44″N，东经107°54′20″E。田块面积约2 400m^2。土壤类型属黏性砂壤土。各小区处理之间栽培及水肥管理一致。玉米品种为萃甜糯608，由广西田园股份有限公司研发部提供。

1.3 试验设计

试验共设5个处理)，每种药剂的使用方法及剂量如表1所示。具体操作为处理1、处理2、处理3直接拌种，处理4用2倍的水稀释后拌种。拌种后，均匀后晾干备用，用于种子处理。每个处理4次重复，共20个小区，每小区面积约120m^2。各小区随机区组排列。

表1 试验药剂及用量信息

处理编号	药剂	药种比	处理方式	小区面积（m^2）
1	42%氯虫苯甲酰胺·甲萘威（1∶1）FS	药种1∶100	拌种	480
2	42%氯虫苯甲酰胺·甲萘威（2∶1）FS	药种1∶100	拌种	480
3	25%氯虫苯甲酰胺FS	药种1∶100	拌种	480
4	35%丁硫克百威DS	药种1∶200	拌种	480
5	空白对照	—	—	480

1.4 播种

播种日期：2020年5月19日。

具体操作：机械翻地，深度20~30cm，机械开沟并均匀撒施复合肥和有机质肥，人工播种，每25cm一粒种子，种子深度约5cm。

1.5 调查与统计分析

自播种之日起记录每天的最高温度和最低温度。在播后6天和18天调查每小区中间两行的出苗和成苗情况，分别计算出苗率和成苗率。在播后18天和23天调查叶片被害等级和虫口数量等级。每小区采用5点取样法进行调查，每点连续调查5株，每小区共计25株。叶片被害等级根据戴维斯视觉等级判断（图2）[13]。虫口基数分级如下：0级，0头/株；1级，1~2头/株；3级，3~4头/株；5级，5~6头/株；7级，7~8头/株；9级，9头以上/株。数据用Excel进行统计，使用DPS生物统计软件进行统计分析，显著性水平分别为$P<0.05$。

$$出苗率(\%) = \frac{实际出苗数}{理论出苗数} \times 100$$

$$成苗率(\%) = \frac{实际成株数}{理论成株数} \times 100$$

$$叶片被害指数 = \frac{\sum_{K1}^{N1} N1 \times K1}{\sum N1 \times 9}$$

$$保叶率(\%) = \frac{对照叶片被害指数 - 处理叶片被害指数}{对照叶片被害指数} \times 100$$

$$虫口基数指数 = \frac{\sum_{K}^{N2} N2 \times K2}{\sum N2 \times 9}$$

$$防效(\%) = \frac{对照虫口基数指数 - 处理虫口基数指数}{对照虫口基数指数} \times 100$$

式中，K1：叶片被害等级，N1：相应叶片被害等级的株数；K2：虫口基数等级，N2：相应虫口基数等级被害株数。

图 2　戴维斯视觉等级评定（0~9 级）

2　结果与分析

2.1　包衣玉米种子的出苗率和成苗率

在播后 6 天，各药剂处理的玉米种子的出苗率与空白对照出苗率无显著性差异（$P>0.05$）。且整体上药剂处理后的玉米幼苗长势较空白药剂旺盛，长势处于 3 叶期较多，而空白对照处于 2 叶期的多，且缺苗较严重。播种 18 天后，各药剂处理的成苗率均显著高于空白对照（$P<0.05$），玉米植株长势处于 5~7 叶，以 7 叶较多，而空白则空缺严重。表明药剂种子处理不影响玉米种子的出苗率，而且能够提高玉米幼苗的成苗率，减少缺苗现象（表 2）。

表 2　种子包衣处理对玉米出苗和成苗的影响

处理	播后 6 天		播后 18 天	
	出苗率（%）	长势	成苗率（%）	长势
1	81.00±3.06a	2~3 叶、3 叶较多	91.75±1.49a	5~7 叶、7 叶较多
2	87.33±3.61a	2~3 叶、3 叶较多	91.47±1.61a	5~7 叶、7 叶较多
3	97.00±2.52a	2~3 叶、3 叶较多	94.12±0.69a	5~7 叶、7 叶较多
4	96.00±1.73a	2~3 叶、3 叶较多	92.48±0.82a	5~7 叶、7 叶较多
5	83.85±9.26a	2 叶片较多，3 叶较少，空缺严重	72.14±5.42b	5~7 叶、7 叶较多，空缺严重

2.2　田间防效

播后 6 天调查发现各处理未见幼虫为害，主要以卵块为主，且在处理小区间分布不均。处理1和处理2卵块分布个数最多，分别累计发现10卵块/百株和8卵块/百株。处理3和处理4次之，分别为4卵块/百株或5卵块/百株。对照区卵块最少，仅发现1块卵/百株。这一现象可能是由于药剂处理小区比空白小区玉米幼苗的长势好导致。虽然相对空白对照小区，药剂处理小区的虫口基数较大。然而从播后18天和23天的防效来看，种子处理对玉米幼苗上虫口数量具有显著的压制作用。尤其是处理2的播后18天和23天的防效均高于或显著高于其他处理和空白（$P<0.05$），分别为73.36 ±6.91和62.32±2.90（表3）。

表3 玉米种子包衣处理对草地贪夜蛾的防治效果 单位：%

处理	播后18天	播后23天
1	55.30±8.60ab	30.43±20.29ab
2	73.36±6.91a	62.32±2.90a
3	34.87±8.60ab	23.91±8.23ab
4	55.59±4.93ab	-6.28±9.66b
5	0.00±28.11b	0.00±11.68b

2.3 保叶作用

药剂处理后对玉米幼苗具有显著的保叶作用（图4），戴维斯视觉等级结果表明，在播后18天，处理1和处理2的叶片为害指数显著低于其他处理，分别为4.64和4.12，处理3和处理4的叶片为害指数分别为6.31和6.92，显著高于处理1和处理2，同时显著低于空白对照。播后23天，处理1和处理2叶片为害指数显著低于空白对照，分别为5.40和4.95（表4）。

表4 种子包衣处理对玉米苗的保护作用

处理	戴维斯视觉等级	
	播后18天	播后23天
1	4.64±0c	5.40±0.1bc
2	4.12±0.22c	4.95±0.95c
3	6.31±0.38b	6.78±0.65abc
4	6.92±0.34b	7.30±0.42ab
5	8.15±0.42a	8.34±0.07a

3 讨论

种子处理技术在大田作物中得到了大规模推广应用，推动了病虫害防治技术的发展[7]。例如，水稻蓟马（*Chloethrips oryzae* Williams）是水稻（*Oryza sativa* L.）的主要害虫，在田间条件下，通常采用农药叶面喷施的方式对其进行防治。为降低劳动强度，提高农药利用率，研究者采用噻虫嗪种子处理作为一种简便、准确的水稻蓟马控制技术。该技术对水稻的出苗时间和出苗率无影响，且相比未做种子处理的对照，使用噻虫嗪种子处理能够增加水稻的产量[11]。同时，本试验中各药剂种子处理对玉米播后6天的出苗率均没有影响（$P>0.05$）。同时还显著提高了播后18天玉米的成苗率。通过种子处理不仅能够有效防治地上害虫，而且对地下害虫也具有较好的防治作用。例如，Triboni等（2019）研究表明吡虫啉+灭多威、噻虫嗪、氯虫苯甲酰胺、溴氰虫酰胺和氟虫腈+吡唑醚菌酯甲基硫菌灵种子处理大豆防治草地贪夜蛾的试验表明，氯虫苯甲酰胺和溴氰虫酰胺对草地贪夜蛾控制效果最佳，叶片啃食率最低[16]。Carscallen等（2019）研究表明氯虫苯甲酰胺和氯虫苯甲酰胺·噻虫嗪种子处理可有效保护玉米不受其他鳞翅目害虫黏虫（*Mythimna unipuncta*）的侵害[17]。Zhang等（2019）研究表明双酰胺类杀虫剂溴氰虫酰胺对玉米地下害虫小地老虎也具有90%以上的控制效果，且春季的防治效果优于夏季[18]。因此，本实验中药剂种子处理的玉米出苗率和成苗率显著提高，一方面显示了种子处理防治草地贪夜蛾的可行性，另一方面也显示种子处理可能降低了地下害虫对玉米幼苗的根部为害，使得成苗率大大提升，具体还应进一步研究确定。

本试验进行期间未遇到极端天气的影响，根据24~32℃是幼虫的最适生长发育温度范围，24℃是成虫最适的繁殖温度的研究报道[3]，试验期间的天气对草地贪夜蛾的生长发育有利。播后6天的调查结果显示，各处理未见幼虫为害，主要以卵块为主，且在各处理间分布不均。以处理1和处理2的卵块最多，处理3和处理4次之，对照区最少。但播后18天和23天的防效显示，处理2在其播后18天和23天的防效均高于或显著高于对照药剂处理和空白对照（$P<0.05$），分别为73.36%±6.91a和62.32%±2.90 a。结果进一步表明种子处理能减少草地贪夜蛾在玉米植株上的虫口数量。相比处理1和处理2，处理3和处理4在较高的虫口压力下，对草地贪夜蛾的防治效果不甚理想，应慎重选择或在科学指导下使用。总体上，通过田间试验，我们的研究结果初步表明42%氯虫苯甲酰胺·甲萘威FS（2∶1）能够先发制“虫”，保护玉米种子和幼苗早期不受草地贪夜蛾及地下害虫的侵害，提高玉米种子的出苗率和幼苗的成苗率，同时有效压低田间草地贪夜蛾幼虫的虫口基数，为玉米植株提供较长期的保护。基于本文的田间试验结果，我们建议在草地贪夜蛾发生严重的地区应采用玉米种子处理与地面喷雾和物理防治配合使用的综合防治策略。

参考文献

[1] 吴孔明．中国草地贪夜蛾的防控策略［J］．植物保护，2020，46（2）：1-5.

[2] 崔丽，芮昌辉，李永平，等，国外草地贪夜蛾化学防治技术的研究与应用［J］．植物保护，2019，45（4）：7-13.

[3] 王芹芹，崔丽，王立，等．草地贪夜蛾对杀虫剂的抗性研究进展［J］．农药学学报，2019，21（4）：401-408.

[4] 王芹芹，崔丽，王立，等．14种杀虫剂对草地贪夜蛾的杀卵活性［J］．植物保护，2019，45（6）：80-3+113.

[5] 刘旭，姚晨涛，汪岩，等．氯虫苯甲酰胺对草地贪夜蛾的田间防效评价［J］．四川农业科技，2020（9）：30-32.

[6] 刘妤玲，张永生，张生，等．5种杀虫剂超低容量液剂对玉米田草地贪夜蛾的防治效果［J］．植物保护，2019，45（5）：102-105.

[7] BONMATIN J M，GIORIO C，GIROLAMI V，*et al*. Environmental fate and exposure：neonicotinoids

and fipronil [J]. Environ Sci Pollut Res Int, 2015, 22 (1): 35-67.

[8] DOUGLAS M R, TOOKER J F. Large-scale deployment of seed treatments has driven rapid increase in use of neonicotinoid insecticides and preemptive pest management in US field crops [J]. Environ Sci Technol, 2015, 49 (8): 5088-5097.

[9] SAMSON-ROBERT O, LABRIE G, CHAGNON M, *et al.* Planting of neonicotinoid-coated corn raises honey bee mortality and sets back colony development [J]. PeerJ, 2017, 5: 3670.

[10] LIN R, HE D, MEN X, *et al.* Sublethal and transgenerational effects of acetamiprid and imidacloprid on the predatory bug *Orius sauteri* (Poppius) (Hemiptera: Anthocoridae) [J]. Chemosphere, 2020, 255 (126778).

[11] MARCH G J, ORNAGHI J A, BEVIACQUA J E, *et al.* Systemic insecticides for control of Delphacodes kuscheli and the Mal de Río Cuarto virus on maize [J]. Int J Pest Manag, 2010, 48 (2): 127-132.

[12] TANG T, LIU X, WANG P, *et al.* Thiamethoxam seed treatment for control of rice thrips (*Chloethrips oryzae*) and its effects on the growth and yield of rice (*Oryza sativa*) [J]. Crop Prot, 2017, 98: 136-142.

[13] Integrated Pest Management (IPM) & Insect Resistance Management (IRM) for Fall Armyworm in South African Maize. IRAC South Africa, www.irac-online.org, May 2019.

[14] TRIBONI Y B, JUNIOR L D B, RAETANO C G, NEGRISOLI M M. Effect of seed treatment with insecticides on the control of *Spodoptera frugiperda* (J. E. Smith) (Lepidoptera Noctuidae) in soybean [J]. Agriculture Entomology Science, 2019, 86: 1-6.

[15] CARSCALLEN G E, KER S V, EVENDEN M L. Efficacy of Chlorantraniliprole Seed Treatments Against Armyworm [*Mythimna unipuncta* (Lepidoptera: Noctuidae)] Larvae on Corn (*Zea mays*) [J]. J Econ Entomol, 2019, 112 (1): 188-195.

[16] ZHANG Z, XU C, DING J, *et al.* Cyantraniliprole seed treatment efficiency against *Agrotis ipsilon* (Lepidoptera: Noctuidae) and residue concentrations in corn plants and soil [J]. Pest Manag Sci, 2019, 75 (5): 1464-1472.

高效杀虫灯的改良创新及对夏玉米鳞翅目害虫的防控效果*

李志勇[1**]　王永芳[1]　王孟泉[2]　刘　佳[1]　张占飞[2]
赵慧媛[3]　张自敬[3]　董志平[1***]

（1. 河北省农林科学院谷子研究所，国家谷子改良中心，河北省杂粮研究重点实验室，石家庄　050035；2. 河北平乡县植保植检站，平乡　054500；3. 鹤壁佳多科工贸股份有限公司，鹤壁　458000）

摘　要：在小麦-玉米一年两熟连作区，长期推行秸秆还田、免耕播种的保护性耕作，有利于秸秆内害虫的周年积累，免耕保护了害虫的栖息地，使鳞翅目害虫群体逐年增加。如二点委夜蛾2005年首次发现，正定县植保站对其成虫进行了系统监测，2006年成虫只有2 648头，2011年该虫在黄淮海地区暴发，当年成虫数量是7 964头，近年来数量逐年攀升，至2020年达到22 999头，是2006年的8.7倍。玉米螟数量也不断增加，如2018年6月10日临西日诱量达到1 231头，馆陶县2018年9月6日诱蛾量曾达到4 950头，屡创新高。另外，由于抗虫棉推广，近些年棉花播种面积也逐渐减少，棉铃虫转移到玉米上为害，甚至超过玉米螟。这些害虫，春季在小麦田间繁衍积累，在原来耕作制度下，可以通过焚烧麦秸或深翻使其基本死去，而现在小麦收获后直接到玉米上为害。造成为害玉米的两个突出问题：一是二点委夜蛾、棉铃虫、黏虫等为害玉米幼苗，造成缺苗断垄，咬叶片造成幼苗参差不齐，是影响玉米产量重要原因；二是玉米螟、棉铃虫、桃蛀螟、劳氏黏虫等为害雌穗，特别是排泄物潮湿引起穗腐，病原菌毒素超标，是影响玉米作为饲料品质的主要因素。基于这些鳞翅目害虫种类多、数量大，持续时间长，成为黄淮海夏玉米生产难以解决的重要问题。

针对以上问题，笔者课题组与鹤壁佳多科工贸股份有限公司合作，对前期筛选研发的高效杀虫灯进行了改良创新。所谓高效杀虫灯，是指波长为（340~360）nm+440nm的佳多4#灯管，其对二点委夜蛾诱杀效果可以提高73.5%，对其他鳞翅目害虫提高63.3%，对金龟子提高12.2%。普遍认为，杀虫灯能把远处的害虫诱集到灯周边进行为害，使其难以用于防治。本课题组进行了以下3个创新。①从春季越冬代开始诱杀早期害虫，杀虫灯从3月中下旬开始，在小麦田间开始诱杀，由于越冬代成虫、1代成虫数量少，寻找配偶交尾或寻找食物意愿强，善于飞翔，杀虫灯诱杀效果非常突出，甚至对2代成虫诱杀效果也较好。②增加杀虫灯的高度至4~5m，拦截3~4代成虫。研究发现这些鳞翅目害虫在玉米冠层以上活动，在高于冠层20~100cm可以有效诱杀成虫，100cm效果最佳，玉米植

---

* 基金项目：河北省农林科学院农业科技创新工程项目重大科技成果示范与转化专项

** 第一作者：李志勇，研究员，主要从事农作物病虫害研究；E-mail：lizhiyongds@126.com
*** 通信作者：董志平，研究员，主要从事农作物病虫害研究；E-mail：dzping001@163.com

株最高可达3.2m，加上太阳能板等设备安装，需要提高到4~5m。而常规的杀虫灯高度只有2~3m，低于玉米植株，后期难以起到诱杀作用。③加强维护，保证每天及时亮灯和清理电网，确保诱到的成虫能够杀死。特别是玉米抽穗后，蚜虫多，趋光性强，诱杀的虫体黏附在杀虫电网上，使诱到的鳞翅目成虫不能受到充分电击致死，因此落入杀虫灯周边，产卵为害。加强维护能够起到较好效果。通过以上创新，高效杀虫灯对玉米苗期二点委夜蛾、棉铃虫、黏虫等防效可达98.33%，对喇叭口期玉米螟、棉铃虫防效可达93.85%，对穗期玉米螟、棉铃虫、桃蛀螟、劳氏黏虫等防效可达84.67%。该杀虫灯具有以下优点：一是成本低，一盏防30~50亩，一次性安装，后期维护成本低，只需更换灯管和电网丝，灯至少能用5年，灯杆使用寿命可达几十年；二是可上下调节适合各种作物；三是不用农药，控制大部分鳞翅目和鞘翅目害虫，绿色高效，具有广阔的应用前景。

关键词：高效杀虫灯；夏玉米；鳞翅目害虫；穗虫穗腐

玉米收获后深翻压低小麦-玉米连作区病虫草基数的生态调控效果

刘　佳[1]　王永芳[1]　王孟泉[2]　张立娇[3]　靳群英[4]　焦素环[4]　董志平[1]
（1. 河北省农林科学院谷子研究所，国家谷子改良中心，河北省杂粮研究重点实验室，石家庄　050035；2. 平乡县植保植检站，邢台　054500；3. 鹿泉区植保植检站，石家庄　050200；4. 栾城区植物保护检疫站，石家庄　051430）

摘　要：本课题组在国家粮食丰产科技工程支持下，对21世纪初河北省中南部小麦-玉米一年两熟连作区，大力推广秸秆还田、免耕播种等保护性耕作引发的病虫草害问题进行了20年的跟踪研究，揭示了保护性耕作条件下小麦-玉米病虫草害发生规律：春季随着小麦返青，小麦病害开始发生繁衍；麦田杂草加速生长，种子成熟后散落到田间；害虫在小麦田间集聚，完成早期积累。小麦成熟后为了充分利用光热资源，进行贴茬免耕播种玉米，小麦病原菌随秸秆和麦茬遗留在田间表面，特别是腐生性病原菌借助玉米生长过程中适宜的湿度可以继续繁衍；在小麦田间完成早代积累的害虫直接为害玉米，使玉米受害更加严重。玉米收获后，田间积累了前茬小麦秸秆和当茬玉米秸秆及其携带的病原菌、害虫和杂草种子，通过浅旋耕（通常深度10cm）后播种小麦，有利于病原菌、杂草种子在田间的扩散。周年循环逐年积累，使不适宜该耕作制度的病虫草害逐渐减轻或消失，目前剩下的都是能适合当前耕作制度，且会继续加重的病虫草害种类。具体有以下3个方面：①以二点委夜蛾为代表的鳞翅目害虫数量逐年积累并严重为害夏玉米，导致苗期缺苗断垄，或幼苗心叶被害造成参差不齐，雌穗受害造成穗腐，严重影响产量和品质；②以小麦茎基腐病为代表的病残体传播为主的病害也在加重，如小麦赤霉病一旦气候条件适宜就会严重发生，玉米褐斑病也逐年加重；③以恶性杂草节节麦为主的草害群体大、防控难，药害常有发生，除草剂已经成为当前用药量很大的种类。目前，二点委夜蛾、小麦茎基腐病、节节麦均已被列入河北省二类病虫草害目录。

根据以上保护性耕作条件下小麦-玉米病虫草害发生规律，可知玉米收获后田间表层积累了大量的小麦、玉米病虫草害，这时深翻有利于压低小麦-玉米连作区的病虫草害基数，减轻生长季节病虫草害防治压力。根据近5年室内外跟踪研究，发现引发小麦茎基腐病的主要病原菌假禾谷镰刀菌（*Fusarium pseudograminearum*），在小麦播种层及以上能够有效侵染小麦，将该菌用麦粒扩繁后，在10月中旬随小麦播种，分别埋入田间0cm、10cm、20cm和30cm深度，翌年8月，各土层的小麦粒开始腐解，但是病菌均能活化，活化率开始出现差别，一年后活化率分别为45.0%、19.6%、10.2%和8.3%；一年半后0cm和10cm的病菌活化率分别为30.0%和7.2%，而20cm和30cm深度的则丧失了活性。玉米螟在玉米秸秆内越冬，以该虫为代表对不同深度存活率进行试验，设计了土表、5cm、10cm、15cm、20cm、25cm和30cm共7个处理，结果发现，只有土表的幼虫存活率为30%，其他深度的幼虫均未见存活。对节节麦进行不同深度试验发现，若用营养土埋入20cm、25cm和30cm，具有活力的种子均能萌发，但是不能出土存活，埋入越深萌芽率越低，根部生长更多；若用田间土与营养土不同比例（0：1、0.5：1、1：1、1.5：1、2：1、1：0）进行混合，将种子播种25cm，发现0：1、0.5：1、1：1、1.5：1比例下，节节麦种子均可萌发出芽，其中0.5：1和1：1比例下的芽长最长（12~13cm），0：1和1.5：1比例中稍短（约9cm）；2：1和1：0比例中节节麦种子均未萌发。可见，土壤疏松度对节节麦萌发有一定影响。田间试验结果表明，节节麦在表层、5cm、10cm和15cm的出苗率分别为91.4%、53.0%、22.7%和2.7%，其中冬前出苗率分别为92.9%、98.0%、95.2%和0，可见，深度15cm的冬前难以出苗，均为春季出苗。深度为20cm、25cm和30cm均未出苗，种子变黑失去活性。由此可见，玉米收获后深翻20cm以上即可起到压低病虫草害基数的效果。2020—2021年经专家检测，田间深翻30cm对小麦茎基腐病防效可达64.47%~67.57%，对节节麦防效可达64.36%。建议田间病虫草害严重的地块进行间隔性深翻25~30cm，压低病虫草害基数，减少生长期用药。此外，深翻时可增施肥料特别是农家肥，可以缓解耕层生土造成的苗黄。

关键词：保护性耕作；小麦-玉米连作区；病虫草害发生规律；深翻；压低病虫草害基数

玉米南方锈病农业防治措施初探*

董佳玉**　黄莉群　马占鸿***

（中国农业大学植物病理学系，北京　100193）

摘　要：玉米南方锈病是由多堆柄锈菌（*Puccinia polysora* Underw.）引起的真菌性玉米叶部病害，该病害夏孢子可随大气进行远距离传播或通过风进行较近距离的传播。该病害近年来在我国发生范围逐渐扩展，一旦暴发危害极大。不同商用玉米品种对该病害的抗性存在差异，通过种植农艺性状相似但抗感性不同的玉米品种，将抗性品种种植在田块外围，可在一定程度上降低随风近距离传播的玉米南方锈菌对田块内感病玉米品种的侵染，进而达到绿色防控的目的。经田间试验证明，抗性玉米登海605所形成的保护行对比原感病品种构成的2m保护行，起到了阻隔病害的作用，两处理间病情调查结果有显著性差异，说明其能够对玉米南方锈菌夏孢子的传播起到一定的阻隔作用，进而起到保护感病品种、防病减病的作用。该结果将为玉米南方锈病的农业防治措施的研究提供一些参考，为病害防控提供新的思路。

关键词：玉米；玉米南方锈病；防治措施；农业防治

* 基金项目：国家自然科学基金（31972211，31772101）

** 第一作者：董佳玉，硕士研究生，主要从事植物病害流行学研究；E-mail：djy980411@126.com

*** 通信作者：马占鸿，主要从事植物病害流行学和宏观植物病理学研究；E-mail：mazh@cau.edu.cn

河北省大豆田杂草发生与为害*

耿亚玲** 浑之英 王 华 高占林 袁立兵***

（河北省农林科学院植物保护研究所，河北省农业有害生物综合防治工程技术研究中心，
农业农村部华北北部作物有害生物综合治理重点实验室，保定 071000）

摘 要：河北省是我国大豆主产区之一，常年种植面积在 20 万~30 万 hm^2，单产水平在 1 500kg/hm^2左右。在大豆生产中，杂草与作物竞争土壤水分、肥料和光照，侵占地上部与地下部的空间，影响作物的光合作用，干扰作物的正常生长，对大豆产量造成直接影响。每年因杂草造成的损失在 10%左右，严重的可达 30%以上，成为限制大豆产量增加和品质提高的重要因素之一。明确杂草种类、群落组成、分布、危害现状，是安全、有效防除杂草的关键。因此，笔者采用倒置“W”9 点取样法对河北省承德、唐山、廊坊、沧州、石家庄和邯郸等大豆主产区杂草种类、危害程度及群落组成进行了调查。结果表明，河北省春播和夏播大豆田杂草群落组成、发生及为害特点有所不同。春播大豆田杂草有 16 科 31 种。其中，禾本科杂草 5 种，占 16. 13%，阔叶杂草 25 种，占 80. 65%；一年生杂草占 24 种，77. 42%，多年生杂草 7 种，占 22. 58%。31 种杂草中，相对多度均达 10%以上的优势杂草有反枝苋、夏至草、马唐、藜、马齿苋、狗尾草、打碗花、小飞蓬、牛筋草、苣荬菜 10 种。夏播大豆田杂草有 14 科 26 种。其中，禾本科杂草 7 种，占 26. 92%，阔叶杂草 18 种，占 69. 23%；一年生杂草 18 种，占 69. 23%，多年生杂草 8 种，占 30. 77%。26 种杂草中，相对多度达 10%以上的优势杂草有马唐、铁苋菜、牛筋草、马齿苋、狗牙根、反枝苋、地肤、藜、小马泡、苘麻、稗 11 种。该研究明确了河北省大豆田主要杂草群落结构，为大豆田杂草防治提供了理论依据。

关键词：大豆；杂草；为害程度；群落结构

---

* 基金项目：河北省大豆产业技术体系（HBCT2019190205）

** 第一作者：耿亚玲，从事农田杂草防治研究；E-mail：gengyaling2006@ 163. com

*** 通信作者：袁立兵；E-mail：yuanlibing83@ 163. com

砂质地甘薯地下害虫防治暨农药减量使用技术探讨

林文才*

（福建漳州绿源植保有限公司，漳州　363000）

摘　要：2018—2020 年，经过 3 年田间试验示范调查研究，筛选出 22%氟氯氰·噻虫嗪、40%氯虫苯甲·噻虫嗪等甘薯地下害虫防治新药剂，探索出苗期茎基部精准淋施、新剂型组合配方“22%氟氯氰·噻虫嗪+2.5%氟氯氰菊酯”利用喷灌设施均匀施药等促进农药减量使用的新技术。

关键词：甘薯；地下害虫；农药减量；综合管理

福建省漳州市沿海一带砂质地种植甘薯，不仅气候条件适宜，而且砂质地便于农事操作（扦插、培土、采收等），特别是海岸线附近地块存在海水倒灌现象，产出特有的略带咸味地瓜更让消费者喜爱，近几年借力互联网平台推广，漳浦“六鳌地瓜”已成为网红农产品。农户种植甘薯收益稳定，不仅带动当地农户脱贫，随着甘薯产业配套升级，目前正成为推动当地乡村振兴的特色支柱产业。当地种植能手还以技术输出方式到沿海类似土壤和气候条件地区承包土地种植。

从 2018—2020 年，笔者在先正达公司漳州业务团队的支持配合下，连续 3 年在甘薯上开展地下害虫防控药剂筛选与方案优化组合施药方式创新应用试验示范工作，总结出一套有效防治蛴螬、金针虫、地老虎、蝼蛄等地下害虫且大幅度减少农药使用技术方案。据统计，该技术方案 2018 年推广应用 2 000多亩次，2019 年推广应用 8 000多亩次，2020 年推广应用 1.6 万亩次。

1　砂质地甘薯地下害虫种类与防治用药现状调查

1.1　甘薯地下害虫种类与发生概况

甘薯在漳州沿海砂质地每年两季栽培（春季与秋季），主栽品种是西瓜红（又名：大叶红、七里香）。据初步调查，为害甘薯的地下害虫种类有蛴螬、蝼蛄、金针虫、地老虎、甘薯小象甲等。多年不间断栽种，轮作少，蛴螬、蝼蛄等地下害虫常年偏重发生，金针虫、地老虎中等发生，甘薯小象甲轻发生。

1.2　地下害虫防治用药现状

走访调查中发现，多数甘薯种植户虫害防治策略是以地下害虫防治为重点进行综合配药，用药处方尽可能兼治地上部其他虫害（如夜蛾类、粉虱、蓟马等）。传统甘薯地下害虫防治采用人工撒施颗粒剂与带花洒水桶淋施施药方式，农药利用率低，农药使用量大，以辛硫磷为主的有机磷类农药使用量偏多。据调查，使用传统常规药剂及施药方式，每季甘薯农药制剂商品使用量达到 10kg 以上，甘薯受地下害虫为害率通常为 3%~5%，虫害

* 第一作者：林文才，高级农艺师，主要从事植保新技术推广工作；E-mail：1533275851@qq.com

发生重的年份，虫害率最高的达到10%~20%。由于采用人工施药方式，农户操作熟练程度参差不齐，时常出现防效不均匀现象。

2 材料与方法

2.1 供试药剂

40%氯虫苯甲·噻虫嗪水分散粒剂（先正达公司，商品名：福戈），22%氟氯氰·噻虫嗪微囊悬浮-悬浮剂（先正达公司，商品名：阿立卡），2.5%氟氯氰菊酯乳油（先正达公司，商品名：功夫），5%辛硫磷颗粒剂（湖北蕲农化工有限公司），40%辛硫磷乳油（江苏宝灵化工股份有限公司），10%高效氯氰菊酯乳油（上海悦联生物科技有限公司）。

2.2 试验材料

甘薯试验品种为西瓜红，试验地点在漳浦县六鳌镇下寮村，甘薯早季4月种植，试验设置农药减量方案与常规对照方案两组，试验面积各为1亩。

2.3 施药方法

农药减量方案：甘薯扦插苗播种后第10天，亩用40%氯虫苯甲·噻虫嗪40g兑水60kg，药液淋施在植株茎基部；播种后第45天和75天，亩用2.5%氟氯氰菊酯250ml+22%氟氯氰·噻虫嗪250ml，兑水250kg，利用田间喷灌设施施药，药前先喷水20min，药后再喷水10min，之后2天内不喷水。

常规对照方案：4月1日整地，2天后甘薯扦插苗播种，亩用5%辛硫磷颗粒剂8kg拌细砂均匀撒施；播种后第45天和第75天亩用40%辛硫磷1 000ml+10%氯氰菊酯600ml，分别兑水1 250kg，用带花洒的水桶将药液淋施在畦面。

2.4 薯块分类标准

一类薯：单个重150~600g，条形笔直，无明显虫害痕迹；

二类薯：单个重150~600g但条形偏圆或略弯曲，或单个重600g以上，无明显虫害痕迹；

三类薯：单个重在50~150g，条形笔直，无明显虫害痕迹；

次品薯：小于50g，或有明显虫害痕迹。

商品薯总量=一类薯产量+二类薯产量+三类薯产量

网购薯占比=（一类薯产量+三类薯产量）/总产量×100

从农户卖价层面分析，一类薯价格最高，二类薯与三类薯价格接近；一类薯与三类薯适合网络销售，三类薯实际网销定价比二类薯还略高。

2.5 地下害虫为害损失率调查方法

甘薯薯块分类时，挑出次品薯。

虫害率（%）=次品薯产量/商品薯总量×100

3 结果与分析

3.1 地下害虫防效调查

统计次品薯产量与商品薯总量分析，农药减量方案组地下害虫为害率为2.19%，常规对照方案组地下害虫为害率为4.94%，防效存在一定差异，但虫害损失率均在种植户承受范围之内。

3.2 农药减量原因分析

表1农药减量方案组农药制剂亩用量为1.04kg，而表2常规对照方案组农药制剂亩用量为11.2kg，二者差别十分显著。

农药减量原因：一是苗期精准施药，传统地下害虫早期预防是采用整地后大范围撒施颗粒剂方式，导致农药使用量偏多，而选用40%氯虫苯甲·噻虫嗪在苗期使用，药液仅淋施在甘薯茎基部，农药使用量大大减少；二是中后期利用喷灌设施施药，药液分布均匀，传统采用带花洒水桶人工施药方式，用药量不好把控；三是应用新剂型，22%氟氯氰·噻虫嗪是微囊悬浮-悬浮剂，药效持效期更长。

表1 农药减量方案

施药时间	生育期	方案与用量	使用方法
2020.4.10	种植后10天	40%氯虫苯甲酰胺40g/亩	基部淋施
2020.5.25	种植后45天	2.5%功夫250ml+22%阿立卡250ml/亩	设施喷灌
2020.6.25	种植后75天	2.5%功夫250ml+22%阿立卡250ml/亩	设施喷灌

注：按1g=1ml换算农药商品用量。

表2 常规对照方案

施药时间	生育期	方案与用量	使用方法
2020.4.1	空地处理	5%辛硫磷颗粒剂8kg/亩	播前撒施
2020.5.18	种植后45天	40%辛硫磷1 000ml+10%氯氰菊酯600ml/亩	畦面淋施
2020.6.18	种植后75天	40%辛硫磷1 000ml+10%氯氰菊酯600ml/亩	畦面淋施

注：按1g=1ml换算农药商品用量。

3.3 商品薯产量与网购薯占比分析

结果表明，农药减量方案组商品薯亩产量2 812kg，常规对照组商品薯亩产量1 316.5kg，农药减量方案组比常规对照方案组亩产增加179kg。农药减量方案组网购薯占比为81.5%，而常规对照方案组网购薯占比仅为67.3%。

农药减量方案组三类薯产量742kg，而常规对照方案组三类薯产量650kg。据统计分析，农药减量方案组三类薯块数量明显增多，主要原因是“噻虫嗪”对根系促分生生长作用，导致结薯数量增多。

4 问题讨论

4.1 喷灌设施喷水对甘薯小象甲防效影响

本试验地下害虫种类主要是蛴螬、蝼蛄和地老虎，甘薯小象甲发生较少。笔者在其他试验地调查过程中发现，含砂量高的土质甘薯小象甲发生轻，含砂量低的土质甘薯小象甲发生相对较重。对甘薯小象甲防治，中后期利用喷灌设施施药时，具体施药时间应根据甘薯小象甲发生期做出相应调整；在施药方式上，应采用“先喷水后喷药”方式，不能采用“先喷水后喷药再喷水”方式，后者药液更多沉积在土层较深部位，对甘薯小象甲防效相对较差。而采用“先喷水后喷药”方式对蛴螬、金针虫等地下害虫防效影响还有待进一步研究。

4.2 早晚季甘薯利用喷灌设施施药时间差异点

早季甘薯生育期120天左右，晚季甘薯生育期180天左右。早晚季生育期不同，施药时间要相应调整。根据多年田间经验，地下害虫防治在不考虑甘薯小象甲前提下，利用喷灌设施施药时间建议如下：早季“22%氟氯氰·噻虫嗪微囊悬浮-悬浮剂+2.5%氟氯氰菊酯乳油”第一次施药时间掌握在种植后45天左右，第二次用药时间掌握在种植后75天左右；晚季“22%氟氯氰·噻虫嗪微囊悬浮-悬浮剂+2.5%氟氯氰菊酯乳油”第一次施药时间掌握在种植后60天左右，第二次用药时间掌握在种植后90天左右。精准的施药时间也要根据田间虫害发生期与发生程度略做调整，也有待进一步安排试验论证。

4.3 采收期对薯块分类占比影响

甘薯采收期比较长，农户会根据收购价格决定采收日期。但随着采收期拉长，一类、二类、三类薯块占比会发生变化，如何把握好价格与网购薯占比关系，找到最佳收益点，对种植户综合判断能力是个考验。

4.4 高密度栽培与早期淋苗施药量关系

西瓜红甘薯普通种植密度为每亩播2 600~ 3 200条苗，近几年农业部门立项推广高密度栽培模式，每亩播苗量达到6 200条。本试验是针对普通密度栽培进行用药量设计，农药减量方案中早期亩用40%克氯虫苯甲·噻虫嗪40g兑水60kg淋苗。高密度栽培作物生物量大，用药量是否需要增加有待进一步研究。

另外，按目前甘薯种植管理水平，薯块大小参差不齐，是否可以在地下害虫用药方案中加入适量芸薹素，促进薯块大小均匀些，提高商品性，也很值得进一步研究。

大棚番茄根结线虫病绿色综合防治田间试验*

刘志明[1**] 陆秀红[1] 黄金玲[1] 李红芳[1] 周 焰[2]
(1. 广西农业科学院植物保护研究所，南宁 530007；
2. 广西农业职业技术学院，南宁 530007)

摘 要：番茄根结线虫病是番茄的重要病害，是大棚连作障碍的重要因素。生产上长期使用化学农药防治线虫导致抗药性增强，用药量增加，成为大棚番茄生产迫切需要解决的问题。为了安全有效控制根结线虫病的发生为害，减少农药使用。本项目在前期开展甘蔗叶渣、蘑菇渣、玉米秸秆、麸肥等农业废弃物肥化处理、农业废弃物菌肥和药肥的配方筛选等研究基础上，利用农业废弃物菌肥抑制线虫，改良根际环境，采用培育无病苗，高温闷棚，土壤处理等综合措施，在广西武鸣生产基地开展大棚番茄根结线虫病绿色综合防治田间试验。试验设 3 个处理区，分别是综合防治区（以施农业废弃物菌肥 300kg/亩、高温闷棚为重点的综合防治)、药剂对照区（1%阿维菌素颗粒剂 2kg/亩）和空白对照区。试验结果如下：对大棚番茄根结线虫的平均虫口防效分别为综合防治区 75.49%、药剂对照区 72.68%。平均根结防效分别为综合防治区 71.45%、药剂对照区 68.24%。结果表明，本试验综合防治区对大棚番茄根结线虫病的防效较药剂对照区好，所用的农业废弃物菌肥既抑制线虫，又增加土壤有机质，促根生长增强植株抗耐病能力，减少农药使用，对大棚番茄安全生产、减药增效具有一定的促进作用。

关键词：农业废弃物菌肥；大棚番茄；根结线虫病；田间防治

---

* 国家自然科学基金（31860492）；广西自然科学基金（2020JJA130027）；广西科学研究与技术开发科技攻关计划（桂科攻 1598006-5-11）；广西农业科学院科技发展基金（桂农科 2021YT062，2015JZ54）

** 第一作者：刘志明，研究员，从事植物线虫病害综合防治研究；E-mail：liu0172@126.com

几种杀菌剂对辣椒细菌性疮痂病的田间防治效果评价*

孙大川** 韩晓清 杨东旭 路雨翔 闫红波 张尚卿***

（唐山市农业科学研究院，唐山 063001）

摘 要：为了筛选防治辣椒细菌性疮痂病的理想药剂，为该病害的防治提供理论依据。通过田间试验，综合评价不同药剂对辣椒细菌性疮痂病的防治效果和产量影响。各药剂对辣椒生长安全，第3次药后7天，77%氢氧化铜WG、40%噻唑锌SC和47%春雷·王铜WP、33.5%喹啉铜SC、20%噻菌铜SC和3%中生菌素WP的防治效果分别达到92.35%、91.90%、86.57%、81.00%、82.68%和70.35%，较对照增产分别达到15.22%、14.08%、12.14%、9.74%、6.47%和2.80%。推荐生产中使用77%氢氧化铜WG、40%噻唑锌SC和47%春雷·王铜WP防治辣椒细菌性疮痂病。

关键词：辣椒；细菌性疮痂病；田间防治效果

辣椒原产中南美洲，是全球最大的调味料品种，也是全球广泛种植的蔬菜之一[1]。目前，我国辣椒种植主要集中在河南、河北、贵州、江苏、山东、四川等省份，种植面积不断增加，近几年常年稳定在210万 hm^2左右，逐渐成为面积最大的蔬菜品种，总产量已突破6 400万 t[2]。但种植面积的大幅增加，给病害的流行提供了良好的生存环境。特别是夏季高温多雨天气，导致辣椒细菌性疮痂病集中发生[3-4]。该病害由野油菜黄单胞杆菌辣椒斑点病致病变种［*Xanthomonas campestris* pv. *vesicatoria*（Doidge 1920）Dye1978］侵染致病。发病初期，在叶片上出现灰褐色疮痂型病斑，伴随病害发展，病斑周围叶片黄化，连接成片，影响光合作用，发病后期，病叶脱落，植株早衰甚至死亡。同时，该病害可侵染辣椒果实，在果面形成灰褐色至灰黑色疮痂斑，造成直接产量损失[5-6]。因此，该病害的流行，严重阻碍了我国辣椒产业的可持续发展[7]。

目前，对于辣椒细菌性疮痂病的研究多集中于抗病资源的开发和发生规律的摸索[8-10]，但生产中对于辣椒细菌性疮痂病的防治，仍以化学防治为主，由于缺乏科学的用药指导，药剂选择不合理，防治不及时，效果无法达到预期[11-12]。为了筛选安全高效的防治药剂，根据辣椒细菌性疮痂病的发生条件和发展趋势，选用77%氢氧化铜WP、40%噻唑锌SC、47%春雷·王铜WP、33.5%喹啉铜SC、20%噻菌铜SC、3%中生菌素WP等6种化学药剂在唐山市辣椒主产区进行田间试验，为辣椒细菌性疮痂病的有效防控提供理

* 基金项目：河北省科技计划项目（16226344）；河北省蔬菜产业体系病虫害绿色防控岗（HBCT2018030207）

** 第一作者：孙大川，高级经济师，主要从事农业生产技术方面的研究；E-mail：tsnky2020@126.com

*** 通信作者：张尚卿，副研究员，从事蔬菜病虫害绿色防控技术方面的研究；E-mail：zhangshangqing85@163.com

论依据。

1 材料和方法

1.1 供试药剂

试验选用6种药剂进行试验，以清水作为对照处理，供试药剂均采用生产推荐剂量，详见表1。

表1 辣椒细菌性疮痂病供试药剂

编号	有效成分、含量及剂型	生产厂家	制剂用量（ml或g/hm²）
1	77%氢氧化铜 WG	美国杜邦公司	675
2	40%噻唑锌 SC	浙江新农化工股份有限公司	900
3	47%春雷·王铜 WP	北兴化学工业株式会社	1 500
4	33.5%喹啉铜 SC	浙江海正化工股份有限公司	675
5	20%噻菌铜 SC	浙江龙德化工有限公司	1 500
6	3%中生菌素 WP	华北制药河北华诺有限公司	800

1.2 供试作物及防治对象

辣椒品种：中长1号。防治对象：辣椒细菌性疮痂病。

1.3 试验方法

试验于河北省唐山市丰南区稻地镇杨义口头村进行，该地块地势平坦，肥力均等，常年种植辣椒，管理模式、辣椒长势一致。67 500穴/hm²，每穴3~4株。试验于细菌性疮痂病初发期启动，分别于7月4日、7月11日、7月18日连续用药3次。试验连同6个药剂和清水对照，共计7个处理，剂量详见表1。喷施药液量为675kg/hm²。试验采用随机区组排列，每小区20m²，重复4次。

用药前调查各小区发病基数，每次用药后观察记录是否出现叶片黄化、畸形、生长受到抑制等药害症状。末次药后7天、14天进行调查。每小区对角线五点取样，每点连续3株，定点标记，根据细菌性疮痂病分级标准调查整株全部叶片的发病情况，计算病情指数和防治效果。末次调查，记录各株总叶片数和落叶数，计算落叶率。于辣椒收获期进行产量测定。每小区对角线5点取样，每点摘取1m²内所有具备商品性的辣椒，晾干后称重，记录增产率。数据采用DPS7.05进行处理，方差分析运用邓肯氏新复极差法分析。

辣椒细菌性疮痂病分级标准：0级：无病斑；1级：病斑面积占整个叶面积5%以下；3级：病斑面积占整个叶面积6%~10%；5级：病斑面积占整个叶面积11%~20%；7级：病斑面积占整个叶面积21%~50%；9级：病斑面积占整个叶面积50%以上。

公式一：

$$病情指数=\frac{\sum（各级病叶数\times相对级数）}{调查总叶片数\times 9}\times 100$$

公式二：

$$\text{防治效果}(\%)=\left(1-\frac{\text{对照区施药前病情指数}\times\text{处理区药后病情指数}}{\text{对照区施药前病情指数}\times\text{处理区药前病情指数}}\right)\times 100$$

公式三：

$$\text{增产率}(\%)=\frac{\text{处理区产量}-\text{对照区产量}}{\text{对照区产量}}\times 100$$

2 结果与分析

2.1 供试药剂对辣椒细菌性疮痂病的田间防治效果

调查发现，试验全程 3 次用药，各处理均未出现药害症状，表明供试的 6 种药剂对辣椒生长安全。

由表 2 可以看出，第三次药后 7 天，清水对照处理发病程度最重，病情指数达到 28.78，显著高于各用药处理。其中，77%氢氧化铜 WG 和 40%噻唑锌 SC 的病情指数仅为 2.36 和 2.61，防治效果分别达到 92.35%和 91.90%，显著高于其他 4 个用药处理。

表 2 供试药剂对辣椒细菌性疮痂病的田间防治效果比较

处理	首次施药前病情指数	末次药后 7 天		末次药后 14 天		
		病情指数	防治效果（%）	病情指数	防治效果（%）	落叶率（%）
77%氢氧化铜 WG	0.45a	2.36d	92.35a	4.04d	88.35a	0.87d
40%噻唑锌 SC	0.47a	2.61d	91.90a	4.67d	87.10a	1.53d
47%春雷·王铜 WP	0.39a	3.59c	86.57ab	6.94c	76.90b	3.45d
33.5%喹啉铜 SC	0.45a	5.86bc	81.00b	9.03c	73.95b	8.87c
20%噻菌铜 SC	0.38a	4.51c	82.68b	8.76bc	70.08bc	10.34bc
3%中生菌素 WP	0.44a	8.94b	70.35c	13.42b	60.41c	13.56b
清水对照	0.42a	28.78a	—	34.57a	—	28.94a

注：显著性水平 $P=0.05$。

第三次药后 14 天，各处理的病情有所加重，病情指数出现不同程度提高，防治效果呈现下降趋势。其中，77%氢氧化铜 WG 和 40%噻唑锌 SC 的防治效果显著高于其他各处理，分别达到 88.35%和 87.10%。3%中生菌素 WP 在用药处理中病情指数最高，达到 13.42%，防治效果仅为 60.41%。另外，第三次药后 14 天，各用药处理的落叶率在 0.87%~13.56%之间，显著低于清水对照的 28.94%。其中，77%氢氧化铜 WG、40%噻唑锌 SC 和 47%春雷·王铜 WP 3 个处理的落叶率均在 4%以内，分别为 0.87%、1.53%和 3.45%，差异未达显著水平。

2.2 供试药剂对辣椒产量的影响

由表 3 可以看出，田间喷施供试药剂都具有一定的增产作用。其中，77%氢氧化铜 WG、40%噻唑锌 SC 和 47%春雷·王铜 WP 3 个处理产量最高，折合产量分别达到 4 214.1kg/hm^2、4 172.5kg/hm^2 和 4 101.3kg/hm^2，分别较对照增产 15.22%、14.08%和

12.14%，显著高于其他各处理。而3%中生菌素 WP 的产量为3 759.8kg/hm²，较对照仅增产2.80%，且差异未达显著水平。

表3 供试药剂对辣椒产量的影响

处理	平均1m²产量（g）	折合公顷产量（kg/hm²）	较对照增产率（%）
77%氢氧化铜 WG	421.41	4 214.1a	15.22
40%噻唑锌 SC	417.25	4 172.5a	14.08
47%春雷·王铜 WP	410.13	4 101.3ab	12.14
33.5%喹啉铜 SC	401.36	4 013.6ab	9.74
20%噻菌铜 SC	389.42	3 894.2b	6.47
3%中生菌素 WP	375.98	3 759.8bc	2.80
清水对照	365.74	3 657.4c	—

注：显著性水平 $P=0.05$。

3 结论与讨论

选用6种供试药剂在推荐剂量下对辣椒细菌性疮痂病均具有一定的防治效果，能够明显控制病害发展，显著降低细菌性疮痂病造成的早衰落叶，从而提高产量，且对辣椒生长安全。第3次药后7天，各处理的防治效果达到最高，其中，77%氢氧化铜 WG 和40%噻唑锌 SC 的防治效果分别达到92.35%和91.90%。之后，各处理防治效果出现不同程度降低。收获时，77%氢氧化铜 WG、40%噻唑锌 SC 和47%春雷·王铜 WP 3个处理增产明显，分别较对照增产15.22%、14.08%和12.14%。因此，综合防治效果和产量结果分析，生产中防控辣椒细菌性疮痂病，推荐使用77%氢氧化铜 WG 或40%噻唑锌 SC 或47%春雷·王铜 WP 3种药剂，根据天气情况，在辣椒细菌性疮痂病发病初期，间隔7~10天，连续用药3次。

参考文献

[1] 王娟娟，杨莎，张曦，等．我国特色蔬菜产业形势与思考［J］．中国蔬菜，2020（6）：1-5.

[2] 邹学校，马艳青，戴雄泽，等．辣椒在中国的传播与产业发展［J］．园艺学报，2020，47，1-12.

[3] EBRAHIM O，MOHSEN T S，HABIBALLAH H，*et al.* Occurrence and characterization of the bacterial spot pathogen *Xanthomonas euvesicatoria* on pepper in Iran［J］. Journal of Phytopathology，2016（10）：722-734.

[4] 李宗珍，北方温室辣椒主要病虫害绿色防控技术［J］．中国瓜菜，2018，31（12）：67-68.

[5] 陈新，刘清波，赵廷昌．辣椒细菌性疮痂病病原菌分类、检测及综合防治研究进展［J］．植物保护，2011，37（1）：11-18.

[6] 向左义，覃平锋．辣椒炭疽病和疮痂病的识别与预防［J］．长江蔬菜，2016（7）：54-55.

[7] KYEON M S，SON S H，NOH Y H，*et al. Xanthomonas euvesicatoria* causes bacterial spot disease on pepper plant in Korea［J］. The plant pathology journal，2016（32）：431-440.

[8] 向平安，周燕，高必达．辣椒疮痂病菌（*Xanthomonas vesicatoria*）和水稻细菌性条斑病菌

(*X. oryzae* pv. *oryzicola*）的质粒及其与耐链霉素和耐铜性关系［J］. 植物病理学报，2003，33（4）：330-333.

［9］ 孙福在，赵廷昌，张宝玺．辣椒和甜椒品种抗细菌性疮痂病鉴定［J］. 植物保护，2004，30（3）：66-68.

［10］ 王惟萍，李宝聚，李金萍，等．辣椒细菌性疮痂病发生规律与防治方法［J］. 中国蔬菜，2011（3）：27-29.

［11］ 程伯瑛，赵廷昌，孙福在，等．山西省辣椒疮痂病病原鉴定、发生规律和防效研究［J］. 华北农学报，2002，17（3）：129-134.

［12］ 曹华威，聂中海，严萍，等．辣椒疮痂病发生规律与防治［J］. 现代园艺，2017（8）：152.

对黄曲条跳甲高毒力Bt菌株的鉴定及田间药效评价

孙晓东[1]* 于淑晶[2] 边 强[2]
(1. 海南省农业科学院蔬菜研究所，海口 571100；
2. 南开大学农药国家工程研究中心，天津 300071)

摘 要：为了探索蔬菜害虫黄曲条跳甲的防治措施，采用海南省土壤中分离出的一株对黄曲条跳甲高毒力Bt菌株BS128，研究了BS128与Bt商品化工程菌G033A土壤处理和叶面喷雾田间处理防治菜心黄曲条跳甲应用技术，结果显示2株Bt菌株土壤处理防治跳甲具有较好的防治效果，效果不低于叶面喷雾防治效果。笔者认为利用Bt防治跳甲更适用土壤处理，一方面重视了土壤中跳甲幼虫的防治，可以减缓苗期成虫的为害；另一方面Bt在土壤中更有利发挥作用，持效期长，避免了叶面喷施Bt受到高温或者强紫外线照射失活。

关键词：Bt菌株；黄曲条跳甲；鉴定；田间药效评价

* 第一作者：孙晓东；E-mail：15103657855@163.com

“十三五”期间我国棉花主要病虫害防控回顾与分析*

唐　睿[1**]　卓富彦[2]　朱景全[2]　郭　荣[2]

(1. 广东省科学院动物研究所，广东省动物保护与资源利用重点实验室，广东省野生动物保护与利用公共实验室，广州　510260；2. 全国农业技术推广服务中心，北京　100125)

摘　要：棉花是中国的重要经济作物，研判其病虫害近年来的演替和防治规律，对开发棉田病虫害绿色防控技术模式和研判未来农业病虫害防控路径至关重要。本研究通过全国尺度收集“十三五”期间棉花生产数据，比对5年间病虫害发生和防治情况，分析病虫害情况演替规律，展望棉花全套集成综合解决方案研发。

全国棉花病虫害发生面积总体呈逐年减少的下降趋势，河北、山东、河南、天津、山西和陕西棉区病虫害发生面积与种植面积呈显著正相关（r^2 = 0.79），江苏、安徽、湖北、江西和湖南棉区病虫害发生面积与种植面积呈极显著正相关（r^2 = 0.98），新疆、甘肃棉区病虫害发生面积与棉花种植面积未见显著相关性（r^2 = 0.25）。虫害年均总发生面积为7 664.67×10^{3}hm^{2}次，其中棉蚜、棉铃虫发生最高地区为新疆、河北和山东；棉叶螨发生最高为新疆，其次为河北、湖北、山东和湖南；棉盲蝽发生最高为河北，其次为新疆和山东；棉蓟马发生区域较少，主要在新疆、河北和山东等北方和西北棉区发生。病害年均总发生面积1 639.47×10^{3}hm^{2}次，其中苗病发生面积最高为新疆，其次为河北和山东；铃病于河北发生面积显著高于其他地区；枯萎病发生面积最高为新疆和河北；黄萎病发生面积最高为新疆，其次为河北和湖北。棉花虫害5年间年均防治面积为9 327.67×10^{3}hm^{2}次，病害年均防治1 630.27×10^{3}hm^{2}次。

棉花生产遵循“预防为主，综合防治，控害减药，保铃保产”植保方针，采取播前和苗期预防、生长期控害、铃期保铃保产的策略。播种期主要预防苗病、枯萎病、黄萎病、苗蚜、棉叶螨、棉盲蝽、棉蓟马、地下害虫等，主要措施为抗性品系、种子处理、农艺措施和生态措施；苗期主要防治对象为苗病、苗蚜、枯萎病、黄萎病、棉叶螨、棉盲蝽、棉蓟马、地下害虫等，多用农艺措施、诱捕技术、水肥管理和药剂防治；蕾期主要防治对象为棉盲蝽、棉铃虫、棉叶螨、枯萎病、黄萎病等，主要采取农艺措施、药剂防治、诱捕技术等；铃期主要防治棉蚜、棉叶螨、棉铃虫、棉盲蝽、棉蓟马、铃病，采取水肥管理、物理防治、诱捕技术、药剂防治等措施。

综上，全国棉花生产中三大虫害近年来仍集中于棉蚜、棉铃虫和棉叶螨，而各主要产区病虫害演替具有地方性，总体较高的防治面积显示，棉花害虫的管理仍存在优化空间。解析近年来的病虫害演替，能够为进一步设计更合理的棉花管理方法，例如针对蚜虫选择优化的棉花品系，针对鳞翅目害虫交叉使用药剂以防止抗性发展，针对缺乏天敌的盲蝽等害虫，进一步开发基于诱捕等生态学防治方法，并根据害虫的发生区域和地方特色按比重综合配置管理措施，全套集成棉花生产的综合解决方案。

关键词：棉花产业；病虫害演替；防治策略；绿色防控

* 基金项目：国家重点研发计划资助（2017YFD0201908；2017YFD0201206）

** 第一作者：唐睿，博士，研究方向为昆虫神经行为学；E-mail：tangr@ giz. gd. cn

上海地区大棚草莓病虫草害绿色防控技术集成

王　华*
（上海市奉贤区农业技术推广中心，上海　201499）

摘　要：通过介绍上海地区草莓病虫草害绿色防控的技术集成，包括农业防治、物理防治、生态调控和药剂防治等相结合的技术要点，为上海地区草莓生产实现病虫草综合防治、农药减量控害、安全优质增效，提供了理论依据和具体可操作措施。

关键词：草莓；病虫草害；绿色防控；技术集成

草莓，为蔷薇科草莓属多年生常绿草本植物，因果实色泽鲜亮、果肉多汁、酸甜适口、芳香宜人、营养丰富，被誉为“水果皇后”。上海地区大棚草莓上市时间从11月中下旬开始，一直延续到翌年5月初，供应周期长，填补了时令鲜果的空缺，具有较高的市场经济价值。

近年来，为贯彻落实“科学植保、公共植保、绿色植保”理念，上海市以“双增双减”为目标，大力开展绿色防控技术研究与示范推广，经过多年的探索与实践，逐渐形成了一套适合地区大棚草莓病虫草害绿色防控的技术集成。

通过应用绿色防控技术，草莓病虫草害得到了有效控制，同时与常规防治相比，大大降低了化学农药的使用量（降低30%以上），减少了农业环境面源污染，保障了农产品食用安全，具有较好的经济、社会与生态效益。

技术集成包含农业防治、物理防治、生态调控和药剂防治，介绍以生产时间顺序为主线，各防治措施相互间有所穿插，具体技术介绍如下。

1　园地选址

草莓园地的选择，应远离污染源，道路便捷、地势较高、沟渠配套、排灌方便、生态环境良好，且土壤为微酸性至中性、不黏重或过砂的壤土。

2　茬口安排

选择“玉米—草莓—玉米”的茬口模式，玉米具有改善土壤结构，减轻重茬草莓病虫害发生等的作用。3—7月期间，可在草莓大棚里套作、间作或轮作玉米。

3　土壤处理与消毒

利用7月及8月的高温天气，对大棚土壤进行处理消毒，可有效减少土传病虫害的发

* 第一作者：王华，农艺师，长期从事粮油及经济作物病虫草害预测预报和新技术试验示范推广工作；E-mail：2171498324@ qq. com

生。土壤消毒，3 年一次即可，有条件的可每年进行。

3.1 土壤处理

翻耕土壤时，均匀拌入粉碎的玉米秸秆和每亩 70~100kg 的石灰氮，并灌足水。

3.2 覆膜闷地

3.2.1 双重地膜

上海地区夏季多台风，故不遮盖棚架膜，采用黑白双重地膜进行地面覆盖、四周用土压实即可。双重地膜同样可使地面温度上升至 60~80℃，同时黑膜可防止杂草的生长，减少除草剂的使用。

3.2.2 闷地时限

高温天气，闷地 30~40 天即可。

4 施肥整地

定植前 15 天，完成施基肥和整地起垄。

4.1 施足基肥

基肥，以施有机肥为主。作垄前 10 天，亩施有机肥 2~3t、复合肥 50kg，均匀翻入土壤。

4.2 整地起垄

平整地面，开沟作垄。离棚边各 30cm 作垄，做成沟深 30cm，畦面 55cm、底宽 65cm 的小高垄。

5 品种选择

上海地区以种植章姬、红颜为主，辅以白雪公主、越心、红玉等小品种，可适当引进其他适应强、成熟早、产量高、品质优、抗病好的草莓品种。

6 推迟移栽时间

上海地区大棚草莓移栽已从 8 月中下旬开始，可适当推迟至节气白露后移栽，即 9 月上中旬定植，白露过后天气有所转凉，可减轻因高温多雨引发炭疽病等病害的发生，利于草莓苗成活，且不影响后期上市。

7 移栽定植

7.1 定植苗选择

生产上选择品性纯、无病虫害的壮苗进行定植，优先选用本地培育的露地草莓苗，本地苗具有适应性好、缓苗快、成活率高、病虫害发生少的优势。

7.2 根处理

对草莓苗定植前后，用药剂进行根处理，可减轻土传病害的发生（具体见药剂防治）。

7.3 合理密植

亩栽草莓苗 6 000株，行株距为 20cm 和 25cm，合理密植有利植株伸展和通风透光。移栽时不深栽或露根，新茎弓背朝沟边方向。

7.4 加盖遮阳网

定植前，在大棚架上加盖遮阳网，定植后保留7~10天，可利于草莓苗缓苗和成活。

7.5 控湿防病

定植前后，采用滴管滴灌，保持土壤湿润。不易过干或过湿，遇大雨时保证排水通畅、及时排水，控制好土壤湿度，可减轻病害的发生。

8 合理追肥

追施采用“少量多次”的原则，结合灌水进行。草莓生长前期，每20天左右追肥1次，后期每月1次。以施复合肥为主，每亩每次追肥量为8~10kg，追肥时间以覆盖黑地膜前、果实膨大期、采收盛期、植株恢复期、侧花序结果期为佳，果实采收前一般不追肥。合理追肥，满足不同时期的营养需求，可提壮植株，促进健身栽培。

9 适时整枝

适时摘除老叶、病叶，摘除生长势弱的侧芽，适当疏花疏果，摘除无用花茎、匍匐茎和病枝病果，拿出棚外集中处理。以调整植株营养结构，改善通风透光条件，减少菌源残留。

10 覆膜扣棚

10.1 覆盖黑地膜

节气“霜降”前，垄上覆盖黑地膜，覆膜后立即破孔掏苗。地膜覆盖不宜过早，过早容易使前期长势旺，后期长势弱。

10.2 扣棚

日平均温度低于15℃时，则及时进行扣棚。

10.3 添设防虫网

扣棚时，在棚的出入口和两侧卷膜通风处设置40~60目的防虫网，可阻隔鸟类、飞虫等侵入为害草莓。

10.4 棚内温湿度调控

大棚内，放置几个温湿度计，以观察温湿度，适时进行调控。棚内温湿度的有效调控，满足草莓的生长同时，可减轻灰霉病等病害的发生。

温度调控：扣棚初期，棚内温度控制在白天25~30℃，夜间10~12℃；现蕾期，棚内白天25~28℃，夜间8~10℃；开花期，棚内白天24~26℃，夜间8~10℃；果实膨大期，棚内白天23~25℃，夜间6~8℃；采收期，棚内白天20~24℃，夜间5~6℃为宜。

湿度调控：保温初期，空气相对湿度控制在70%~80%。开花期，湿度过高对授粉不利，控制在40%~50%；采收期，湿度过高易发灰霉病，过干则易发白粉病，影响品质，以保持相对湿度50%~60%为宜。

调控温湿度，晴好天气中午前后，通风散湿为最佳时间；其他时间如要散湿，须遵循先保温的原则。阴雨天，不适宜通风。

10.5 垄沟覆盖物

垄沟内，铺盖碎稻草或稻壳，可降湿保温；或覆盖黑色厚地膜或沟毯，可防止杂草生长。同时，使棚内清洁，方便采摘。

11 "三诱"防治

11.1 杀虫灯诱虫

利用昆虫的趋光性，8—11月在园地周边按20亩放置一黑光灯，可诱集灭杀夜蛾类害虫。

11.2 性诱剂诱虫

利用昆虫雌性成虫性信息素吸引雄性交配、产卵的原理，8—11月在园地周边按2亩放置一夜蛾性诱捕器，可诱集灭杀斜纹夜蛾、甜菜夜蛾类害虫。

11.3 色板诱虫

利用蓟马对蓝色、蚜虫对黄色的趋性，整个生长季期间在草莓行间插入或悬挂蓝黄板，亩用20张，可诱集灭杀蚜虫、蓟马等。开花放养蜜蜂后，防止蜜蜂粘上，可给插板加设网罩。

12 生态调控

12.1 种植引诱、多花植物

棚周边田地、路边、田埂等种植蓝色或黄色花系花卉（百日菊、万寿菊、三色堇等），或其他蜜源植物（如油菜等），蔬菜类（如胡萝卜等），可起诱集害虫和培育天敌作用。

12.2 间作大蒜

棚内保护行、定植苗缺棵处等种植一些大蒜，大蒜特有气味可驱避蚜虫。

12.3 释放天敌

大棚覆膜后，棚内释放天敌加州小绥螨及烟蚜茧蜂，可一定程度防治红蜘蛛和蚜虫。喷施相应防治药剂，压低了虫口基数后，再释放天敌，效果更好。

12.4 棚外适当留草

棚周边可适当留草，以维护生态环境。草生长过旺时，可用割草机或人工除草。割下的草堆放原地，可为田间天敌提供临时栖息地。

13 药剂防治

药剂防治原则，防治以预防为主，选用低毒、高效、低残留的药剂；同一化学药剂在一季草莓生长期内最多使用2次，需轮换使用不同的药剂，以减缓病虫害产生抗药性，降低防治效果；盛花期不使用农药，以免影响授粉；结果期，以使用生物农药为主，化学农药为辅，并注意安全间隔期。

13.1 土传病害

以枯萎病、根腐病等为主，定植时与定植后7天进行根处理。可选用2亿孢子/g木霉菌可湿性粉剂或1亿CFU/g哈茨木霉菌水分散粒剂或100亿个/g枯草芽孢杆菌可湿性粉剂500倍液进行浸根10min后再移栽，移栽后7天再灌根1~2次，每株药液量200ml。

13.2 炭疽病

属高温高湿型病害，盛发期从移栽定植起至11月底，在苗期重点防治。防治可轮换选用25%嘧菌酯悬浮剂20ml/亩，或10%苯醚甲环唑水分散粒剂（世高）50g/亩，或430g/L戊唑醇悬浮剂10g/亩，或1 000亿芽孢/g枯草芽孢杆菌可湿性粉剂（青叶子）100g/亩等药剂进行均匀喷雾。

13.3 夜蛾

夜蛾主要有斜纹夜蛾和甜菜夜蛾，盛发期从移栽期至 11 月底。防治可选用 20 亿 PIB/ml 甘蓝夜蛾核型多角体病毒悬浮剂（康邦）100ml/亩，或 6%乙基多杀菌素悬浮剂（艾绿士）30ml/亩等药剂进行均匀喷雾。

13.4 蚜虫和蓟马

蚜虫，可全年为害；蓟马，主要在苗期和花果期为害。防治蚜虫，可轮换选用 1.5%苦参碱可溶液剂 40g/亩，或 10%氟啶虫酰胺水分散粒剂（隆施）40g/亩，或 22%氟啶虫胺腈悬浮剂（特福力）20ml/亩，或 10%吡虫啉可湿性粉剂 20g/亩，或 6%乙基多杀菌素悬浮剂（艾绿士）20ml/亩，或 22.4%螺虫乙酯悬浮剂（亩旺特）20ml/亩，或 50g/L 双丙环虫酯可分散液剂（英威）10ml/亩等药剂进行均匀喷雾。其中，隆施、特福力、艾绿士、英威可兼治蓟马。

13.5 空心病

属细菌性病害，重点在苗期进行预防。防治可轮换选用 6%春雷霉素可湿性粉剂 60ml/亩，或 20%噻菌铜悬浮剂（龙克菌）75ml/亩，或 20%噻唑锌悬浮剂 100ml/亩等药剂均匀喷雾。

13.6 叶螨

叶螨进行药剂防治，在覆盖地膜前及覆膜后各防治一次，可有效降低虫口基数，减少后期的发生与流行。防治可轮换选用 110g/L 乙螨唑悬浮剂（来福禄）30ml/亩，或 43%联苯肼酯悬浮剂（爱卡螨）30ml/亩，或 20%丁氟螨酯悬浮剂（金满枝）20ml/亩，或 30%乙唑螨腈悬浮剂（宝卓）10ml/亩，或 5%噻螨酮乳油（尼索朗）60ml/亩等药剂均匀喷雾。

13.7 灰霉病

以在开花期预防为主。防治可轮换选用 250g/L 吡唑醚菌酯乳油（凯润）30ml/亩，10%苯醚甲环唑水分散粒剂（世高）50g/亩，或 16%多抗霉素 B 可溶粒剂 20g/亩，或 40%腈菌唑可湿性粉剂（信生）10g/亩，或 50%啶酰菌胺水分散粒剂 30g/亩等药剂均匀喷雾。

13.8 白粉病

避免使用带病的苗。防治以“预防为主”，苗期时应有所预防，开花期重点防治，后期发生时再防治应加足用水量。防治可轮换选用或 42.8%氟菌·肟菌酯悬浮剂（露娜森）30ml/亩，或 42.4%唑醚·氟酰胺悬浮剂（健达）20ml/亩，或1 000亿孢子/g 枯草芽孢杆菌可湿性粉剂（仓美）60g/亩，50%醚菌酯可湿性粉剂 20g/亩，或 30%氟菌唑可湿性粉剂 20g/亩等药剂均匀喷雾。

13.9 蜗牛

主要在结果期为害，防治可选用 6%四聚乙醛颗粒剂 500g/亩撒施。

14 杂草防控

上面已提到，土壤消毒时覆盖双膜（黑膜）、覆膜扣棚时覆盖沟膜（黑膜或地毯）可防止杂草生长，棚外可适当留草（过旺时机械割草）。棚内，日常杂草防除，结合草莓整枝，以人工拔除为主。

参考文献（略）

南方地区甜菜夜蛾对4种化学杀虫剂的抗性监测（2014—2020年）*

熊凯凡[1,2**]　杨　帆[1]　望　勇[1]　周利琳[1]
骆海波[1]　张　帅[3]　王　攀[1,4***]　司升云[1,4***]
（1. 武汉市农业科学院蔬菜研究所，武汉　430345；2. 华中农业大学植物科学技术学院，武汉　430070；3. 全国农业技术推广服务中心，北京　100125）

摘　要：甜菜夜蛾 *Spotoptera exigua*（Hübner）是一种在世界范围内严重危害蔬菜作物的多食性害虫，并且由于长期接触杀虫剂而迅速产生抗药性。本研究于2014—2020年连续监测了南方地区甜菜夜蛾3个田间种群（广州白云、上海奉贤和湖北黄陂）对4种杀虫剂的抗药性水平。连续7年的监测数据显示，2020年3个供试田间种群对氯虫苯甲酰胺均产生了极高水平抗性（RR>600），其中白云种群的抗性倍数高达4 185倍。白云和奉贤两个种群对多杀菌素均产生中低水平抗性，但黄陂种群对多杀菌素仍然敏感（2014年除外，RR=6.11）。多年来，3个供试田间种群对茚虫威的抗药性逐年增加，而对甲氧虫酰肼的抗性增长相对缓慢，截止到2020年，3个供试田间种群对茚虫威均已达到中高水平抗性（RR=70~220），对甲氧虫酰肼则处于中低水平抗性（RR=7.2~59）。以上结果表明，我国南方地区已不宜使用氯虫苯甲酰和茚虫威来防治该害虫。建议减少使用甲氧虫酰肼和多杀菌素，并注意交替、轮换使用不同作用机理的药剂或药剂组合。为了避免该虫抗药性的快速发展，南方地区应根据当地甜菜夜蛾的用药背景和抗药性模式，使用抗性水平较低、作用方式不同的杀虫剂进行轮换。

关键词：甜菜夜蛾；抗药性监测；氯虫苯甲酰胺；多杀菌素；茚虫威

---

* 国家重点研发计划项目（2016YFD0201008）

** 第一作者：熊凯凡，硕士，从事蔬菜害虫抗药性及综合防控研究；E-mail：928085107@qq.com

*** 通信作者：王攀；E-mail：wangpan1228@hotmail.com
司升云；E-mail：sishengyun@126.com

烯效唑和二甲戊灵复配对马铃薯种薯发芽的影响研究*

徐　翔[1]**　孙　劲[2]***

(1. 四川省农业农村厅植物保护站，成都　610041；
2. 西昌学院资源与环境学院，西昌　615013)

摘　要：探究烯效唑和二甲戊灵复配对马铃薯种薯发芽及生理影响，确定马铃薯种薯抑芽剂烯效唑和二甲戊灵最适复配配比。将烯效唑和二甲戊灵按照有效成分不同比例进行复配，得到8个不同配比浓度处理，以清水为对照，测定了马铃薯种薯经浸种后储藏期间的抑芽效果，以及各处理芽长、发芽率、失重率、还原糖含量和过氧化物酶（POD）活性。复配药剂对马铃薯种薯具有明显的抑芽作用，当马铃薯储藏60天时，清水对照组 A_0B_0 还原糖含量最大，达到51.0087mg/g，与其他处理差异极显著（$P<0.01$）；当储藏75天时，清水对照处理组马铃薯种薯过氧化物酶活性降到最低，为3.7133（$0.01A_{470}$/min），与 A_2B_0、A_3B_1 处理组差异极显著（$P<0.01$）；当 A_0B_0 组马铃薯储藏90天时，马铃薯失重率和发芽率均达到最高，分别为21.01%和96.13%，与所有药剂处理组的差异极显著（$P<0.01$）；当 A_0B_0 组马铃薯储藏90天时马铃薯芽长最长，为23.06mm，与所有药剂处理差异极显著（$P<0.01$）。A_3B_1（二甲戊灵330mg+烯效唑25mg）/L处理浓度配比对马铃薯种薯有较强抑芽作用，可进一步制剂研究。

关键词：马铃薯种薯；烯效唑；二甲戊灵；发芽率；还原糖；过氧化物酶

马铃薯（*Solanum tuberosum* L.）属茄科茄属的一年生草本双子叶植物，其生长适应性广，综合加工和利用产业链长，营养丰富，是全球仅次于小麦、水稻和玉米的第四大重要粮食作物[1]。现今，我国已经成为马铃薯生产第一大国。随着农业产业结构的调整，我国马铃薯的种植面积和总产量在不断增加，对种薯的需求量越来越大。马铃薯种薯如在其储藏期间发芽过早、过长，栽培操作过程可能导致芽断，最终导致马铃薯缺苗断垄，最终影响马铃薯的产量。因此，研究马铃薯休眠的调控技术，抑制马铃薯的萌发对马铃薯的安全贮藏和产业发展具有重要意义[6]。目前，马铃薯贮藏方式主要为冷藏恒温设施和化学药剂处理，但恒温贮藏库建设成本昂贵，运行费用高，不利于马铃薯产业的发展[7]。常用马铃薯化学抑芽剂，氯苯胺灵（CIPC）过量使用存在易残留，有致癌、致畸和易引起食物慢性中毒等不安全问题，并且会破坏薯芽，不能用于种薯贮藏[8]。关于马铃薯化学抑芽剂的研究报道有很多，短波紫外线（ultraviolet C，UV-C）[9]、薄荷醇、茉莉精油[10]、α-萘乙酸甲酯（MENA）[11]、赤霉素（gibberellin A3，GA3）、脱落酸（abscisic

* 基金项目：省教育厅重点项目（16ZA0273）；国家自然科学基金（31860036）；凉山州科技局资助项目（50161006）；四川省大学生创新训练项目（S201910628019）

** 第一作者：徐翔，高级农艺师，主要从事农作物病虫害防控工作；E-mail：xuxiangmail@163.com
*** 通信作者：孙劲，硕士，讲师，主要从事资源微生物研究；E-mail：sunjinjoe@126.com

acid，ABA）[12]、香菜（*Carum carvi* L.）和莳萝（*Anethum graveolens* L.）精油[13]等都有对马铃薯抑芽的效果，但少见马铃薯种薯抑芽剂的报道。基于前期在马铃薯种薯抑芽剂的筛选中，发现烯效唑与二甲戊灵均有较好的效果，且二甲戊灵的抑芽效果优于烯效唑。但在盆栽试验中发现，经二甲戊灵浸种处理储藏后的马铃薯种薯发芽率偏低，而烯效唑处理的马铃薯种薯发芽率不受影响，且能使马铃薯种薯的幼苗变矮而粗壮。因此，为延长马铃薯种薯休眠时间，增强马铃薯种薯储藏后出苗率，选择将二甲戊灵与烯效唑复配。通过测定不同复配比例处理马铃薯种薯后，比较分析不同处理之间形态指标，如芽长、发芽率、失重率，以及生理生化指标，如还原糖含量和过氧化物酶活性等，确定二甲戊灵与烯效唑作为马铃薯种薯抑芽剂的最适配比，为后期抑芽剂研制及推广应用提供理论依据。

1 材料与方法

1.1 试验材料

供试品种：中薯2号原种（由四川农业大学马铃薯快繁中心提供）。

供试药剂：89%烯效唑原药（购自四川国光农化有限责任公司），95%二甲戊灵原药（购自广东中迅农科股份有限公司）。

1.2 试验设计

按照药剂处理二甲戊灵 A（$A_0$0mg/L；$A_1$33mg/L；$A_2$165mg/L；$A_3$330mg/L），烯效唑 B（$B_0$0mg/L；$B_1$25mg/L；$B_2$75mg/L），分别配制出 A_0B_0（清水对照）、A_2B_0（165mg/L 二甲戊灵）、A_0B_2（烯效唑 75mg /L）、A_1B_1（33mg 二甲戊灵+烯效唑 25mg）/L、A_2B_1（165mg 二甲戊灵+烯效唑 25mg）/L 和 A_3B_1（330mg 二甲戊灵+烯效唑 25mg）/L、A_1B_2（33mg 二甲戊灵+烯效唑 75mg）/L、A_2B_2（165mg 二甲戊灵+烯效唑 75mg）/L、A_3B_2（330mg 二甲戊灵+烯效唑 75mg）/L 共9个处理，每个处理配制300 ml 药液，设置3次重复，每次重复40粒种薯，共计1080粒（单粒重：8.5±1.3g）。

每个重复的种薯经药剂浸泡30 s后晾干，再分成两组储藏，其中一组种薯用于测定形态指标如芽长、失重率以及发芽率；另一组种薯用于测定还原糖含量、过氧化物酶活性等。试验主要仪器为紫外可见光分光光度计 U-3000（天美科技有限公司）和 CP214 电子天平（奥豪斯仪器上海有限公司）。储藏条件为常温避光储存（2019年10月至2020年4月）。

1.3 观察指标与方法

1.3.1 形态指标

药剂处理前对每个处理种薯称重，统计每个种薯芽眼数，在药剂处理后60天、75天和90天，分别统计发芽情况及用游标卡尺测量马铃薯芽长，计算出种薯失重率、发芽率。

1.3.2 生理生化指标

3，5-二硝基水杨酸比色法测定还原糖含量[14]及愈创木酚法测定过氧化物酶活性[15]。

1.4 数据处理

采用 Excel2010 和 SPSS17.0 软件进行数据处理。

2 结果与分析

2.1 供试药剂对马铃薯种薯贮藏期间失重率的影响

不同处理对马铃薯失重率的影响表明（表1），马铃薯失重率随贮藏时间的延长而上升。在供试药剂处理马铃薯种薯60天后，对照组A_0B_0失重率为5.40%，与其他处理差异均不显著（$P > 0.05$），A_2B_0组失重率最低，只有3.75%；在75天时，对照组A_0B_0失重率为13.50%，与其他处理差异均显著（$P < 0.05$）；在90天后，对照组A_0B_0失重率为21.01%，与其他药剂处理组差异显著（$P < 0.05$），其中A_2B_0组失重率最低，只有11.41%。

表1　供试药剂对马铃薯种薯失重率（%）的影响

处理	60天		75天		90天	
	均值±Se	差异显著性	均值±Se	差异显著性	均值±Se	差异显著性
A_0B_0	5.40±0.33	abcd	13.50±0.24	a	21.01±0.71	a
A_0B_2	7.83±0.85	a	10.38±0.38	b	15.42±0.43	b
A_2B_0	3.75±0.22	d	5.81±0.35	d	11.41±0.72	b
A_1B_1	6.83±1.56	abc	9.50±1.31	bc	14.49±0.89	b
A_2B_1	6.85±0.76	abc	10.03±0.98	bc	14.70±2.24	b
A_3B_1	7.46±0.96	ab	10.60±0.68	b	15.89±2.04	b
A_1B_2	5.51±0.26	abcd	7.29±0.68	cd	12.08±1.33	b
A_2B_2	5.18±0.49	bcd	9.97±1.50	bc	16.20±1.98	b
A_3B_2	4.90±0.14	cd	8.25±1.17	bcd	14.91±1.85	b

注：表中数据为平均值±标准误，同列数据后含有相同字母表示差异不显著。下同。

2.2　供试药剂对马铃薯种薯贮藏期间发芽率的影响

不同处理对马铃薯发芽率的影响表明（表2），供试药剂处理马铃薯种薯60天后，对照组A_0B_0发芽率为60.10%，且与A_2B_0、A_3B_1和A_2B_2处理组相比发芽率较高且差异显著（$P < 0.05$），与其他处理组（38.86%~67.87%）差异不显著（$P > 0.05$）。在75天后，对照组A_0B_0发芽率为68.07%，仅与A_2B_0处理组差异显著（$P < 0.05$），其余各处理组差异不显著（$P > 0.05$）。在90天后，对照组A_0B_0发芽率为96.13%，且仅仅与A_2B_0处理组差异显著（$P < 0.05$），与其他处理组差异不显著（$P > 0.05$）。

表2　供试药剂对马铃薯种薯发芽率（%）的影响

处理	60天		75天		90天	
	均值±Se	差异显著性	均值±Se	差异显著性	均值±Se	差异显著性
A_0B_0	60.10±11.45	ab	68.06±3.67	a	96.13±10.07	a
A_0B_2	67.87±2.27	a	79.70±3.92	a	89.63±6.09	a
A_2B_0	0.00±0.00	e	11.36±0.95	b	25.60±3.90	b
A_1B_1	45.20±7.77	bcd	72.03±6.88	a	86.90±7.24	a
A_2B_1	38.86±5.56	bcd	73.70±8.47	a	84.80±11.08	a
A_3B_1	24.73±6.45	d	63.76±11.08	a	85.83±4.16	a

（续表）

处理	60 天		75 天		90 天	
	均值±Se	差异显著性	均值±Se	差异显著性	均值±Se	差异显著性
A_1B_2	51.06±10.23	abc	61.06±12.27	a	84.43±8.67	a
A_2B_2	35.90±4.35	cd	70.46±17.03	a	83.00±5.06	a
A_3B_2	47.16±5.12	abc	69.03±85.70	a	85.70±7.19	a

2.3 供试药剂对马铃薯种薯贮藏期间芽长的影响

结果表明（表3），供试药剂处理马铃薯种薯60~90天后，对照组A_0B_0芽长分别为10.38mm、21.4440mm和23.06mm，均明显长于同时期的其他处理组（$P<0.05$）。其中，药剂处理90天后，A_1B_1、A_2B_1和A_2B_2组（11.20~13.06mm）与A_0B_2、A_2B_0、A_3B_1、A_1B_2和A_3B_2组（0.46~3.33mm）差异显著（$P<0.05$）。

表3 供试药剂对马铃薯种薯芽长（mm）的影响

处理	60 天		75 天		90 天	
	均值±Se	差异显著性	均值±Se	差异显著性	均值±Se	差异显著性
A_0B_0	10.38±1.15	a	21.44±0.91	a	23.06±0.93	a
A_0B_2	0.28±0.00	b	0.88±0.14	cd	1.46±0.17	c
A_2B_0	0.00±0.00	b	0.15±0.01	d	0.46±0.06	c
A_1B_1	0.57±0.08	b	3.94±0.72	bc	13.00±1.00	b
A_2B_1	1.09±0.07	b	5.10±0.86	b	13.06±0.99	b
A_3B_1	0.04±0.04	b	0.38±0.24	cd	1.53±0.29	c
A_1B_2	0.13±0.01	b	0.66±0.09	cd	1.93±0.06	c
A_2B_2	0.76±0.34	b	5.38±2.94	b	11.20±2.11	b
A_3B_2	0.23±0.09	b	0.55±0.14	cd	3.33±1.10	c

2.4 供试药剂对马铃薯种薯贮藏期间还原糖含量的影响

不同处理对马铃薯还原糖含量的影响结果表明（表4），供试药剂处理马铃薯种薯60~90天期间，对照组A_0B_0与A_1B_1、A_3B_2组的还原糖含量表现一直下降的趋势，A_0B_2、A_2B_1、A_3B_1、A_1B_2、A_2B_2组还原糖含量呈现出先增加后减少的趋势，而A_2B_0组还原糖含量呈现出一直增加的趋势。供试药剂处理马铃薯种薯60天后，对照组A_0B_0还原糖含量为51.01mg/g，与A_2B_0、A_3B_1和A_1B_2相比含量较高且差异显著（$P<0.05$），与A_0B_2、A_1B_1、A_2B_1、A_2B_2和A_3B_2（45.09~61.37mg/g）相比差异不显著（$P>0.05$）；储藏75天后，对照组A_0B_0还原糖含量为34.52mg/g，与药剂处理A_0B_2、A_1B_2、A_2B_1、A_2B_2、A_3B_1相比含量较低且差异显著（$P<0.05$），与A_2B_0、A_1B_1和A_3B_2（30.37~41.99mg/g）相比差异不显著（$P>0.05$）；在90天后，对照组A_0B_0还原糖含量为28.64mg/g，显著高于

药剂 A_1B_1、A_1B_2、A_3B_2、A_2B_1处理（$P < 0.05$），显著低于 A_2B_0（$P < 0.05$），与 A_0B_2、A_3B_1和 A_2B_2（30.37~41.99mg/g）相比差异不显著（$P > 0.05$）。

表 4　供试药剂对马铃薯种薯还原糖含量（mg/g）的影响

处理	60 天		75 天		90 天	
	均值±Se	差异显著性	均值±Se	差异显著性	均值±Se	差异显著性
A_0B_0	51.01±3.07	ab	34.52±2.85	e	28.64±1.79	bc
A_0B_2	55.51±1.69	ab	66.02±2.95	c	32.07±2.62	ab
A_2B_0	15.33±3.09	d	30.37±0.54	e	36.35±0.05	a
A_1B_1	52.92±2.61	ab	36.99±4.60	e	16.16±2.06	e
A_2B_1	61.37±2.53	a	84.87±3.94	a	13.42±1.71	e
A_3B_1	18.07±4.28	d	52.33±3.68	d	25.24±2.94	cd
A_1B_2	39.34±1.82	c	51.96±1.85	d	19.18±2.80	de
A_2B_2	45.09±1.76	bc	70.04±3.43	bc	25.10±0.87	cd
A_3B_2	54.56±6.39	ab	41.99±2.52	e	19.70±2.3803	de

2.5　供试药剂对马铃薯种薯贮藏期间过氧化物酶活性的影响

不同处理对马铃薯过氧化物酶活性的影响结果表明（表 5），供试药剂处理马铃薯种薯 60~90 天期间，对照组 A_0B_0与 A_1B_2、A_2B_2、A_3B_2过氧化物酶活性一直呈现下降的趋势，A_0B_2、A_1B_1、A_2B_1、A_3B_1的过氧化物酶活性呈现先升高后下降的趋势，而 A_2B_0的过氧化物酶活性呈现一直升高的趋势。供试药剂处理马铃薯种薯 60 天后，对照组 A_0B_0过氧化物酶活性为 7.90（0.01A_{470}/min），A_0B_2、A_1B_1、A_2B_0、A_2B_2处理过氧化物酶活性明显低于 A_0B_0（$P < 0.05$），A_1B_2、A_2B_1、A_3B_1、A_3B_2（6.45~8.63A_{470}/min）处理组与 A_0B_0差异不显著（$P > 0.05$）；在 75d 后，对照组 A_0B_0过氧化物酶活性为 6.31（0.01A_{470}/min），与 A_0B_2、A_3B_1和 A_2B_2组相比活性较低且差异显著（$P < 0.05$），与其他处理组（5.09~9.06A_{470}/min）差异不显著（$P > 0.05$）；在处理后 90 天对照组 A_0B_0过氧化物酶活性为 3.71（0.01A_{470}/min），与 A_0B_2、A_2B_0、A_3B_1和 A_2B_2处理组相比活性较低且差异显著（$P < 0.05$），与 A_1B_1、A_1B_2、A_2B_1、A_3B_2（3.27~5.52A_{470}/min）处理组差异不显著（$P > 0.05$）。

表 5　供试药剂对马铃薯种薯过氧化物酶活性（0.01A_{470}/min）的影响

处理	60 天		75 天		90 天	
	均值±Se	差异显著性	均值±Se	差异显著性	均值±Se	差异显著性
A_0B_0	7.90±0.76	bc	6.31±0.72	cd	3.71±0.53	d
A_0B_2	4.55±0.33	ef	9.55±0.61	ab	6.68±0.15	bc
A_2B_0	3.22±0.24	f	5.09±0.32	d	10.68±1.41	a
A_1B_1	5.59±0.38	de	9.06±1.15	abc	5.38±0.42	cd

（续表）

处理	60天		75天		90天	
	均值±Se	差异显著性	均值±Se	差异显著性	均值±Se	差异显著性
A_2B_1	6.45±0.81	cd	7.88±0.26	bcd	4.85±0.33	cd
A_3B_1	8.04±0.47	bc	10.62±1.28	ab	8.21±0.83	b
A_1B_2	8.63±0.54	b	6.06±0.15	cd	5.52±1.01	cd
A_2B_2	15.90±0.68	a	11.21±3.31	a	6.55±0.72	bc
A_3B_2	8.09±0.35	bc	5.68±0.82	d	3.27±0.61	d

3 讨论

3.1 烯效唑·二甲戊灵复配对马铃薯种薯储存期间失重率和芽长的影响

马铃薯失重率受呼吸作用失水与干物质消耗的影响，休眠时马铃薯呼吸作用会降低，失重率也会降低[24]。表1说明烯效唑和二甲戊灵复配能够有效降低马铃薯的失重率，减少其储存时期的营养损失。从表3来看，90天时A_2B_1、A_2B_2处理的芽长都在10mm以上，在运输过程中芽极易被折断，容易造成缺苗；而A_3B_1处理芽长为1.53mm，适合运输。

3.2 烯效唑·二甲戊灵复配对马铃薯种薯储存期间过氧化物酶活性的影响

脱落酸ABA促进植株休眠，其含量与POD活性呈正相关[16]。且过氧化物酶POD还是吲哚乙酸IAA的侧链氧化酶，参与IAA的分解作用，可控制IAA的浓度，POD活性越高，IAA含量减少，促使块茎处于休眠状态[17]。笔者的研究表明，马铃薯种薯经烯效唑和二甲戊灵不同复配方式处理后，其POD活性有明显的变化，显现出发芽率也有明显的变化，前期维持在较低水平，后期与对照组差别不大，呈现出先抑制再促进的趋势，说明这几种复配方式不仅可以延长马铃薯的休眠时间，还不会使其丧失发芽能力，可用于种薯贮藏。但是马铃薯的发芽率并不完全依照过氧化物酶活性变化趋势而变化，这是可能是因为过氧化物酶活性不是马铃薯发芽率的唯一影响因子。

3.3 烯效唑·二甲戊灵复配对马铃薯种薯储存期间还原糖含量的影响

马铃薯贮藏过程中，还原糖含量变化趋势可用“低温糖化”现象和“高温逆转”现象来说明[18-21]，大体上是前中期含量上升，后期还原糖含量下降。低温条件下马铃薯块茎细胞积累还原糖，提高抗逆性，其还原糖的含量越高，越利于长期贮藏[22-23]。温度回升过后，还原糖转化为淀粉，为马铃薯萌发提供营养[20]。通过表1可以发现，马铃薯种薯还原糖的含量有些是一直降低，如对照组A_0B_0与A_1B_1、A_3B_2组，这可能是因为试验储存的温度（12℃±5℃）没有达到低温糖化现象所需要的温度（4℃）[18]，从而没有使马铃薯进入休眠，或者休眠程度不够。A_0B_0与A_1B_1、A_3B_2组的发芽率差异不显著，这也证实了以上观点。而A_0B_2、A_2B_1、A_3B_1、A_1B_2、A_2B_2还原糖含量呈现出先增加后减少的趋势，A_3B_1和A_2B_2的发芽率与A_0B_0相比降低且差异显著，而A_0B_2、A_2B_1和A_1B_2与A_0B_0相比差异不显著。这说明烯效唑和二甲戊灵复配对马铃薯种薯块茎内淀粉与还原糖的转化有影响，A_3B_1和A_2B_2的复配方式不仅使马铃薯还原糖含量呈现先增后减的趋势，而且60天的发芽率大大降低，利于马铃薯种薯储存。

4 结论

烯效唑和二甲戊灵复配能够使马铃薯发芽率和失重率降低，对延长马铃薯贮藏时间，减少其损失具有一定作用，但是不同复配方式产生的作用效果大相径庭。总的来看，A_3B_1（二甲戊灵 330mg+烯效唑 25mg）/L 处理浓度配比有效延长马铃薯种薯的储存时间，且可以正常萌发，可以作为烯效唑和二甲戊灵复配的一个适合配比。

参考文献

[1] 孙晓辉．作物栽培学［M］．成都：四川科学技术出版社，2002：277.

[2] 陈伊里．面向 21 世纪的中国马铃薯产业［M］．哈尔滨：哈尔滨工程大学出版社，2000：2-3.

[3] MASSIMO F RUTOLO，DACIANA ILIESCU，JOHN P CLARKSON，*et al*. Early identification of potato storage disease using an array of metal-oxide based gas sensors［J］．Postharvest Biology & Technology，2016，116：50-58.

[4] 徐敏慧，刘珂伟，张晓慧，等．马铃薯中龙葵素的研究进展［J］．保鲜与加工，2017，17（1）：112-116+121.

[5] 邓孟胜，张杰，唐晓，等．马铃薯中龙葵素的研究进展［J］．分子植物育种，2019，17（7）：2399-2407.

[6] 赵赛楠，马艺超，高若婉，等．国内外马铃薯贮藏保鲜技术研究现状［J］．保鲜与加工，2019，19（1）：153-158.

[7] 田甲春，田世龙，葛霞，等．马铃薯贮藏技术研究进展［J］．保鲜与加工，2017，17（4）：108-112.

[8] PAUL V，EZEKIEL R，PANDEY R. Sprout suppression onpotato：need to look beyond CIPC for more flective and safer alternatives［D］．Journal of Food Science and Technology，2016，53（1）：1-18.

[9] 史萌，许立兴，林琼，等．UV-C 处理抑制马铃薯贮藏期发芽及相关机理研究［J］．食品工业科技，2019，40（13）：242-247+252.

[10] 黄涛，叶旭，黄雪丽，等．薄荷醇和茉莉精油对马铃薯抑芽效果研究［J］．四川农业大学学报，2018，36（5）：618-625.

[11] 汪河伟，贺永健，刘焕，等．α-萘乙酸甲酯对马铃薯贮藏期营养品质的影响及残留动态研究［J］．食品工业科技，2018，39（9）：272-277.

[12] 钟蕾，邓俊才，王良俊，等．生长调节剂处理对马铃薯贮藏期萌发及氧化酶活性的影响［J］．草业学报，2017，26（7）：147-157.

[13] ARIF ŞANLı，TAHSIN KARADOĞAN. Carvone containing essential oils as sprout suppressants in potato（*Solanum tuberosum* L.）tubers at different storage temperatures［J］．Potato Research，2019，62（3）：345-360.

[14] 赵凯，许鹏举，谷广烨．3，5-二硝基水杨酸比色法测定还原糖含量的研究［J］．食品科学，2008（8）：534-536.

[15] WANG S Y，JIAO H J，FAUST M. Changes in the activities of catalase，peroxidase，and polyphenol oxidase in apple buds during bud break induced by thidiazuron［J］．Journal of Plant Growth Regulation，1991，10（1）：33-39.

[16] 郭美俊，白亚青，高鹏，等．二甲四氯胁迫对谷子幼苗叶片衰老特性和内源激素含量的影响

[J]. 中国农业科学，2020，53（3）：513-526.

[17] BEFFA R，M ARTIN H V，PILET P E. Invitro oxidation of indoleacetic acid by soluble auxin-oxidases and peroxidases from maize roots [J]. Plant Physiology，1990，94：485-491.

[18] 陈芳，胡小松. 加工用马铃薯“低温糖化”机制的研究 [J]. 食品科学，2000，21（3）：19-22.

[19] 刁小琴，关海宁. 不同pH的CMC涂膜对休眠后期马铃薯品质及生理指标的影响 [J]. 保鲜与加工，2019，19（1）：32-36.

[20] 周雄，刘焕，贺永健，等. 氯苯胺灵对马铃薯贮藏期间营养品质的影响及残留动态研究 [J]. 保鲜与加工，2019，19（3）：64-69.

[21] 成善汉，苏振洪，谢从华，等. 淀粉-糖代谢酶活性变化对马铃薯块茎还原糖积累及加工品质的影响 [J]. 中国农业科学，2004，37（12）：1904-1910.

[22] 何虎翼，唐洲萍，杨鑫，等. 马铃薯淀粉合成与降解研究进展 [J]. 生物技术通报，2019，35（4）：101-107.

[23] 赵萍，巩慧玲，赵瑛，等. 不同品种马铃薯贮藏期间干物质与淀粉含量之间的关系 [J]. 食品科学，2004，25（11）：103-105.

[24] 胡泳华，孙铂雅，石宝旋，等. 生姜提取液对鲜切马铃薯贮藏品质的影响 [J]. 食品工业科技，2020，41（1）：247-251.

豇豆荚螟对几种药剂的敏感性检测*

杨妮娜** 许 冬 丛胜波 金利容 万 鹏***
(农业农村部华中作物有害生物综合治理重点实验室;
湖北省农业科学院植保土肥研究所，武汉 430064)

摘 要：豇豆荚螟是食用豆蔬菜上一种重要的农业害虫，主要以幼虫钻蛀取食花蕾和豆荚为害，目前，在生产上多以喷施化学农药防治为主，但田间极易产生抗药性等问题，为筛选防治豇豆荚螟有效的防治药剂，通过室内饲养的豇豆荚螟2个敏感品系，采用饲喂法，建立了豇豆荚螟幼虫对6种常用药剂（阿维菌素、啶虫脒、吡虫啉、呋虫胺、氯虫苯甲酰胺、高效氯氰菊酯）的敏感毒力基线，确定了它们的 LC_{50} 值和区分剂量。结果对比得出豇豆荚螟对阿维菌素的敏感性很好，在药剂处理48h后，幼虫的 LC_{50} 约为0.000 1mg/L；其次是啶虫脒，药剂处理48h，豇豆荚螟的 LC_{50} 为0.508mg/L；豇豆荚螟对氯虫苯甲酰胺药剂的敏感性也较好，处理48h后 LC_{50} 为0.821mg/L；吡虫啉和呋虫胺在处理48h后的 LC_{50} 分别为1.258mg/L和1.278mg/L；高效氯氰菊酯的效果较差，在处理48h后，LC_{50} 为6.272mg/L。因此，在田间防治上，可有效选择以上几种药剂用于豇豆荚螟的防治。

关键词：豇豆荚螟；抗药性；敏感毒力基线

---

* 基金项目：国家自然科学基金（31601668）；湖北省农业科技创新中心资助项目（2016-620-003-03-03）

** 第一作者：杨妮娜，副研究员，从事蔬菜害虫生物学及抗性治理研究；E-mail：nina809@163.com
*** 通信作者：万鹏，研究员，从事棉花病虫害抗性治理研究

广西地区大棚厚皮甜瓜褪绿黄化病毒病发生情况调查及综合防控措施*

叶云峰[1,3]** 付 岗[2,3] 覃斯华[1,3] 黄金艳[1,3] 李桂芬[1,3] 解华云[1,3]
柳唐镜[1,3] 何 毅[1,3] 李天艳[1,3] 洪日新[1,3]***
(1. 广西壮族自治区农业科学院园艺研究所，南宁 530007；
2. 广西壮族自治区农业科学院植物保护研究所，南宁 530007；
3. 广西西甜瓜工程技术研究中心，南宁 530007)

摘 要：甜瓜褪绿黄化病毒病由瓜类褪绿黄化病毒（*Cucurbit chlorotic yellows virus*, CCYV）引起，近几年在广西南宁市和北海市等厚皮甜瓜主栽区严重发生，且呈现逐年加重趋势。2021年上半年调查了南宁市和北海市的大棚厚皮甜瓜发病情况，80%以上的大棚有该病害的发生，病株率为5%~90%，多数大棚的发生率介于10%~50%。北海市的厚皮甜瓜总体发病严重程度大于南宁市。当地主栽品种包括北甜1号、北甜3号、北甜5号、桂蜜12号、西州蜜25号、耀农25号、广蜜3号、孙蜜1号等均为感病品种。从总体上看，北甜5号的抗病性和耐病性优于其他品种，桂蜜12号次之。该病害的发病程度主要与传毒昆虫烟粉虱的发生程度相关，周边瓜菜类植物和杂草多造成烟粉虱发生重的区域，病害发生重；在同一大棚内，四周靠近防虫网及入口处的植株烟粉虱发生重，发病率高于棚中间的植株。综合防控措施建议：①选用抗病性和耐病性较好的甜瓜品种。②及时清理棚内及周边的杂草，减少烟粉虱栖息场所。③加强防虫网改造，靠近地面部分的防虫网要固定密封，进出大棚时及时关门，防止烟粉虱进入大棚。④在棚外周边悬挂黄色诱虫板诱杀靠近大棚的烟粉虱，如果棚内已有烟粉虱发生，则在棚内悬挂诱虫板。⑤做好烟粉虱的药剂防治。瓜苗移栽前用噻虫嗪喷淋苗盘，带药移栽，或在移栽穴内放置噻虫嗪片剂，持效期1.5个月。中后期再发现烟粉虱时，喷施噻虫嗪+螺虫乙酯或呋虫胺+吡丙醚，兼杀成虫和虫卵。⑥定期（每隔10天左右）喷施寡糖链蛋白或几丁聚糖等植物免疫诱抗剂，提高植株抗病性。

关键词：甜瓜褪绿黄化病毒病；病害调查；综合防控

---

* 基金项目：国家西甜瓜产业技术体系资助项目（CARS-25）；国家现代农业产业技术体系广西创新团队项目（nycytxgxcxtd-17-04）；广西农业科学院基本科研业务专项（桂农科2021YT045）

** 第一作者：叶云峰，副研究员；E-mail：yeyunfeng111@126.com

*** 通信作者：洪日新，研究员；E-mail：gxnkyhrx@163.com

推进全域病虫害绿色防控，助力向日葵产业发展
——以内蒙古杭锦后旗向日葵绿色发展实践为例

卓富彦[1]*　韩文清[2]　刘万才[1]

（1. 全国农业技术推广服务中心，北京　100125；
2. 杭锦后旗科技服务中心，巴彦淖尔　015400）

摘　要：向日葵是杭锦后旗的特色经济作物，播种面积占全旗耕地面积25%以上，全旗成为首批中国特色农产品优势区。针对向日葵螟、黄萎病、菌核病等主要病虫害，着力提高向日葵绿色防控水平，推动向日葵产业发展取得明显成效。向日葵病虫害的发生面积和实际产量损失均呈下降趋势，发生面积从2011年的2.74万hm^2次下降到2019年的0.24万hm^2次，实际产量损失从35t下降到8.5t。同时向日葵总产量从2011年的51 610t增加到2019年的84 985t，总产值从3.1亿元增加到6.5亿元，稳步实现向日葵病虫害绿色防控的经济、社会、生态效益的多方共赢。

全旗积极推进全产业链条的向日葵病虫害绿色防控，夯实监测预警，利用国家现代病虫测报示范平台开展多点系统性监测；引进抗性品种，示范推广SH363、三瑞3号等高产多抗品种；注重农业防治，科学调整播种期到5月下旬、与禾本科作物轮作倒茬；强化生物防控，推广施用抗重茬菌剂、释放天敌赤眼蜂；引导理化诱控，利用杀虫灯、昆虫性信息进行群集诱杀，熟化集成向日葵螟“1+3”（调播避害+赤眼蜂生物防控、性引诱剂诱杀、杀虫灯诱杀）、向日葵黄萎病“三结合”（选用抗或耐病品种、适期晚播、抗重茬菌剂生物防控）等绿色防控技术模式。下一步，全旗需围绕蜜蜂授粉与绿色防控集成熟化、统防统治与绿色防控深度融合等方面，深挖向日葵绿色防控技术潜力，持续推动向日葵产业的高质量发展。

关键词：向日葵产业；绿色防控；蜜蜂授粉

* 第一作者：卓富彦，硕士，农艺师，主要从事农作物病虫害绿色防控技术研究与推广工作；E-mail：zhuofuyan@ agri. gov. cn

五谷丰素（WGFs）介导转录因子 WRKY41 直接激活拟南芥 SOC1 和 LFY 以促进拟南芥开花*

杨晨宇[1**]　向文胜[1,2***]

（1. 中国农业科学院植物保护研究所，植物病虫害生物学国家重点实验室，北京　100193；2. 东北农业大学生命科学学院，哈尔滨　150030）

摘　要：植物在生长发育过程中受到多种环境和遗传因素的影响。研究表明，除了光周期、温度和植物激素等因素外，许多新的微生物代谢产物对植物的生长发育也起着重要的调节作用。然而，其分子机制在很大程度上尚未探索。五谷丰素（WGFs）是一种来源于链霉菌 NEAU6 发酵液的新型核苷化合物，笔者的研究发现，WGFs 可强烈诱导开花时间，并且显著地促进与关键开花时间调控基因 *SUPPRESSOR OF CONSTANS*（*SOC*1）和 *LEAFY*（*LFY*）的表达。此外，在 WGFs 处理后转录因子 *WRKY*41 转录增强以及 WGFs 在 WRKY41（ko-wrky41）的敲除突变株中的促进开花表型消失的结果表明它参与了 WGFs 的诱导开花的过程。笔者发现过表达 *WRKY*41（35*S*：*WRKY*41）的株系开花时间显著提前，开花时间调控基因 *SOC*1 和 *LFY* 在 35*S*：*WRKY*41 中的转录水平显著增加，相反的是在 *ko-wrky*41 中则显著下调表达。在 35*S*：*WRKY*41 中分别敲除 *SOC*1 和 *LFY* 基因后其促进开花的表型消失，而且开花时间延迟，同时，笔者发现 *WRKY*41 分别能够直接与 *SOC*1 和 *LFY* 启动子结合并使其转录激活，该结果也首次表明 *WRKY*41 对 *SOC*1 和 *LFY* 的直接调控作用。综上所述，笔者的研究结果表明，WGFs 通过介导转录因子 *WRKY*41 以进一步激活开花关键调控基因 *SOC*1 和 *LFY* 的转录来促进拟南芥开花，同时为全面探究和应用微生物代谢物调控植物生长发育提供进一步的证据。

关键词：WGFs；开花；*WRKY*41；*SOC*1；*LFY*；拟南芥

---

* 基金项目：新型植物生长调节剂五谷丰素早期应答基因及调控代谢通路研究（31872037）

** 第一作者：杨晨宇，主要从事新型植物生长调节剂五谷丰素促进植物生长发育的分子机制研究；E-mail：yangchenyu0825@163.com

*** 通信作者：向文胜；E-mail：xiangwensheng@neau.edu.cn

五谷丰素（WGFs）诱导拟南芥对丁香假单胞菌及灰霉菌的抗性机制研究*

张曼曼[1]** 向文胜[1,2]***

（1. 中国农业科学院植物保护研究所，植物病虫害生物学国家重点实验室，北京 100193；2. 东北农业大学生命科学学院，哈尔滨 150030）

摘 要：植物在生长发育进程中受到多种病原物的威胁，植物病害可引发作物减产，造成巨大的经济损失，严重影响国家食品安全，因此提高植物对病原菌的抗性意义重大。研究表明微生物次生代谢产物在提高植物抗病性方面有着巨大的应用前景，但其分子机制尚不明确。五谷丰素（WGFs）是从链霉菌 *Streptomyces sanjiangensis* NEAU6 中鉴定到的一种核苷类小分子化合物。笔者的研究发现 WGFs 处理能够诱导拟南芥早期免疫反应，显著增强拟南芥对病原细菌 *Pst* DC3000 及病原真菌 *Botrytis cinerea* 的抗性。进一步研究发现，WGFs 处理后诱导 SA 信号途径关键基因 *PAD*4、*SARD*1 显著上调表达，同时植保素 camalexin 合成相关基因 *PAD*3、*CYP*71*A*12、*CYP*71*A*13 的表达显著增强，而且检测到显著的活性氧迸发。对 camalexin 含量的检测结果表明 WGFs 处理后接种 *Botrytis cinerea* 显著促进了 camalexin 的合成与转运。以上实验结果表明 WGFs 能够显著诱导激活拟南芥中 SA 与 camalexin 信号通路以增强植物对病原菌的抗性。本研究有助于解析微生物次生代谢产物增强植物抗病性的分子机制，将为研发有效的病害防控技术和培育持久广谱抗病品种提供理论基础。

关键词：WGFs；拟南芥；抗病性；SA；camalexin

---

* 基金项目：新型植物生长调节剂五谷丰素早期应答基因及调控代谢通路研究（31872037）

** 第一作者：张曼曼，主要从事新型植物生长调节剂五谷丰素促进植物抗病的分子机制研究；E-mail：13021059678@163.com

*** 通信作者：向文胜；E-mail：xiangwensheng@neau.edu.cn

云南蔗区黄脊竹蝗发生危害与防控措施*

仓晓燕** 李文凤 尹 炯 李银煳 单红丽
王晓燕 李 婕 张荣跃 黄应昆***
（云南省农业科学院甘蔗研究所，云南省甘蔗遗传改良重点实验室，开远 661699）

摘 要：黄脊竹蝗（*Ceracris kiangsu* Tsai）是一种多食性的重要迁飞性害虫，取食竹类及玉米、水稻等5科30余种植物，在蝗群大规模迁入，种群数量增加的情况下，常为害甘蔗、水稻、玉米等作物，造成叶片缺刻，严重时造成光秆。2020年6月28日，与老挝接壤的云南江城县发现黄脊竹蝗入侵灾害，7月1日，江城蔗区发现黄脊竹蝗为害甘蔗。目前，云南勐腊、墨江、新平甘蔗产区相继发现为害甘蔗。鉴于黄脊竹蝗食性杂、分布广、迁飞性强，境内外虫源双重叠加，发生态势更加严峻，存在暴发为害甘蔗的威胁。加之云南边境地区是黄脊竹蝗适生区，推测近年黄脊竹蝗从境外迁入频率增加，迁入黄脊竹蝗能在当地产卵、繁殖，加上境外黄脊竹蝗的常年迁入，黄脊竹蝗的防控形势依然严峻。本文着重对黄脊竹蝗发生为害情况和为害原因进行系统简述，并根据其为害特点，结合云南沿边蔗区生产实际，提出防控策略及技术措施，建议密切关注国内外周边虫情动态，积极组织开展田间巡查，注重田间虫情动态监测，及时发布虫情预报，力争早发现早控制，有效指导防控，确保甘蔗生产安全。

关键词：甘蔗；黄脊竹蝗；发生为害；动态监测；防控措施

---

* 基金项目：财政部和农业农村部国家现代农业产业技术体系专项资金资助（CARS-170303）；云岭产业技术领军人才培养项目“甘蔗有害生物防控”（2018LJRC56）；云南省现代农业产业技术体系建设专项资金

** 第一作者：仓晓燕，助理研究员，主要从事甘蔗病害研究；E-mail：cangxiaoyan@126.com

*** 通信作者：黄应昆，研究员，从事甘蔗病害防控研究；E-mail：huangyk64@163.com

持续高温干旱甘蔗大螟暴发危害与防控措施*

李银煳** 李文凤 王晓燕 李 婕 单红丽 张荣跃 黄应昆***
（云南省农业科学院甘蔗研究所，云南省甘蔗遗传改良重点实验室，开远 661699）

摘 要：近年由于持续冬暖，高温干旱，十分有利甘蔗病虫繁殖生存；加之螟虫防控不及时不到位，重新植轻宿根管理及化学农药使用不科学、不合理等因素，导致云南蔗区甘蔗大螟暴发为害逐年加重，虫口逐年积累显著增高，螟害损坏蔗茎蔗头，引发蔗茎蔗头赤腐病，为害损失率急剧上升，造成大幅度减产减糖，给蔗糖业带来严峻灾害威胁。螟害调查结果表明，孟连、勐滨蔗区大螟螟害严重平均枯心率 38.3%~56.3%、重的 80%以上；上允蔗区宿根未管理防控大螟螟害严重平均枯心率 38.9%、宿根药膜肥一体化防控效果显著平均枯心率 3.3%；双江、勐省、耿马蔗区宿根药膜肥一体化防控效果显著平均枯心率 2.8%，华侨蔗区宿根未管理防控大螟螟害重平均枯心率 30%以上、宿根药膜肥一体化防控效果显著平均枯心率 5.0%以下；永平蔗区大螟螟害特重平均枯心率 37.8%~42.0%、后期螟害株率严重的 100%；旧城、龙坪、勐糯蔗区大螟螟害特重平均枯心率 24.0%~82.0%、后期螟害株率 20%以上，上江蔗区后期大螟螟害株率 10%以上。生产示范应用效果显示，采取“注重虫情监测、压前控后，加强种植管理、强化宿根防控，推行统防统治、科学安全用药”防控策略，并在 2—5 月新植下种和宿根管理时，选用 10%杀虫单·噻虫嗪颗粒剂 45kg/hm^{2}或（3.6%杀虫双颗粒剂 90kg+70%噻虫嗪种子处理可分散粉剂 600g）/hm^2，公顷用药量与公顷施肥量混匀，撒施于蔗沟、蔗蔸覆土或全膜盖膜；3—4 月第 1、2 代大螟卵孵化盛期，选用（46%杀单·苏云菌可湿性粉剂 2 250g+磷酸二氢钾 1 200g）/hm^{2}或（8 000IU/mg 苏云金杆菌悬浮剂 1 500g+90%杀虫单可溶粉剂 2 250g+磷酸二氢钾 1 200g）/hm^2，公顷用药量兑水 30~45kg 进行叶面喷施，可精准高效防控甘蔗大螟，确保甘蔗生产安全。

关键词：高温干旱；大螟；暴发为害；防控措施

---

* 基金项目：财政部和农业农村部国家现代农业产业技术体系专项资金资助（CARS-170303）；云岭产业技术领军人才培养项目“甘蔗有害生物防控”（2018LJRC56）；云南省现代农业产业技术体系建设专项资金

** 第一作者：李银煳，硕士，研究实习员，主要从事甘蔗害虫研究；E-mail：Liyinhu93@163.com

*** 通信作者：黄应昆，研究员，从事甘蔗病虫害防控研究；E-mail：huangyk64@163.com

新型杀菌剂氯氟醚菌唑及氯氟醚菌唑·吡唑醚菌酯对荔枝麻点病的田间药效评价*

凌金锋** 彭埃天*** 宋晓兵 程保平 崔一平 黄 峰 陈 霞

（广东省农业科学院植物保护研究所，广东省植物保护新技术重点实验室，广州 510640）

摘 要：荔枝麻点病，俗称“鸭头绿”，以其症状定名，是炭疽病的一种症状类型。目前，登记用于防治荔枝炭疽病的杀菌剂种类偏少，筛选高效低毒的新型杀菌剂品种，对进一步丰富其防治药剂种类、助力农药减量增效具有重要意义。氯氟醚菌唑（mefentrifluconazole）是巴斯夫公司研发的市场上首个异丙醇三唑类新型杀菌剂。本研究选取了400g/L氯氟醚菌唑悬浮剂和400g/L氯氟醚菌唑·吡唑醚菌酯悬浮剂2种药剂，采用常规喷雾法于2019—2020年连续2年针对荔枝麻点病开展了田间药效评价，结果表明：施药3次后，400g/L氯氟醚菌唑悬浮剂100～160mg/L（2 500～4 000倍液）和400g/L氯氟醚菌唑·吡唑醚菌酯悬浮剂100～160mg/L（2 500～4 000倍液）对荔枝麻点病的防效分别为65.31%～82.09%和74.27%～89.70%，具有优良的防治效果；各浓度处理对荔枝枝梢及果实未见不良影响，果色红润有光泽，具有很好的推广应用前景，建议在荔枝上登记使用。

关键词：荔枝麻点病；氯氟醚菌唑；吡唑醚菌酯；田间药效；病害防治

---

* 基金项目：国家重点研发计划（2017YFD0202100）；广东省科技计划项目（2017A020208017）；广东省现代农业产业技术体系（2020KJ107-4）

** 第一作者：凌金锋，助理研究员，研究方向为果树病害防控；E-mail：Ljf830109@163.com

*** 通信作者：彭埃天，研究员；E-mail：pengait@163.com

铜纳米颗粒复合纳米凝胶对烟草叶部细菌病害的防治及机理研究*

马小舟[1,2]**　朱　鑫[1]　樊光进[1]　蔡　璘[1]　马冠华[1]　孙现超[1,2]

（1. 西南大学植物保护学院，重庆　400715；2. 软物质材料化学与功能制造重庆市重点实验室，重庆　400715）

摘　要：凝胶材料的高可设计性和对负载分子的缓释性能使得此类材料在植保领域获得广泛关注，并在延长药效，降低农药用量中逐渐体现出其优秀的应用潜力。但是，现有凝胶材料受到其尺度影响，难以应用于植物叶部病害防治中。针对这一问题，本研究通过凝胶制备工艺优化将凝胶尺寸控制在纳米级别，并通过原位共沉降技术将铜纳米颗粒负载于纳米凝胶中，进而利用凝胶自身表面分子结构高可设计性对凝胶表面分子结构进行设计修饰，制备出可以匹配现有喷施设备的铜纳米颗粒复合生物基纳米凝胶（图1）。研究表明，该凝胶可通过表面接触，利用其分子表面与病原菌细胞膜的相互作用破坏菌膜，抑制病原菌的增殖；同时，凝胶内部铜纳米颗粒释放的铜离子可提高植株抗性水平，全面促进植物生长，并使凝胶在同等或更低总铜浓度下表现出优于现有抗菌剂（噻菌铜）的叶部细菌病害防治效果。进一步研究发现，一方面，纳米凝胶通过对植株叶片表面微结构的尺寸匹配，可防治雨水对凝胶的冲蚀，提高材料使用效率；另一方面，凝胶内、外结构变化均对凝胶抗病性有所影响，且通过对凝胶外部分子结构的改变，不仅凝胶抗菌性发生显著变化，其对叶片表面的黏附性能也有所改变。分子相关研究证实，该纳米凝胶能够通过对铜离子和功能分子的缓释，对植株光合系统、乙烯途径等分子通路的关键基因表达量产生影响，进而提高植株的光合效率并促进植物生长。综上所述，本研究提出了一类铜纳米颗粒复合纳米凝胶设计及制备方法，通过该方法制备的纳米凝胶可匹配现有药物喷施技术，可促进植物生长且在低浓度下烟草叶部细菌病害表现出优良的抗菌抗病性能，对农业生产，尤其是烟草种植过程中的叶部病害防治具有重要的理论意义和应用价值。

关键词：纳米凝胶；细菌病害；喷施技术

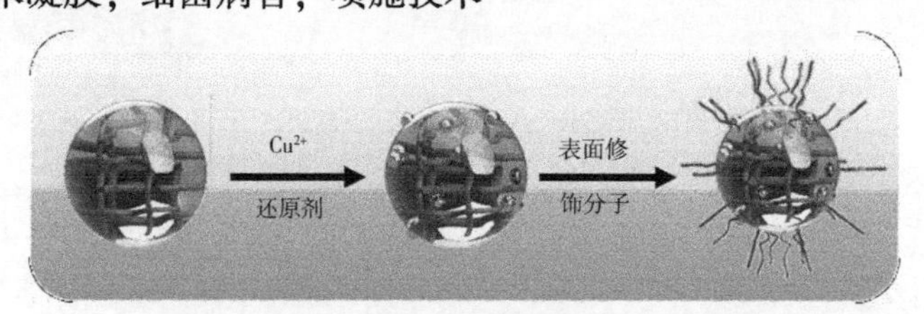

图1　铜纳米颗粒复合纳米凝胶制备示意

* 基金项目：国家重点研发计划（2018YFD0800604）；国家自然科学基金青年基金项目（21905234）；中央高校基本科研基金（SWU120014，XDJK2020B064）；中国烟草总公司重庆市公司科技项目（A20201NY02-1306，B20211-NY1315，B20202NY1338）

** 第一作者：马小舟，讲师，主要从事植物抗病用纳米材料设计与构建，纳米材料植物抗病机理相关研究；E-mail：maxiaozhou@ swu. edu. cn

10种杀菌剂对猕猴桃黑点病菌的室内毒力及田间药效评价*

王　丽**　黄丽丽***　秦虎强***

（旱区作物逆境生物学国家重点实验室 西北农林科技大学植物保护学院，杨凌　712100）

摘　要：猕猴桃果实黑点病是近年在陕西发现的在果实膨大期至成熟期出现的新型真菌病害，病果率可达80%以上，为筛选出高效的防治药剂，以期为黑点病的防治提供理论依据和指导方法。采用室内毒力测定和田间试验相结合的方法评价了10种药剂对翠香猕猴桃黑点病菌室内毒力和田间药效。室内毒力测定结果，美甜（氟唑菌酰羟胺7.5%+苯醚甲环唑12.5%）SC、27%寡糖·吡唑酯ME、爱苗（苯甲·丙环唑；苯醚甲环唑150g/L，丙环唑150g/L）EC、戊唑醇（430g/L）SC、扬采（丙环唑含量11.7%+嘧菌脂7%）SC、24%腈苯唑SC、20%抑霉唑EW、苯醚甲环唑WP、25%吡唑醚菌酯EC和50%异菌脲WP的EC_{50}值分别为0.003 6μg/mg、0.003 7μg/mg、0.034 9μg/mg、0.099 4μg/mg、0.391 1μg/mg、0.481 4μg/mg、0.993 1μg/mg、180.2μg/mg、188.9μg/mg和477.7μg/mg，其中美甜（氟唑菌酰羟胺7.5%+苯醚甲环唑12.5%）SC、27%寡糖·吡唑酯ME、爱苗（苯甲·丙环唑；苯醚甲环唑150g/L，丙环唑150g/L）EC、戊唑醇（430g/L）SC、扬采（丙环唑含量11.7%+嘧菌脂7%）SC、24%腈苯唑SC和20%抑霉唑EW 7种药剂对黑点病原菌毒力最强。田间药效试验结果表明，室内毒力最强的药剂在田间防效都达到80%以上，其中24%腈苯唑SC和戊唑醇（430g/L）SC防效高达90%以上。研究发现田间防效较好的7种药剂都可作为翠香猕猴桃黑点病田间用药，其中以24%腈苯唑SC和戊唑醇（430g/L）SC为主推药剂。

关键词：猕猴桃黑点病；杀菌剂；室内毒力；田间防效

---

* 基金项目：陕西省重点研发计划——猕猴桃重大病害防治技术研究与推广（2018TSCXLNY-01-04）

** 第一作者：王丽，硕士研究生，研究方向为植物保护；E-mail：1183554831@qq.com

*** 通信作者：黄丽丽；E-mail：huanglli@nwsuaf.edu.cn

秦虎强；E-mail：qhq@nwafu.edu.cn

生防菌和化学药剂协同与橡胶树褐根病菌互作的代谢物分析*

尹建行[1,2**]　张　营[2,3]　梁艳琼[2]　李　锐[2]　吴伟怀[2]　贺春萍[2***]　易克贤[2***]

(1. 贵州大学农学院，贵阳　550025；2. 中国热带农业科学院环境与植物保护研究所，海口　570000；3. 华中农业大学植物科学技术学院，武汉　430000)

摘　要：有害层孔菌［*Phellinus noxius*（Corner）G. H. Cunn.］可引起橡胶树褐根病，严重为害橡胶种植业的健康发展。前期研究表明化学药剂“根康”和生防枯草芽孢杆菌Czk1在一定浓度配比下，对橡胶树褐根病菌具有显著优于两单剂的抑菌效果且有增效作用，但其作用机制尚未明确。本研究采用具有显著增效作用的菌药复配组合，利用代谢组学技术探究其对有害层孔菌代谢物的影响。主成分分析（Principal Component Analysis，PCA）结果显示，3组样本间的总体代谢具有明显差异；结合正交偏最小二乘法模型的变量重要性投影（VIP）、单变量分析的*P* value值以及差异倍数值（fold change）的方法共筛选出醇类、氨基酸及其衍生物、酸类、甾酮类等1 414种差异代谢物。复剂处理组筛选出1 021种差异代谢物，其中上调差异物有酸类和醇类等601种，下调差异物主要有甾酮类、酸类和酯类等420种；单剂根康处理组共筛选出差异代谢物501种，其中上调差异物主要有激素类、酸类和醇类等336种，下调差异物主要有酸类、醇类和腺苷类等165种；单剂生防菌Czk1上清液处理组共筛选出差异代谢物587种，其中上调差异物主要有醇类和酸类等328种，下调差异物主要有酸类和激素类259种等。这些差异代谢物是否起关键作用还有待进一步验证。

关键词：菌药联合；橡胶树褐根病；枯草芽孢杆菌；代谢组学；差异代谢物

---

* 基金项目：国家重点研发计划资助（2020YFD1000600）；国家天然橡胶产业技术体系建设专项基金资助项目（CARS-33-BC1）；海南省自然科学基金面上项目（320MS083）

** 第一作者：尹建行，硕士研究生，研究方向为橡胶树根病防治；E-mail：jhy1396875922@163.com

*** 通信作者：贺春萍，研究员，研究方向为植物病理学；E-mail：hechunppp@163.com

易克贤，研究员，研究方向为植物病理学；E-mail：yikexian@126.com

不同杀虫剂对点蜂缘蝽的室内毒力与田间防效*

郭江龙[1**]　党志红[1]　闫　秀[1]　李耀发[1]
安静杰[1]　高占林[1***]　周朝辉[2]　何素琴[2]
(1. 河北省农林科学院植物保护研究所，河北省农业有害生物综合防治工程技术研究中心，农业农村部华北北部作物有害生物综合治理重点实验室，保定　071000；
2. 石家庄市藁城区种子产业总公司，石家庄　052160)

摘　要：点蜂缘蝽（*Riptortus pedestris*）属半翅目（Hemiptera）蛛缘蝽科（Alydidae），是大豆田间常见的刺吸类害虫之一。该虫主要刺吸为害大豆的花和荚，造成植株贪青、空荚瘪粒等，俗称“症青”，严重影响大豆品质和产量。近年来，点蜂缘蝽在我国黄淮海地区夏播大豆田发生严重，并且通过试验明确了大豆“症青”现象的发生与点蜂缘蝽的为害有重大关系。目前，国内外的研究主要集中在点蜂缘蝽生物生态学特性等方面，有关化学防治技术研究较少，并且国内尚无针对该虫登记的杀虫剂。为了筛选出防治点蜂缘蝽的有效杀虫剂，本文采用浸渍法和田间喷雾分别测定了吡虫啉、甲维盐等多种杀虫剂的室内毒力和田间药效。结果表明，高效氯氟氰菊酯对点蜂缘蝽2龄若虫毒力最高，氟啶虫胺腈毒力最低，72h LC_{50}分别为6.30mg/L和38.94mg/L，4种供试杀虫剂毒力大小依次为高效氯氟氰菊酯>甲维盐>吡虫啉>氟啶虫胺腈；高效氯氟氰菊酯对点蜂缘蝽3龄若虫毒力最高，吡虫啉毒力最低，72h LC_{50}分别为6.32mg/L和168.48mg/L，4种供试杀虫剂毒力大小依次为高效氯氟氰菊酯>甲维盐>氟啶虫胺腈>吡虫啉。田间防效试验结果表明，25g/L溴氰菊酯EC、2.5%高效氯氟氰菊酯EC、60g/L乙基多杀菌素SC和50%氟啶虫胺腈SC防效较高，其相对防效分别为59.24%、51.81%、51.23%和50.34%。

关键词：点蜂缘蝽；杀虫剂；室内毒力；田间防效

---

* 基金项目：河北省大豆产业技术体系（HBCT2019190205）
** 第一作者：郭江龙，助理研究员，研究方向为农业昆虫与害虫防治
*** 通信作者：高占林，研究员，主要从事农业害虫综合防治技术研究；E-mail：gaozhanlin@sina.com

书虱对不同植物精油和杀虫剂的敏感性测定*

涂艳清[1,2**]　郭鹏宇[1,2]　苗泽青[1,2]　王进军[1,2]　魏丹丹[1,2***]
（1. 昆虫学及害虫控制工程重点实验室，西南大学植物保护学院，重庆　400715；
2. 西南大学农业科学研究院，重庆　400715）

摘　要：书虱（booklice）隶属于啮虫目（Psocoptera）书虱科（Liposcelididae）书虱属（*Liposcelis*），是一类在世界范围内广泛发生的储藏物害虫。其中，嗜卷书虱（*Liposcelis bostrychophila*）、嗜虫书虱（*L. entomophila*）、无色书虱（*L. decolor*）、杨氏书虱（*L. yangi*）和三色书虱（*L. tricolor*）是为害较为严重的常见种。由于书虱种类多、世代重叠严重、群集为害、取食范围广以及能传播病菌等原因，使其成为一类威胁世界粮食和食品安全并可造成严重经济损失的重要害虫。为了筛选对书虱具有良好防效的熏蒸和触杀药剂，建立常见储粮保护剂对书虱的毒力敏感基线，本研究利用广口瓶熏蒸法和玻璃皿药膜法分别测定了 8 种植物源精油（复配茶树精油、白千层精油、桉叶油、薰衣草油、桂皮油、松油烯-4-醇、左旋香芹酮、辣根素）和 7 种杀虫剂（马拉硫磷、甲基嘧啶磷、溴氰菊酯、高效氯氰菊酯、阿维菌素、蛇床子素、多杀菌素）对不同书虱种的毒力。结果显示：①嗜卷书虱对不同精油的敏感性有所差异：辣根素>左旋香芹酮>4-松油醇>白千层精油>桉叶油>桂皮油>复配茶树精油>薰衣草油。其中，嗜卷书虱（重庆）对辣根素的敏感性最高，LC_{50}为 1.379μl/L（处理 2h 恢复 24h）。②嗜卷书虱（重庆）对阿维菌素、蛇床子素、多杀菌素等生物源农药的敏感性极低。③不同书虱种对不同触杀性药剂的敏感性有所不同。整体而言，嗜卷书虱（重庆）、嗜虫书虱（海南）、无色书虱（山东）和杨氏书虱（甘肃）对马拉硫磷的敏感性最高，LD_{50} 分别为 0.131μg/cm^2、0.136μg/cm^2、0.245μg/cm^{2}和 0.202μg/cm^2。而三色书虱（山东）对溴氰菊酯敏感性最高，LD_{50}达到 0.041μg/cm^2。综上可见，辣根素对书虱的毒力较高，在今后书虱化学防治中具有潜在的应用价值；不推荐使用生物源农药的单剂防治书虱类害虫；有机磷和菊酯类农药对书虱的毒力整体较高。就嗜卷书虱和嗜虫书虱而言，其对有机磷类和菊酯类杀虫剂均较为敏感性，而杨氏书虱和无色书虱对有机磷类杀虫剂更加敏感，三色书虱则对菊酯类杀虫剂更为敏感。上述研究结果为书虱类害虫的实仓化学防控提供了基础数据。

关键词：书虱；精油；杀虫剂；毒力测定；化学防治

---

* 基金项目：国家自然科学基金面上项目（31972276）；重庆市自然科学基金（cstc2020jcyj-msxmX0494）

** 第一作者：涂艳清，硕士研究生，研究方向为昆虫分子生态学；E-mail：tyq199612@163.com

*** 通信作者：魏丹丹，副教授，硕士生导师；E-mail：weidandande@163.com

比较转录组解析氯虫苯甲酰胺对草地贪夜蛾的亚致死效应*

徐　鹿[1**]　赵　钧[2]　徐德进[1]　徐广春[1]　顾中言[1]　张亚楠[3]　朱芳芳[4]
(1. 江苏省农业科学院植物保护研究所，南京　210014；2. 河南省农业科学院烟草研究所，许昌　461000；3. 淮北师范大学生命科学学院，淮北　235000；4. 南京集思慧远生物科技有限公司，南京　210023)

摘　要：草地贪夜蛾［*Spodoptera frugiperda*（J. E. Smith）］原产于美洲，是世界性预警的重大农业迁飞害虫，已侵入定殖中国。氯虫苯甲酰胺作为推荐控制草地贪夜蛾为害的高效杀虫剂，其对草地贪夜蛾亚致死效应不清楚。采用饲料表面涂药法测定氯虫苯甲酰胺对草地贪夜蛾致死和亚致死浓度，通过构建测序文库进行比较转录组分析草地贪夜蛾响应氯虫苯甲酰胺暴露的差异基因和通路，选择草地贪夜蛾响应氯虫苯甲酰胺的解毒相关基因进行实时荧光定量 PCR 验证。结果显示，氯虫苯甲酰胺对草地贪夜蛾的致死中浓度 LC_{50}和亚致死浓度 LC_{10}分别为 2.49mg/L 和 0.73mg/L；Illumina nova-seq 6000 平台测序获得高质量和大数据量的草地贪夜蛾转录组，且覆盖完整的基因序列信息；比较转录组获得去离子水和氯虫苯甲酰胺亚致死浓度 LC_{10}之间 1 266 个差异表达基因，其中 578 个上调表达，688 个下调表达，显著地参与碳水化合物代谢、氨基酸代谢、脂质代谢、能量代谢、外源物降解与代谢、信号转导和转录后修饰通路；实时荧光定量 PCR 证实差异显著的解毒相关基因的表达量与转录组测序数据高度匹配。比较转录组分析结果揭示了氯虫苯甲酰胺对草地贪夜蛾亚致死效应的分子机制，同时转录组测序为草地贪夜蛾对氯虫苯甲酰胺抗性研究提供了候选的解毒相关基因。

关键词：草地贪夜蛾；氯虫苯甲酰胺；比较转录组；亚致死浓度；基因表达

---

* 基金项目：国家自然科学基金（31972309）；国家重点研发计划（2017YFD0200305）；江苏省自然科学基金面上项目（BK20191204）；国家水稻产业技术体系项目（CARS-01-37）

** 第一作者：徐鹿，从事研究领域为农药毒理学和应用技术；E-mail：xulupesticide@163.com

高温愈合在甘薯保鲜方面的研究进展与应用

宋若茗*　侯文邦　李友军

（河南科技大学，洛阳　471000）

摘　要：甘薯窖藏期各种病害的发生给甘薯产业带来了巨大的经济损失。高温愈合的应用，有效地减少了甘薯窖藏期病害的发生，在甘薯保鲜方面有着重要的研究意义。对近年来有关高温愈合设备、方法、效果进行归纳总结，实地调研采用高温愈合方法延长甘薯保质期的案例，旨在为高温愈合在甘薯保鲜方面的应用提供理论依据。

关键词：甘薯；高温愈合；热空气处理；窖藏

甘薯，旋花科，属一年生或多年生蔓生草本。起源于墨西哥以及从哥伦比亚、厄瓜多尔到秘鲁一带的美洲热带地区，于1593年传入中国。2021年中央一号文件指出“提升粮食和重要农产品供给保障能力”，并强调了粮食安全问题。甘薯作为粮食作物的同时，其本身所拥有的经济价值又是传统的粮食作物无法达到的。发展甘薯产业，在保障粮食供给的同时，其能带来的经济效益也能推动经济的增长。截至2018年，全国甘薯种植面积达237.93×$10^4$$hm^2$，占世界种植面积的29%，甘薯产量占到了世界甘薯总产量的57%[1]。

我国甘薯种植面积大，每年产量可达到1亿t左右，但这也给甘薯的窖藏增加了难度，甘薯软腐病、黑斑病等病害在甘薯窖藏过程中时有发生，严重时导致烂窖、坏窖，达到100%的经济损失[2]。经研究表明，通过高温愈合等一系列的手段可延长甘薯的窖藏保鲜期，进而延长甘薯的供应期，提高其经济价值。

1　高温愈合作用机理

1.1　高温处理使甘薯木质素含量增加

通过甘薯高温愈合处理，使得甘薯呼吸代谢能力增强之外，其呼吸路径也较先前发生了极大的改变，从而转变了酶转化的途径，使得植物生长激素即吲哚乙酸的含量增加，进而加速细胞分裂，促进愈伤组织的形成。与此同时，吲哚乙酸又可转化为木质素，加速木栓层的形成[3]，给甘薯加上了一层“保护衣”，阻挡病菌侵入，从而控制其病变腐烂。

1.2　高温处理可有效降低甘薯体内过氧化氢酶活性

谢世勇等[4]通过对比抗病甘薯品种与易感病的甘薯品种之间的过氧化氢酶含量的关系，得出结论：易感病甘薯品种的过氧化氢酶活性比抗病品种增加得快很多。周志林等[5]的研究结果表明进行高温愈合处理后，甘薯过氧化氢酶的活性有显著下降，经过高温愈合的薯块的健康率达到了94.7%。

1.3　高温处理可增加热激蛋白的含量

热激蛋白是植物体的必需蛋白又具有防御功能，有助于细胞的重建与机能的恢复增加

* 第一作者：宋若茗，研究生，主要从事甘薯相关研究；E-mail：544812367@.qq.com

植物的抗逆性[6]。热激蛋白是植物处于高于它生长温度10℃左右时产生的一种蛋白质可以保护和提高植物的耐热性[7]。

2 高温愈合处理方法及处理之后甘薯内各物质的变化

2.1 传统加热处理方法

董顺旭等[8]的研究表明，在甘薯入窖之后，将窖内温度迅速升至35℃左右，保持该温度处理甘薯4个昼夜后，迅速降低窖内温度与湿度，将窖内温度降至15℃左右，有利于甘薯愈伤组织的快速形成，抑制窖藏过程中病害的发生。

张燕等[9]通过大火加温的方法，在36h内将窖内温度升至35℃以上，在甘薯堆底温度达到30℃，上层温度33℃左右时，减小火力，降低薯层间的温差。当上层温度37℃左右，下层温度35℃左右时，停止加热，持续这个温度72h，若中间窖内温度有所下降，用小火升温，维持住窖内温度，高温处理完毕后，在24h内将窖内温度降至15℃以下，关闭门窗，在薯堆上盖上一层干草保湿。

邵廷富等[3]设置不同温度梯度进行研究，在恒温恒湿的培养箱中进行处理48h，结果表明在35℃到38℃的条件下处理48h的效果最好，温度超过40℃虽然可以有效杀死病菌，但由于温度过高，不利于伤口愈合，甚至会使细胞角质遭到破坏，导致甘薯腐烂变质。

2.2 热空气短时处理

刘帮迪等[10]通过热空气短时处理的方法进行实验，结果表明处理温度49℃处理137min，为最佳处理条件，该条件可有效促进甘薯愈伤组织的木质素合成、失重率下降和腐烂率下降。

2.3 高温愈合处理之后甘薯内各物质的变化

甘薯进行高温愈合处理之后内还原糖的含量有明显的升高，淀粉含量下降明显，但总糖含量上升，所以高温愈合适合于鲜食型甘薯，不适用于淀粉及相关加工型甘薯。进行高温愈合后，甘薯的维生素C含量有明显的下降，37℃处理48h后甘薯体内的维生素C含量比12℃下储存甘薯体内的维生素C含量降低了4%，且温度越高，处理时间越长，甘薯体内维生素C含量下降越明显[3]。

3 高温愈合在甘薯保鲜方面的应用

重庆市彭水县甘薯产业发展迅速，窖藏成了一大难题。其将传统的烤烟房改造成甘薯高温愈合贮藏窖，对甘薯的窖藏与保鲜起到了十分积极的作用。2014年贮藏种薯50 600kg，2015年3月22日出窖健康种薯47 270kg，出窖率达93.42%，出苗率达95%以上。经高温愈合后，甘薯无病菌侵入，种薯比为未经过高温愈合的甘薯出苗早10天左右，发芽率是未经过高温愈合甘薯的三倍以上。[9]

河南省南阳市建立智能甘薯贮藏窖，2020年11月收获甘薯70 000kg，将窖内温度升高至38℃处理48h，后通过智能的控温控湿系统，将窖内温度维持在13℃左右。湿度控制在92%左右，截至2021年6月，窖内有4万kg甘薯完好，无感病症状，在6月、7月无甘薯收获的河南地区，其经济价值比11月的甘薯增加了近5倍。

4 研究展望

高温愈合在甘薯保鲜方面作用明显，能有效减少甘薯窖藏过程中病害的发生，延长其窖藏期进而延长甘薯供应期，提高其经济价值。通过资料查阅发现近些年来有关甘薯高温愈合方向的研究较少，且推广力度不够。热空气短时处理省时省力，有很大的应用前景，但是否能在实际生产中大面积地推广，是否能找到一种热空气处理方式可以针对种薯，在延长保鲜期的同时，不会影响其发芽率，这些都是值得进一步研究的。在传统的窖内加热处理方法上，处理手段要进一步细分，针对不同品种，不同用途的甘薯，采用不同的高温愈合手段，提高甘薯品质与经济价值。

参考文献

[1] 王欣，李强，曹清河，等．中国甘薯产业和种业发展现状与未来展望［J］．中国农业科学，2021，54（3）：483-492.

[2] 郭小浩．甘薯窖藏技术及病害防治措施研究［J］．安徽农业科学，2015，473（4）：146-147.

[3] 邵廷富，谢永清．甘薯高温愈伤的代谢生理［J］．郑州粮食学院学报，1983（1）：3-8，44.

[4] 谢世勇，卢同，李本金，等．苯丙氨酸解氨酶、过氧化物酶与甘薯抗青枯病的关系［J］．福建农业学报，2003（4）：236-238.

[5] 周志林，唐君，赵冬兰，等．高温处理对甘薯块根过氧化物酶活性的影响［J］．山地农业生物学报，2010（6）：502-505.

[6] 栗振义，龙瑞才，张铁军，等．植物热激蛋白研究进展［J］．生物技术通报，2016，32（2）：7-13.

[7] 张丽华，李顺峰，李珍珠，等．热处理对鲜切果蔬品质影响的研究进展［J］．食品工业科技，2019，40（7）：296-301.

[8] 董顺旭，李爱贤，侯夫云，等．北方甘薯安全贮藏影响因素的研究进展［J］．山东农业科学，2013（12）：123-125.

[9] 张燕，钱昌宇，王建军，等．彭水县烤烟房改建甘薯高温大屋贮藏窖及种薯贮藏关键技术［J］．南方农业，2016，10（25）：4-6.

[10] 刘帮迪，吕晓龙，王彩霞，等．高温短时热空气处理促进甘薯愈伤的工艺优化［J］．农业工程学报，2020，36（19）：321-330.

“植保家”——手机拍照识病虫 App*

马文龙　杨秭乾　马　玥　戚新蕾　马占鸿**
（中国农业大学植物保护学院，种·未来创客空间植保家创业团队，北京　100193）

摘　要：我国有 14 亿人口，其中农村 6.7 亿人口中近 1/3 从事农业生产。多年的基层调研发现，广大农民朋友在农业生产中普遍存在“求医问药难”问题，使得乱用药、错用药、多用药现象频发。植物病虫害的正确识别与防治已成为限制农业生产的最大“瓶颈”。为此，笔者开发了“植保家”，一种手机拍照识病虫 App 软件，以帮助农业从业者科学用药、减少损失、避免环境污染。

“植保家”是一款在计算机视觉领域，基于图像大数据、卷积神经网络（CNN）模型，以 TensorFlow 为学习框架，搭载在移动终端的植物病虫害自动识别软件。软件的核心技术是深度学习（Deep Learning，DL）算法，利用目前图像识别领域最流行 CNN 模型，直接对图片数据进行训练，再利用 attention 机制解决图像细粒度差异问题，达到智能识别病、虫、鼠、草害的目的。软件搭载在智能移动终端手机上向用户提供服务，在接收到用户自行田间拍摄提交的病虫照片后，首先对图片内容进行安全检测，然后利用病虫害识别引擎进行识别、分类和结果输出，对识别错误的病虫害，通过用户数据反哺模型，形成闭环。从而实现手机拍照识病虫的目的，软件还根据识别出的病虫给出针对性防治建议，使用起来方便、快捷，彻底解决了农业生产中“瓶颈”难题，实现了足不出田就有良医好药相助，病虫防治变得简单易行。

“植保家”已获国家软件著作权保护，目前共可识别 39 种作物的 212 种重要病虫，病虫数据集图片合计 22 980张。自上线以来，已有近 10 万用户，均可免费使用。由于我国作物及病虫种类多，软件仍在不断完善和更新中，笔者期望得到社会各界的大力支持。

关键词：“植保家”；病虫害；识别

---

* 基金项目：国家重点研发计划项目（2016YFD0201302）

** 通信作者：马占鸿，教授，主要从事植物病害流行与宏观植物病理学教学科研工作；E-mail：mazh@ cau. edu. cn

喀左智慧农业病虫气象及绿色防控技术*

孙立德[1**]　孙虹雨[2***]　马成芝[1]　高　鹏[1]　周海燕[3]　吕广辉[3]　孙　睿[3]
（1. 辽宁省喀左县气象局，喀左　122300；2. 辽宁省气象台，
沈阳　110866；3. 辽宁省喀左县植保站，喀左　122300）

摘　要：喀左县通过40年试验、调查及平行观测获得一系列第一手病虫观测资料的基础上，以农业主要病虫发生气象规律作为出发点，完善了主要病虫发生气象指标，采用统计学方法预测病虫发生程度，采用天气学原理、数值预报产品预测迁飞性害虫迁飞降落及最佳防治期；开展了农药施用与天气试验；综合集成智慧农业病虫气象及绿色防控技术。

关键词：农作物；智慧病虫气象；绿色防控技术；喀左

1　农业主要病虫发生程度预测

喀左县气象局和县植保站完善了黏虫、高粱蚜虫、丝黑穗病、棉铃虫、玉米螟、笨蝗、亚洲小车蝗、桃小食心虫、苹小食心虫、日光温室蔬菜主要病虫等发生与气象关系指标，采用多元回归、逐步回归、主成分分析、岭回归、灰色GM（1，1）、灰色GM（1，2）预测、模糊预测等多种数学方法，建立了上述病虫发生程度预报模式，开展了病虫发生气象等级预报。2012年7月2日喀左县气象台发布农药喷洒预报："预计本县7月3—5日受高压控制，天气以晴为主，气温在20～34℃，相对湿度50%～60%，日照时数9～10h，风速在2～3级，非常适合农作物病虫害防治等农事活动；用药以正温度系数剂型为主，喷施农药最佳时间为16：00—18：00"。农民根据发布的信息合理安排打药时间，提高了防治效果。2012年8月1日，喀左县气象台和县植保站联合发布三代黏虫发生防治预报：由于前期降水偏多和虫源基数较大，喀左县三代黏虫大发生，各乡镇应加强防治。防治最佳时间为8月6—15日，天气以晴为主，有利于农药喷施。2012年是东北地区近30年三代黏虫发生最严重的年份，喀左县没有造成一亩损失。

2　农业害虫发生程度定量评估及锋面天气诱蛾

首次采用仿真技术的蒙特卡罗方法，定量评价农业害虫发生程度的气候保证率、方差值和峰度值，为研究害虫发生规律提供了科学依据。采用苏联卡尔别耶夫两分类、三分类方法，概率矩阵评估方法，德尔菲专家评估方法等，对农业害虫发生气象预报经济效益和发生程度进行了定量的评价，找出了防治最优决策。利用天气学、数值预报产品，提前5

* 基金项目：国家科技部农业科技成果转化基金项目（2013GB24160632）

** 第一作者：孙立德，研究员，从事病虫气象和气候预测工作；E-mail：cykz4860161@163.com

*** 通信作者：孙虹雨，高级工程师，从事天气预报和病虫气象工作；E-mail：shyshihao@163.com

天做出锋面天气移到本地预报，采用杨树枝把、高压汞灯、频振式杀虫灯、光波共振式太阳能杀虫灯等农业生物措施诱蛾（黏虫、棉铃虫、草地螟等），达到事半功倍的防治效果。由孙立德、孙虹雨所著的《农业病虫害气象学》是我国农业病虫气象学科第一本专著，从农业病虫气象原理解析、预报求索及防御控制等方面进行总结，提出采用天气学、数值预报产品、统计学等方法预测病虫发生程度的长中短期预报方法，还要结合各乡镇下垫面、作物长势等综合分析，使预报准确率达到80%左右；被评为辽宁省2016年度自然科学学术成果特等奖（全省著作类最高奖，每年仅评1项）。

3 智慧农业病虫气象服务及绿色防控技术

农业主要病虫发生数量及小气候监测；发生程度气象指标及气象等级预报；采用天气学方法预报迁飞性害虫降落，采用物理方法诱杀成虫；利用数值预报产品和统计学方法预测病虫发生量和发生期，发布病虫防治期农用天气预报（气温、相对湿度、日照时数、风向风速等）；农药施用与气象因素研究推广等。主持完成的《棉铃虫监测防治技术研究推广》获辽宁省政府科技进步二等奖。《喀左利用和调控气候因素防控病虫害试验范例》编入辽宁省昆虫学会理事长孙富余主编的《生态环境与害虫防控》一书，并在全省推广。县气象局和植保站采用模糊综合评判方法，筛选出20%灭多威等5个农药品种1：1添加FZX农药增效剂，不怕雨水冲刷，提高棉铃虫防治效果16.3%，1997年被辽宁省植保站列为全省防治棉铃虫主要措施和方法。找出了菊酯类农药夏季施用最佳时期为16：00—18：00，气温在24℃，相对湿度在70%，提高棉蚜虫防治效果14.1%。日光温室内采用棉垄高温闷棚技术，找出气温在56℃以上117h效果最佳，并对土壤中各种线虫、枯黄萎病得到有效杀灭作用，提高产量24.6%；辽宁省植保站2017年3月在喀左召开会议并在全省推广。采用华罗庚抛物线优选法确定以每千克白菜种子拌农用稀土12.8g为最佳用量，使白菜霜霉病发病率降低26.9%。还找出北方日光温室减轻病害发生程度最主要的措施就是选好建棚的方位角（喀左为187.2°）和透光率较高的棚膜，改善棚内微气候条件，增加太阳能辐射量，提高气温和地温，降低相对湿度。智慧农业病虫气象服务提高了农业病虫综合预报预警能力，为绿色防控技术开辟了一条新的途径。喀左气象人员在国家森林病虫防治总站召开的2015年全国林业有害生物发生趋势会商会和2016年国家级中心测报点专职测报员培训班上作专题学术报告，在中国气象局干部培训学院举办的全国农业气象培训班上授课41学时。智慧农业病虫气象服务还存在不少问题：一是农业病虫发生气象指标是关键，监测病虫数量和小气候数据精度有待于进一步提高；二是病虫发生程度预报准确率亟待提高，在选取因子时应注意生物学意义和独立性较强的因子，努力提高锋面天气预报准确率；三是绿色气象防控技术水平应不断提高，特别是农药施用与天气试验应进一步研究，以最小药剂达到最大限度的防治效果。

参考文献

[1] 孙立德，孙虹雨．农业病虫害气象学［M］．沈阳：辽宁科学技术出版社，2015.

[2] 孙立德．农作物主要病虫发生气象规律及预测防治的研究［M］．沈阳：辽宁科学技术出版社，2014.

[3] 孙立德．喀左县笨蝗生长与温湿度关系及长期预测的研究［J］．生态学杂志，1990，9（2）；

56-58.

［4］ 孙虹雨．草地螟迁飞降落与东北冷涡系统关系的研究［J］．气象与环境学报，2014，30（2）：36-42.

［5］ 孙立德．高粱蚜虫发生程度与气象条件关系及长期预测［J］．植物保护，1990，16（1）：10-11.

［6］ 孙立德．蒙特卡罗方法评价农作物主要害虫发生程度的研究［J］．中国农业气象，1986，9（4）31-33.

［7］ 孙立德．温室气象与作物保护的研究［M］．沈阳：辽宁科学技术出版社，2012.

［8］ 孙立德，孙虹雨．设施农业小气候及精细化农用天气预报技术［M］．沈阳：辽宁科学技术出版社，2019.

化肥减施对四川油菜主要杂草种群密度和生物学特性的影响*

陈天虹** 王福楷 Kalhoro Ghulam Mujtaba
Kalhoro Mohmmad Talib 张 洪***
（西南科技大学生命科学与工程学院，绵阳 621010）

摘 要：油菜是我国及四川省的主要油料作物。杂草与油菜争夺肥、光、水和生存空间等，受害油菜田一般减产 10%~15%，严重的减产 50%以上。油菜生产中化肥利用率低下，造成了资源浪费和环境污染。本文探究在不施肥、常规施肥和减施 10% 3 个处理下，四川油菜两个时期（幼苗期、抽薹期）的两种杂草（猪殃殃、菵草）的种群密度和生物学特性（株高、根冠比、干鲜重、花期和分蘖数），结果表明：幼苗期，在常规施肥条件下，2 种杂草各自的种群密度最大；两个时期下，在减施 10%的条件下，2 种杂草生物量减少。本文研究为油菜田的杂草防控提供了科学依据。

关键词：杂草；种群密度；生物学特性；化肥减施

* 基金项目：国家现代农业产业技术体系四川创新团队油菜草害绿色防控技术集成应用岗位（sccxtd-2021-03）

** 第一作者：陈天虹，在读硕士研究生，研究方向为农艺与种业；E-mail：1208598323@qq.com

*** 通信作者：张洪，讲师，研究方向为作物综合防控；E-mail：179332210@qq.com

鼠类物联网智能监测系统在广东省农区鼠害监测中的试验初探*

黄立胜[1**] 冯志勇[2] 姚丹丹[2] 姜洪雪[2]
(1. 广东省农业有害生物预警防控中心，广州 510500；
2. 广东省农业科学院植物保护研究所，广州 510640)

摘　要：为实现农区鼠害监测的信息化、自动化和智能化，广东省农业有害生物预警防控中心联合广东省农业科学院植物保护研究所在广东省南雄市珠玑镇开展了鼠类物联网智能监测系统的试验，从智能识别的准确率、鼠类的季节变化趋势和群落结构等方面研究了鼠类物联网智能监测的可行性及其应用技术。结果显示，2019 年 9 月至 2020 年 10 月鼠类物联网智能监测系统共监测到清晰的鼠形动物 1 457 只，智能识别的准确率达到 95.26%；对比夹夜法与鼠类物联网智能监测，两者所获得的鼠密度的季节变化趋势基本吻合，但是鼠类群落结构差异较大，其中智能监测到的鼠类以黄毛鼠（*Rattus losea*）和板齿鼠（*Bandicota indica*）为优势种群，而夹夜法捕到的老鼠主要以黄毛鼠和小家鼠（*Mus musculus*）为优势鼠种；智能监测数据显示黄毛鼠的数量高峰期主要出现在 12 月和 6 月，板齿鼠的数量高峰期主要出现在 10 月和 11 月，而小家鼠在 2 月达到峰值，不同鼠种的空间分布具有一定的竞争性，数量高峰出现交错分布。

物联网智能监测方法可替代繁重的人工捕鼠作业，克服传统的夹夜法监测结果不稳定、准确率不高的弊端。但智能监测终端的布放方法与应用技术直接影响到监测结果。在南雄对智能监测的田间应用方法进行了反复试验，初步提出了物联网智能监测的使用技术：①数据采集终端的布放方法，终端应布放在土堆高大、植被盖度大的鼠类栖息地，在地势较高的位置采用水泥和铁架把终端锁定在地面，上部安装塑料挡雨棚，防止雨水影响摄像头及底板的洁净度，以提高智能识别的准确率；②布放密度，通常 50~100 亩布放 1 个终端；③日常维护，及时关注电池电量，电量不足时应及时充电，定期清洁摄像头及底板；④定期添加引诱物，引诱物能显著增加数据采集终端监测到的害鼠数量，而没有投放引诱物时，监测到鼠数较少，难以准确评估害鼠的发生动态如种类组成、变化趋势等。

关键词：农区鼠害；智能监测；夹夜法

---

* 基金项目：植物重大灾害预警共性关键技术研发创新团队项目（2020KJ113）

** 第一作者：黄立胜，高级农艺师，主要从事植保技术推广工作；E-mail：864673225@ qq. com

基于4种线粒体基因序列的南雄农区鼠形动物DNA条形码分析*

姜洪雪** 姚丹丹 林思亮 冯志勇***
(广东省农业科学院植物保护研究所，植物保护新技术重点实验室，广州 510640)

摘 要：鼠种的分类是研究鼠类种群和群落特征的基础，是科学治理鼠害的前提，对鼠传疾病的监测与防控也具有重要意义。为了弥补传统形态鉴定的不足，本研究利用4种线粒体基因对广东省南雄市农田害鼠进行鉴定，探讨不同条形码基因应用于鼠种鉴定的可行性。2019年在南雄市珠玑镇农田捕获110只鼠形动物样本，对部分样本通过提取基因组DNA、通用引物扩增COI、Cytb、16S rRNA和D-loop基因片段及测序，经同源性比对、遗传距离分析和系统发育树构建鉴定鼠种，并与传统形态学鉴定结果进行比较。结果表明，所测样本隶属于2目3科4属6种，分别为黄毛鼠、黄胸鼠、大足鼠、板齿鼠、卡式小鼠和臭鼩鼱。其中臭鼩鼱COI、D-loop基因不能扩增出条带，臭鼩鼱Cytb序列、黄毛鼠16S rRNA序列不能正确比对。不同鼠种及不同基因种内遗传距离均小于种间遗传距离。系统发育树显示，同一鼠种均聚为一支，支持率在99%以上。综合分析发现，DNA条形码技术是传统形态学鉴定的有力补充，能够纠正形态鉴定的错误，在应用时，依据数据库的完整性和准确性合理选择DNA条形码，且利用多基因相互验证保证鉴定结果准确。

关键词：DNA条形码；农田害鼠；种类鉴定；线粒体基因

---

* 基金项目：植物重大灾害预警共性关键技术研发创新团队项目（2020KJ113）；广东省农业科学院院长基金项目（201932）

** 第一作者：姜洪雪，博士，研究方向为鼠类生理生化与防控技术；E-mail：jianghongxue805@163.com

*** 通信作者：冯志勇，研究员；E-mail：13318854585@163.com